東京大学工学教程

基礎系 数学
離散数学

東京大学工学教程編纂委員会 編　　牧野和久　著

Discrete Mathematics
SCHOOL OF ENGINEERING
THE UNIVERSITY OF TOKYO

丸善出版

東京大学工学教程

編纂にあたって

　東京大学工学部，および東京大学大学院工学系研究科において教育する工学はいかにあるべきか．1886 年に開学した本学工学部・工学系研究科が 125 年を経て，改めて自問し自答すべき問いである．西洋文明の導入に端を発し，諸外国の先端技術追奪の一世紀を経て，世界の工学研究教育機関の頂点の一つに立った今，伝統を踏まえて，あらためて確固たる基礎を築くことこそ，創造を支える教育の使命であろう．国内のみならず世界から集う最優秀な学生に対して教授すべき工学，すなわち，学生が本学で学ぶべき工学を開示することは，本学工学部・工学系研究科の責務であるとともに，社会と時代の要請でもある．追奪から頂点への歴史的な転機を迎え，本学工学部・工学系研究科が執る教育を聖域として閉ざすことなく，工学の知の殿堂として世界に問う教程がこの「東京大学工学教程」である．したがって照準は本学工学部・工学系研究科の学生に定めている．本工学教程は，本学の学生が学ぶべき知を示すとともに，本学の教員が学生に教授すべき知を示す教程である．

2012 年 2 月

2010–2011 年度
東京大学工学部長・大学院工学系研究科長　北　森　武　彦

東京大学工学教程

刊 行 の 趣 旨

　現代の工学は，基礎基盤工学の学問領域と，特定のシステムや対象を取り扱う総合工学という学問領域から構成される．学際領域や複合領域は，学問の領域が伝統的な一つの基礎基盤ディシプリンに収まらずに複数の学問領域が融合したり，複合してできる新たな学問領域であり，一度確立した学際領域や複合領域は自立して総合工学として発展していく場合もある．さらに，学際化や複合化はいまや基礎基盤工学の中でも先端研究においてますます進んでいる．

　このような状況は，工学におけるさまざまな課題も生み出している．総合工学における研究対象は次第に大きくなり，経済，医学や社会とも連携して巨大複雑系社会システムまで発展し，その結果，内包する学問領域が大きくなり研究分野として自己完結する傾向から，基礎基盤工学との連携が疎かになる傾向がある．基礎基盤工学においては，限られた時間の中で，伝統的なディシプリンに立脚した確固たる工学教育と，急速に学際化と複合化を続ける先端工学研究をいかにしてつないでいくかという課題は，世界のトップ工学校に共通した教育課題といえる．また，研究最前線における現代的な研究方法論を学ばせる教育も，確固とした工学知の前提がなければ成立しない．工学の高等教育における二面性ともいえ，いずれを欠いても工学の高等教育は成立しない．

　一方，大学の国際化は当たり前のように進んでいる．東京大学においても工学の分野では大学院学生の四分の一は留学生であり，今後は学部学生の留学生比率もますます高まるであろうし，若年層人口が減少する中，わが国が確保すべき高度科学技術人材を海外に求めることもいよいよ本格化するであろう．工学の教育現場における国際化が急速に進むことは明らかである．そのような中，本学が教授すべき工学知を確固たる教程として示すことは国内に限らず，広く世界にも向けられるべきである．2020 年までに本学における工学の大学院教育の 7 割，学部教育の 3 割ないし 5 割を英語化する教育計画はその具体策の一つであり，工学の

－ⅴ－

vi 東京大学工学教程 刊行の趣旨

教育研究における国際標準語としての英語による出版はきわめて重要である.

　現代の工学を取り巻く状況を踏まえ，東京大学工学部・工学系研究科は，工学の基礎基盤を整え，科学技術先進国のトップの工学部・工学系研究科として学生が学び，かつ教員が教授するための指標を確固たるものとすることを目的として，時代に左右されない工学基礎知識を体系的に本工学教程としてとりまとめた．本工学教程は，東京大学工学部・工学系研究科のディシプリンの提示と教授指針の明示化であり，基礎（2年生後半から3年生を対象），専門基礎（4年生から大学院修士課程を対象），専門（大学院修士課程を対象）から構成される．したがって，工学教程は，博士課程教育の基盤形成に必要な工学知の徹底教育の指針でもある．工学教程の効用として次のことを期待している.

- 工学教程の全巻構成を示すことによって，各自の分野で身につけておくべき学問が何であり，次にどのような内容を学ぶことになるのか，基礎科目と自身の分野との間で学んでおくべき内容は何かなど，学ぶべき全体像を見通せるようになる.
- 東京大学工学部・工学系研究科のスタンダードとして何を教えるか，学生は何を知っておくべきかを示し，教育の根幹を作り上げる.
- 専門が進んでいくと改めて，新しい基礎科目の勉強が必要になることがある．そのときに立ち戻ることができる教科書になる.
- 基礎科目においても，工学部的な視点による解説を盛り込むことにより，常に工学への展開を意識した基礎科目の学習が可能となる.

東京大学工学教程編纂委員会　　委員長　大久保　達　也

幹　事　吉　村　　　忍

基礎系 数学

刊行にあたって

　数学関連の工学教程は全17巻からなり，その相互関連は次ページの図に示すとおりである．この図における「基礎」，「専門基礎」，「専門」の分類は，数学に近い分野を専攻する学生を対象とした目安であり，矢印は各分野の相互関係および学習の順序のガイドラインを示している．その他の工学諸分野を専攻する学生は，そのガイドラインに従って，適宜選択し，学習を進めて欲しい．「基礎」は，ほぼ教養学部から3年程度の内容ですべての学生が学ぶべき基礎的事項であり，「専門基礎」は，4年生から大学院で学科・専攻ごとの専門科目を理解するために必要とされる内容である．「専門」は，さらに進んだ大学院レベルの高度な内容で，「基礎」，「専門基礎」の内容を俯瞰的・統一的に理解することを目指している．

　数学は，論理の学問でありその力を訓練する場でもある．工学者はすべてこの「論理的に考える」ことを学ぶ必要がある．また，多くの分野に分かれてはいるが，相互に密接に関連しており，その全体としての統一性を意識して欲しい．

＊　　　＊　　　＊

　現代の情報科学技術は，大量の離散データを処理する効率的なアルゴリズムの設計に依拠している．そこでは，連結性や階層構造といった対象間の関係を適切に捉える表現手段と正確な論理展開が求められる．工学教程には，情報工学分野の分冊として「アルゴリズム」があるが，その数理的な基盤を与えるのが「離散数学」である．本書は，工学部生が学ぶことを念頭に，グラフ，論理関数，離散最適化など，情報科学技術と直接に関連する事項に重点を置きつつ，束や組合せ論的数え上げも含めた離散数学全般を広く扱っている．

東京大学工学教程編纂委員会
数学編集委員会

基礎系 数学 刊行にあたって

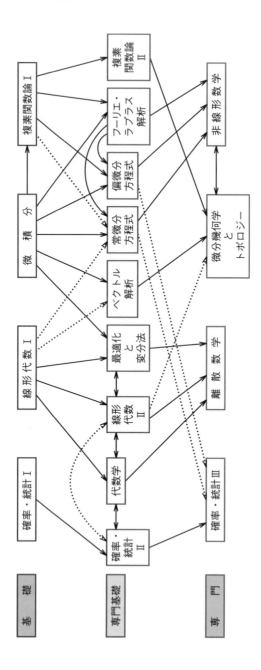

工学教程（数学分野）の相互関連図

目　　次

はじめに 1

1　集　　合 3
1.1　集　　　合 3
1.2　集合の演算 4

2　グ ラ フ 9
2.1　無向グラフと有向グラフ 9
2.2　グラフの例と演算 13
2.3　路, 閉路, 連結性 19
2.4　木 と 有 向 木 31
2.5　グラフの探索 45
2.6　最短路と距離 47
2.7　辺連結度と点連結度 49
2.8　平 面 グ ラ フ 51
2.8.1　球面やトーラスへの埋め込み 58
2.8.2　Euler の 公 式 60
2.8.3　平面グラフの双対性 66

3　2 項 関 係 73
3.1　2 項 関 係 73
3.2　同 値 関 係 74
3.3　順 序 関 係 78

4　束 85
4.1　束 85
4.2　半順序に基づく束の定義 86

x　　目　　次

4.3	有界束と有限束	89
4.4	部分束と集合束	90
4.5	モジュラ束と分配束	95
4.6	相補束と Boole 束	98
4.7	同　型　性	100

5　論　理　関　数　　107

5.1	論理変数と論理式	107
5.2	2 項　論　理　演　算	109
5.3	論理関数とその表現	111
	5.3.1　論理式による表現	113
	5.3.2　論理関数の展開公式と論理式表現	116
	5.3.3　論　理　回　路	120
	5.3.4　2 分　決　定　図	122
5.4	簡潔な論理和形と論理積形	129
5.5	主項と主節の計算法	137
5.6	双対論理式と双対関数	144
5.7	単　調　関　数	147
5.8	Horn　関　数	153
5.9	2　次　関　数	156
5.10	閾関数と 2-単調関数	159
5.11	1-決 定 リ ス ト	166
5.12	真ベクトルの個数計算	168

6　組合せ論的数え上げ　　175

6.1	順 列 と 組 合 せ	175
6.2	Stirling 数と Bell 数	178
6.3	母　関　数	183
6.4	反　転　公　式	185
	6.4.1　2 項反転公式と Stirling の反転公式	185
	6.4.2　Möbius の反転公式	188
	6.4.3　ふるいの公式と包除原理	190

目 次 xi

7 グラフ：発展 **193**
7.1 交差グラフ 193
7.1.1 線グラフと交差グラフ 193
7.1.2 区間グラフ 195
7.1.3 弦グラフ 199
7.2 超グラフ 202

8 離散最適化 **207**
8.1 最適化問題 207
8.2 最短路 208
8.3 最小全域木とマトロイド 210
8.3.1 最小全域木 211
8.3.2 マトロイド 214
8.4 最大マッチング 216
8.5 最大流 223
8.6 充足可能性問題と NP 困難性 231
8.6.1 充足可能性問題 232
8.6.2 クラス NP と NP 困難性 233
8.7 巡回セールスマン問題と彩色問題 237

参考文献 **243**

おわりに **245**

索引 **247**

は じ め に

　現代の情報社会において，その数理的な基盤を与える「離散数学」は非常に重要である．特に，大規模データを処理する効率的なアルゴリズムの設計と解析は必要不可欠である．

　本書では，工学部生が学ぶことを念頭に，アルゴリズム設計に関連の深い事項に重点を置きつつ，離散数学全般を解説することを目的とした．各章の内容は以下の通りである．

　第1章「集合」では，集合に関する種々の演算を導入するとともに，本書を通じて用いる記法を導入する．

　第2章「グラフ」では，グラフに関する諸概念を導入するとともに，探索法，最短路，連結性，平面性に関する基本的事項を解説する．

　第3章「2項関係」では，同値関係，順序関係に関して基本的な事項を解説する．

　第4章「束」では，代数系として束を定義した後に，半順序集合の特殊なものとしての特徴付けを与える．さらに，モジュラ束，分配束などの特殊な束のクラスも紹介する．

　第5章「論理関数」では，論理関数の基礎的な事項とともに，論理関数の表現法や双対性などを解説する．また，単調関数，Horn 関数，閾関数など応用において重要な論理関数の部分クラスも紹介する．

　第6章「組合せ論的数え上げ」では，Stirling 数，Bell 数，母関数，反転公式など古典的な組合せ論の成果を解説する．

　第7章「グラフ：発展」では，グラフに関する発展的な話題を扱う．具体的には，区間グラフや弦グラフという特殊なグラフの諸性質を解説するとともに，グラフの一般化にあたる超グラフの基本的な事項を紹介する．

　最後の第8章「離散最適化」では，離散構造，特に，グラフ上で定義される最適化問題とそのアルゴリズムを解説する．具体的には，最短路，最小全域木，最大マッチング，最大流問題に対する構造的性質，また，それらに基づくアルゴリズムを解説する．最小全域木問題に関連して，マトロイドの概念も紹介する．

また，計算量クラス NP や NP 困難性という概念を解説するとともに，充足可能性問題，巡回セールスマン問題，彩色問題など，NP 困難な離散最適化問題も紹介する．

離散数学は形式的厳密性をもつ学問体系である．それゆえ，本書では，数学としての論理を正確に記述することに重点を置いた．ただ，初学者にも近づきやすくするため，叙述は平明かつ簡潔に，例や図を多用してアイデアを正確に伝える工夫をした．

1 集 合

本章では，集合に関連するさまざまな概念の定義を与えるとともに，基礎的な性質を議論する．

1.1 集 合

集合とは，ある対象 (もの) の集まりであり，対象となるものは，数字，記号，文字などどんなものであってもよい．ただし，その集まりに含まれるかどうか明確に識別できなければならない．例えば，整数全体の集まり，有理数全体の集まり，実数全体の集まりはすべて集合であり，整数の集合を $\mathbb{Z}$，有理数の集合を $\mathbb{Q}$，実数の集合を $\mathbb{R}$ と記す．また，非負 (すなわち，0 あるいは正) に限定した整数の集合を $\mathbb{Z}_+$，有理数の集合を $\mathbb{Q}_+$，実数の集合を $\mathbb{R}_+$ と記す．それ以外にも，例えば，$a, b, \ldots, z$ からなるラテンアルファベット全体の集まりや，日本における都道府県の集まりも集合となる．集合 A に属する a を A の**要素**，あるいは**元**といい，$a \in A$ と記す．また，A に属さない a は，$a \notin A$ と記述する．A に属する要素の数を，A の要素数とよび，$|A|$ と記す．要素数が有限の集合を**有限集合**，無限の集合を**無限集合**という．例えば，上記の $\mathbb{Z}, \mathbb{Q}, \mathbb{R}, \mathbb{Z}_+, \mathbb{Q}_+, \mathbb{R}_+$ はいずれも無限集合であり，アルファベットの集合，都道府県の集合は有限集合となる．有限集合のなかで特に，要素数が 0 であるものを**空集合**といい，$\emptyset$ と記す．集合のなかでその要素が，$a_1, a_2, \ldots, a_n, \ldots$ と番号付けできる (並べられる) 集合を**可算集合**といい，そうでない集合を**非可算集合**という．有限集合は，その要素を並べることができるので，可算集合となる．無限かつ可算である集合も存在する．例えば，非負整数の集合 $\mathbb{Z}_+$ の要素は，$a_1 = 0, a_2 = 1, a_3 = 2, \ldots, a_n = n - 1, \ldots$ と番号付けできるので，$\mathbb{Z}_+$ は可算集合である．また，整数の集合 $\mathbb{Z}$ の要素も，$a_1 = 0, a_2 = 1, a_3 = -1, \ldots, a_{2n} = n, a_{2n+1} = -n, \ldots$ と番号付けできるので，可算集合となる．それ以外にも有理数の集合 $\mathbb{Q}$ や非負有理数の集合 $\mathbb{Q}_+$ も可算集合となる．このことは，有理数は，2 つの整数 n と m を用いて，$\frac{m}{n}$ と記述できることからわかる．一方，実数の集合 $\mathbb{R}$ や非負実数の集合 $\mathbb{R}_+$ は，非可算無限集合

4   1 集　　合

であることが知られている．本書で扱う「離散数学」とは，ある意味で可算集合
に現れる離散的な性質を議論する数学である．

　集合を記述する方法としては，要素を {} で中に並べる直接的な方法と，要素
が満たすべき条件を明示することで集合を表す方法がある．例えば，要素として
$-2, -1, 0, 1, 2$ をもつ (それ以外をもたない) 集合は，$\{-2, -1, 0, 1, 2\}$，あるいは，
$\{x \mid |x| \leq 2$ である整数 $\}$ と記述する．後者の記法においては，$\{\}$ の中に要素
を記号 (例えば，x) を用いて記し，$\mid$ のあとにその条件 $P(x)$ を記す，すなわち，
$\{x \mid P(x)\}$ のように記述する．ここで，$P(x)$ に何の制限を課さないと，**Russell**
(ラッセル) の背理とよばれる矛盾が得られてしまう．本書ではこの矛盾に深入り
せず，矛盾が生じないように，条件 $P(x)$ の一部に x がある**普遍集合 (全体集合)**
の要素であるという条件を付加する．ここで，普遍集合とは，$\mathbb{Z}, \mathbb{R}, \mathbb{Q}$，あるいは，
アルファベット文字列の集合などのように，集合の要素として議論する x が由来
する集合を意味する．例えば，上記の $\{x \mid |x| \leq 2$ である整数 $\}$ は，

$$\{x \mid x \in \mathbb{Z}, |x| \leq 2\}, \tag{1.1}$$

すなわち，整数の集合 $\mathbb{Z}$ の要素のなかで，$|x| \leq 2$ を満たすものを要素にもつ集合
であり，普遍集合として $\mathbb{Z}$ をもつことを意味する．(1.1) は，$\{x \in \mathbb{Z} \mid |x| \leq 2\}$ な
どとよく簡略化して記述される．本書でもそのように記述する．

　2 つの集合 A と B に対して，$x \in A$ であれば $x \in B$ を満たすとき，A を B の**部**
分集合とよび，$A \subseteq B$，あるいは，$B \supseteq A$ と記す．教科書によっては，$A \subset B$，あ
るいは，$B \supset A$ と記述するものもあるが，本書では，下に − を付けて表す．$A \subseteq B$
かつ $A \supseteq B$，すなわち，A と B が同じ要素から構成されているとき，$A = B$ と
記す．そうでないときには，$A \neq B$ と記す．$A \subseteq B$ かつ $A \neq B$ のとき，A は B
の**真部分集合**とよばれ，$A \subsetneq B$ と記す[*1]．

1.2　集 合 の 演 算

　2 つの集合 A と B に対して，2 つの集合 $A \cup B$ と $A \cap B$ を次のように定義する．

　$A \cup B = \{x \mid x \in A$ または $x \in B\}$,　$A \cap B = \{x \mid x \in A$ かつ $x \in B\}$.

[*1]　$A \subset B$ で真部分集合を意味する文献もあるが，上記のように単に部分集合を意味することもあ
　　るため，本書では $\subset$ は使用せず $\subsetneq$ を用いる．

$A \cup B$ は A と B の**和集合**, $A \cap B$ は A と B の**共通集合** (あるいは**共通部分**) とよばれる. 集合 A と B が $A \cap B = \emptyset$ を満たすとき, A と B は**互いに素**であるという. 互いに素である 2 つの集合の和集合を**直和**, あるいは**直和集合**という. いま, 2 つの集合に対する和集合, 共通集合を定義したが, 3 つ以上の集合 $A_1, A_2, \ldots, A_k$ $(k \geq 3)$ に対しても, 同様に, 和集合 $\bigcup_{i=1}^{k} A_i$, 共通集合 $\bigcap_{i=1}^{k} A_i$ が定義できる. 集合 A がいくつかの集合 $A_1, A_2, \ldots, A_k$ の直和として表現できるとき, $\{A_1, A_2, \ldots, A_k\}$ を A の**分割**という.

その他の代表的な演算としては, 2 つの集合 A と B に対して, **差集合** $A - B$ (あるいは, $A \setminus B$) を

$$A - B = \{x \mid x \in A \text{ かつ } x \notin B\},$$

対称差 (あるいは, **対称差集合**) $A \Delta B$ を

$$A \Delta B = (A - B) \cup (B - A) \tag{1.2}$$

と定義する. また, 普遍集合 (全体集合) U の部分集合 A に対する**補集合** $\overline{A}$ を $\overline{A} = U - A$ と定義する. 定義から $\overline{\overline{A}} = A$ となる.

例 1.1 普遍集合 $U = \{1, 2, 3, 4, 5, 6, 7\}$ とその部分集合 $A = \{1, 2, 3\}$, $B = \{2, 3, 4, 5\}$, $C = \{5, 6, 7\}$ を考える. このとき, $A \cup B = \{1, 2, 3, 4, 5\}$, $A \cap B = \{2, 3\}$, $A - B = \{1\}$, $A \Delta B = \{1, 4, 5\}$, $\overline{B} = \{1, 6, 7\}$ となる. また, $A \cap C = \emptyset$ なので, $A \cup C = \{1, 2, 3, 5, 6, 7\}$ は, A と C の直和である. ◁

普遍集合 U の部分集合 A と B に対して, **De Morgan** (ド・モルガン) の法則

$$\overline{A \cap B} = \overline{A} \cup \overline{B} \tag{1.3}$$

$$\overline{A \cup B} = \overline{A} \cap \overline{B} \tag{1.4}$$

が成立する. 図 1.1 (i) の斜線領域は, 式 (1.3) の集合を表し, 図 1.1 (ii) の斜線領域は, 式 (1.4) の集合を表すことから, De Morgan の法則が成り立つことがわかる.

後に論理式, 論理関数の章で述べるが, この De Morgan の法則により, $\cup$ や $\cap$ で記述された集合全体の補集合 (否定) は, 個々の集合を補集合にし, $\cup$ と $\cap$ を入れ替えてできる集合と同じになることがわかる. 例えば,

$$\overline{A_1 \cap (A_2 \cup A_3) \cap \overline{A_4}} = \overline{A_1} \cup (\overline{A_2} \cap \overline{A_3}) \cup A_4$$

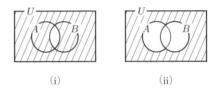

図 **1.1** (i) (1.3) の領域と (ii) (1.4) の領域.

となる.ただし,$\overline{\overline{A_4}} = A_4$ になることに注意されたい.

2つの集合 A と B に対して,**直積** (あるいは**直積集合**) $A \times B$ を,A の要素 a と B の要素 b の順序対 (a, b) を要素としてもつ集合と定義する.すなわち,

$$A \times B = \{(a, b) \mid a \in A, b \in B\}$$

である.定義から,$A \neq B$ のとき,かつそのときに限り,$A \times B \neq B \times A$ となる.また,要素数に関しては,A と B がともに有限集合であるとき,$|A \times B| = |A||B|$ が成立する.和集合や共通集合と同様に,$k (\geq 3)$ 個の集合 $A_1, A_2, \ldots, A_k$ に対する直積集合 $A_1 \times A_2 \times \cdots \times A_k$ も同様に

$$A_1 \times A_2 \times \cdots \times A_k = \{(a_1, a_2, \ldots, a_k) \mid a_i \in A_i,\ i = 1, 2, \ldots, k\} \quad (1.5)$$

と定義される.直積集合 $A_1 \times A_2 \times \cdots \times A_k$ は $\prod_{i=1}^{k} A_i$ とも記述する.すべての A_i が A と等しいとき,$\prod_{i=1}^{k} A$ は A^k と記す.A^k は集合 A の要素を k 個並べた順序対 $(a_1, a_2, \ldots, a_k)$ の集合であり,a_i は,この順序対の i 番目の要素である.「i 番目」という代わりに名前 (インデックス) を用いたい場合,すなわち,インデックスの集合 I に対する A の直積 $\prod_{i \in I} A$ は,A^I と記述する.

集合 A の要素を丁度 k 個もつすべての非順序対の集合を $\binom{A}{k}$ と記述する.すなわち,

$$\binom{A}{k} = \{X \subseteq A \mid |X| = k\}$$

である.例えば $A = \{a, b, c\}$ のとき,$\binom{A}{2} = \{\{a, b\}, \{a, c\}, \{b, c\}\}$ となる.

集合 A のすべての部分集合を要素とする集合を A の**冪 (べき) 集合**といい,2^A と記述する[*2].例えば,$A = \{a, b, c\}$ のとき,

---

[*2] A の部分集合は,A の各要素 a を含むか含まないか (2 通り) により表現されるため,冪集合は 2^A と記述される.

$$2^A = \{\emptyset, \{a\}, \{b\}, \{c\}, \{a,b\}, \{a,c\}, \{b,c\}, \{a,b,c\}\}$$

となる. 2^A の部分集合 $\mathcal{F}$ を (A の部分) **集合族**といい, A を $\mathcal{F}$ の**台集合**という. 例えば, $\{\{a,b\}, \{c\}, \emptyset\}$ は台集合 $A = \{a,b,c\}$ をもつ部分集合族である. なお, $\{\emptyset\}$ は空集合だけを要素とする集合族であり, $\{\emptyset\} \neq \emptyset$ である.

離散数学においては, 要素はラテンアルファベットの小文字 $(a, b, c, \dots)$, 集合はラテンアルファベットの大文字 $(A, B, C, \dots)$, 集合族はラテンアルファベットの花文字 $(\mathcal{A}, \mathcal{B}, \mathcal{C}, \dots)$ を用いることが多い.

2 グラフ

本章ではグラフ理論の基礎的な話題を紹介する．発展的な内容は第 7 章で述べる．また，第 8 章で，最短路，最小木，最大マッチング，最大流など，グラフに関連する離散最適化問題を紹介する．

2.1 無向グラフと有向グラフ

例えば，図 2.1 のように，白丸と (白丸と白丸を結ぶ) 線の集まりをグラフという．より正確には，集合 V と V の要素の非順序対の集合 $E \subseteq \binom{V}{2}$ の組である $G = (V, E)$ を**単純無向グラフ**という．V の要素を**頂点** (あるいは**節点**，**点**)，E の要素を**辺** (あるいは**枝**) という．辺は $\binom{V}{2}$ に含まれるので，2 つの頂点間に向きはなく，それゆえ**無向辺**ともよばれる．通常，非順序対は中括弧 {} で表すので，辺を $e = \{v, w\}$ などと記述することが自然ではあるが，多くの文献に準じて，本書では $e = (v, w)$ と記述し，その順序を無視する．すなわち，(v, w) と (w, v) を同一視する．文献によっては，辺 $e = (v, w)$ を $e = vw$ と単に頂点を並べて記述することもある (この場合も頂点の順序を無視する)．

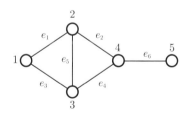

図 **2.1** 無向グラフの例.

例 2.1 $V = \{1, 2, 3, 4, 5\}$, $E = \{e_1 = (1,2), e_2 = (2,4), e_3 = (1,3), e_4 = (3,4), e_5 = (2,3), e_6 = (4,5)\}$ をもつグラフ $G = (V, E)$ を図 2.1 に示す． ◁

頂点集合 V が有限であるとき G を**有限グラフ**，そうでないとき**無限グラフ**と

よぶ．本書では，特に断りのない限り，有限グラフに限定して話を進める．

グラフ理論では，グラフの頂点数 (頂点の数) を n，辺数 (辺の本数) を m で表す慣例がある．また，集合 V と集合 E のそれぞれが，どのグラフ G の頂点集合，辺集合であるかを明確にするため $V = V(G)$ と $E = E(G)$ と記述することがある．

グラフは図 2.1 のように図示するとわかりやすい．しかし，図だけでは不十分である．例えば，図 2.2 のグラフ G_1 と G_2 は見た目はまったく違うように思えるが，実は同一のグラフ，すなわち $G_1 = G_2$ である．

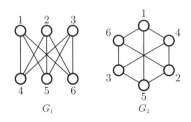

図 **2.2**　同一グラフ $G_1 = G_2$．

グラフ中に辺 $e = (v, w)$ があるとき，e は頂点 v と w を**結ぶ**といい，頂点 v と w を e の**端点**とよぶ．また，頂点 v と頂点 w は**隣接する**，辺 e と頂点 v (あるいは頂点 w) は**接続する**という．頂点 v に接続する辺の本数を v の**次数**といい，$\deg(v)$ と記す．次数が 0 である頂点を**孤立点**という．例えば，図 2.1 のグラフにおいて，$\deg(1) = 2$，$\deg(2) = 3$ であり，孤立点は存在しない．

次に，多重グラフとよばれるグラフを定義する．図 2.3 を見ると，頂点 1 と頂点 2 とを結ぶ辺が 2 本あり，これらは**並列辺**，あるいは**多重辺**とよばれる．また，辺 e_6 は同じ頂点 4 を結び，**自己閉路** (あるいは**自己ループ**) とよばれる．

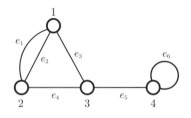

図 **2.3**　多重グラフの例

したがって，辺集合 E は $\binom{V}{2}$ の部分集合ではなく，このグラフは単純グラフでない．このように並列辺や自己閉路を含むグラフを**多重グラフ**という．この多重グラフの並列辺や自己閉路も単純グラフのときと同様に表現する．例えば，並列辺を $e_1 = (v,w)$ と $e_2 = (v,w)$ と記述し，自己閉路を $e_3 = (u,u)$ と記述する．ただ，この方法は数学的には正確さを欠き，曖昧さを残す．例えば，図 2.3 では $e_1 = (1,2) = e_2$ となり，実際には 2 本ある辺 e_1 と e_2 は同じ 1 本の辺のように表現されてしまう (1 本になるわけではない)．しかし，この表記法は便利であり，グラフ理論では多用される．この記法において，$e_1 = (v,w)$ とは名前が e_1 である辺の端点が v と w であるということを意味する．多くの場合，この記法のままでも問題は発生しないので本書でもこの記法を用いる．

精密な議論をする場合は多重グラフを頂点集合 V と辺集合 E と辺の端点を示す写像 $\partial : E \to V \cup \binom{V}{2}$ の組 $G = (V, E, \partial)$ として定義する．例えば，図 2.3 のグラフにおいては，$V = \{1,2,3,4\}$，$E = \{e_1, e_2, e_3, e_4, e_5, e_6\}$，$\partial(e_1) = \{1,2\}$，$\partial(e_2) = \{1,2\}$，$\partial(e_3) = \{1,3\}$，$\partial(e_4) = \{2,3\}$，$\partial(e_5) = \{3,4\}$，$\partial(e_6) = \{4\}$ となる．多重グラフにおいて頂点の次数を考える際，自己閉路に対して 1 ではなく 2 と数える．例えば，図 2.3 のグラフの頂点 4 の次数は $\deg(4) = 3$ である．

次に，図 2.4 のように辺に向きがあるグラフ $G = (V, E)$ を考えよう．頂点集合 V，(有向) 辺集合 $E \subseteq V \times V$ の順序対 $G = (V, E)$ を**単純有向グラフ**とよぶ[*1]．図 2.4 に単純有向グラフの $G = (V, E)$ を示す．有向グラフにおいては，辺 (v, w) と (w, v) を区別する．有向グラフ中に辺 $e = (v, w)$ があるとき，e は頂点 v と w を (v から w に向い) **結ぶ**といい，頂点 v, w を e の**端点**，特に頂点 v を e の**始点**，

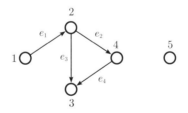

図 **2.4** 単純有向グラフの例．

[*1] より厳密には，$E \subseteq V \times V$ であり，任意の相異なる 2 点 v と w に対して $|E \cap \{(v,w),(w,v)\}| \leq 1$ が成立するグラフを単純有向グラフとよぶ．

頂点 w は e の **終点** とよぶ．また，頂点 v と頂点 w は (v から w に向い) **隣接** し，辺 e は頂点 v (あるいは，頂点 w) と **接続** するという．頂点 v を始点とする辺の本数を v の **出次数** (でじすう)，頂点 v を終点とする辺の本数を v の **入次数** (いりじすう) といい，それぞれ $\deg^+(v)$, $\deg^-(v)$ と記す．入次数，出次数ともに 0 である頂点を **孤立点** という．例えば，図 2.4 に示す有向グラフにおいては，$\deg^+(2) = 2$, $\deg^-(2) = 1$ である．また，頂点 5 は孤立点である．

無向グラフのときと同様に，自己閉路や並列辺などを含む多重グラフの辺も単純グラフのときのように表現する．ただ，この記法も正確さを欠くので，厳密に議論するときは，頂点集合 V，辺集合 E，辺の始点と終点を示す写像 $\partial^+, \partial^- : E \to V$ の組 $G = (V, E, \partial^+, \partial^-)$ として **多重有向グラフ** を定義する．例えば，図 2.5 の多重有向グラフにおいては，$V = \{1, 2, 3, 4\}$, $E = \{e_1, e_2, e_3, e_4, e_5, e_6\}$, $\partial^+(e_1) = 1$, $\partial^-(e_1) = 2$, $\partial^+(e_2) = 1$, $\partial^-(e_2) = 2$, $\partial^+(e_3) = 2$, $\partial^-(e_3) = 4$, $\partial^+(e_4) = 1$, $\partial^-(e_4) = 3$, $\partial^+(e_5) = 3$, $\partial^-(e_5) = 1$, $\partial^+(e_6) = 4$, $\partial^-(e_6) = 4$ となる．

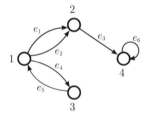

図 **2.5** 多重有向グラフの例．

以上でグラフにおける最も基本的な用語を定義した．「隣接する」，「接続する」など図に書いてみれば直観通りのことなので，上記のように定義しなくてもいいように思うかもしれないが，グラフにおけるさまざまな (直観的には直ちにわからないような) ことを議論するためには，用語を正確に使うことは極めて重要である．したがって上記の用語を正確に使用してほしい．

2.1 節の最後に，**握手補題** とよばれる次数に関する基礎的な性質を述べる．

補題 2.1 (i) 無向グラフ $G = (V, E)$ において，次数の和は辺数の 2 倍に等しい：

$$\sum_{v \in V} \deg(v) = 2|E|.$$

(ii) 有向グラフ $G = (V, E)$ において，入次数の和と出次数の和はともに辺数に等しい：
$$\sum_{v \in V} \deg^-(v) = \sum_{v \in V} \deg^+(v) = |E|.$$

系 2.1 無向グラフ $G = (V, E)$ において，奇数次数をもつ頂点は偶数個存在する．

なお，本書では，特に断りのない限り，有限の単純グラフに限定して話を進める．

2.2　グラフの例と演算

本節では前節で定義したグラフの中で，空グラフ，完全グラフ，k 部グラフ，正則グラフ，トーナメントなど，基本的なグラフを紹介する．また，除去，縮約などのグラフに対する基本的な演算の定義を与える．

無向グラフ $G = (V, E)$ において，$E = \emptyset$ のとき G を**空グラフ**とよぶ．すなわち，空グラフとはすべての頂点が孤立点である無向グラフである．図 2.6 (i) に頂点数が 4 である空グラフを示す．一方，すべての頂点間に辺をもつ，すなわち，$|V| \geq 1$，かつ $E = \binom{V}{2}$ であるとき，G を**完全グラフ**という．頂点数が n（すなわち，$n = |V|$）である完全グラフを K_n と書く．例えば，図 2.6 (ii), (iii) にそれぞれ K_3, K_5 を記す．定義より，空グラフの辺数は 0 であり，n 頂点完全グラフ K_n の辺数は $n(n-1)/2$ である．

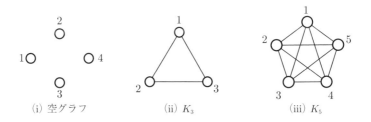

図 **2.6**　空グラフと完全グラフ K_3, K_5．

次に k 部グラフを定義する．まず，**2 部グラフ**とは，図 2.7 の G_1 のように，頂点集合が 2 つの部分集合に分割されて，各部分集合内の頂点間に辺が存在しない無向グラフである．より一般に，k **部グラフ** $G = (V, E)$ とは次の (i), (ii) を満た

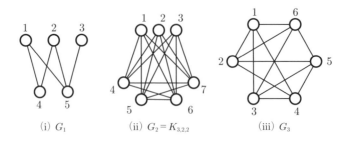

図 2.7　2部グラフの例，完全3部グラフ，正則グラフの例．

すときをいう．

(i) 頂点集合 V が k 個の部分集合 V_i ($i = 1, 2, \ldots, k$) に分割される．すなわち，$V = \bigcup_{i=1}^{k} V_i$, $V_i \cap V_j = \emptyset$ ($i \neq j$), $V_i \neq \emptyset$ ($i = 1, 2, \ldots, k$) が成立する．

(ii) 各部分集合 V_i 内の頂点間には辺が存在しない，すなわち，どの辺 $e = (v, w)$ に対しても，$\{v, w\} \subseteq V_i$ である i が存在しない無向グラフである．

k 部グラフで最も多い辺をもつ単純グラフを**完全 k 部グラフ**という．すなわち，V の分割 $\{V_1, V_2, \ldots, V_k\}$ に対する完全 k 部グラフは，$v \in V_i$, $w \in V_j$ ($i \neq j$) である任意の2頂点 v, w 間に辺 $(v, w) \in E$ をもつ．各集合 V_i に含まれる頂点数が n_i である完全 k 部グラフを $K_{n_1, n_2, \ldots, n_k}$ と書く．図 2.7 (ii) の G_2 は完全3部グラフ $K_{3,2,2}$ である．定義より $K_{n_1, n_2, \ldots, n_k}$ は，$\sum_{i,j: i<j} n_i \cdot n_j$ 本の辺をもつ．

すべての頂点の次数が同じであるグラフを**正則グラフ**とよび，特に次数が r であるとき，**r-正則グラフ**という．定義より，完全グラフは正則グラフである．図 2.7 (iii) の G_3 は完全グラフでない正則グラフである．r-正則なグラフは $rn/2$ 本の辺をもつ．

完全グラフの各辺をどちらかの方向に向き付けして得られる有向グラフ $G = (V, E)$ を**トーナメント**とよぶ．定義より，トーナメントとは，任意の2頂点 v, w が $|E \cap \{(v, w), (w, v)\}| = 1$ を満たす有向グラフである．図 2.8 にトーナメントの例を示す．

グラフ $G = (V, E)$ において，$V' \subseteq V$ かつ $E' \subseteq E$ であるグラフ $G' = (V', E')$

図 **2.8** トーナメントの例.

を G の**部分グラフ**という[*2]．この定義において，$V' \subseteq V$ かつ $E' \subseteq E$ であっても，$G' = (V', E')$ がグラフにはならない場合は部分グラフとはいわない．例えば，図 2.9 のグラフ G_1 において，$V' = \{1\}$，$E' = \{(1, 2)\}$ はそれぞれ V, E の部分集合であるが，$2 \notin V'$ であるので $G' = (V', E')$ は部分グラフではない．一方，図 2.9 のグラフ G_2 と G_3 はともにグラフ G_1 の部分グラフである．ここで，G_3 は V' の中に両端点をもつ G の辺をすべて含んでいる．このように，グラフ $G = (V, E)$ の部分グラフ $G' = (V', E')$ において，E' が V' 中に両端点をもつ G のすべての辺からなる，すなわち，

$$E' = \{(v, w) \in E \mid v, w \in V'\}$$

であるとき，G' を頂点集合 V' により**誘導される部分グラフ**とよび，$G' = G[V']$ と記述する．また，G' がある頂点集合に誘導される G の部分グラフであるとき，G' を G の**誘導部分グラフ**とよぶ．上述したように，図 2.9 のグラフ G_3 はグラフ G_1 の誘導部分グラフである．

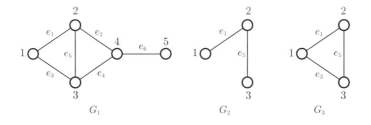

図 **2.9** グラフ G_1 の部分グラフ G_2 と G_3．

頂点集合 $W (\subseteq V)$ から誘導される部分グラフ $G[W]$ が完全グラフであるとき，

[*2] ここで，G は無向，有向，単純，多重どれでもよい．

W を**クリーク**とよぶ．また，$G[W]$ が辺をもたないとき，W を**独立**，あるいは，**安定**とよぶ．グラフ $G = (V, E)$ から辺 $e \in E$ を**除去**して得られる G の部分グラフ $(V, E - \{e\})$ を $G - e$ と記す．また，1 辺 e だけでなく，$F \subseteq E$ を除去してできるグラフを $G - F$ と記述する．頂点 $v \in V$ を**除去**して (より正確には，v とそれに接続する辺をすべて除去して) 得られた部分グラフを $G - v$ と記す．また頂点集合 $W \subseteq V$ を除去して得られる部分グラフを $G - W$ と記す．例えば，図 2.9 のグラフ G_1 に対して，図 2.9 のグラフ G_3 は $G_1 - \{4, 5\}$ を表す．また，図 2.9 のグラフ G_2 は $(G_1 - \{4, 5\}) - e_3$ を表す．

グラフ $G = (V, E)$ から辺 $e = (v, w) \in E$ を**縮約**して (すなわち，e の両端点を同一視して) 得られるグラフを G/e と記す．ここで，G/e の頂点集合 V' は，縮約して得られた頂点を V に含まれない新しい頂点 $u \notin V$ とすることで，$V' = (V - \{v, w\}) \cup \{u\}$ と表される．また，辺集合 E' は，

$$E' = (E \setminus \{(s, t) \mid \{s, t\} \cap \{v, w\} \neq \emptyset\})$$
$$\cup \{(u, t) \mid (v, t) \in E, t \neq w\} \cup \{(u, t) \mid (w, t) \in E, t \neq v\}$$

と表される．この E' は，縮約して得られたグラフを**単純グラフ化** (自己閉路と多重辺を除去) している．一方，多重グラフの枠組みでは多重辺を除去しない．例えば，図 2.9 のグラフ G_1 の辺 e_2 を縮約して単純グラフ化したグラフを図 2.10 のグラフ G_4 に示す．また，辺 e_2 を縮約した後，単純グラフ化しないグラフを図 2.10 の G_5 に示す．なお，縮約して得られた頂点を 6 とする．

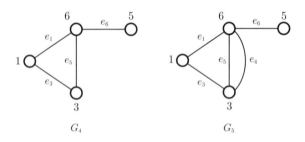

図 2.10 図 2.9 のグラフ G_1 の辺 e_2 を縮約して得られたグラフ G_4 と G_5．

なお，本書では，断りのない限り，単純グラフ化したものを考える．グラフ G から点や辺の削除，辺の縮約を繰り返すことで得られるグラフ H を G の**マイナー**

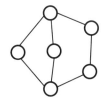

図 2.11　K_3 をマイナーとしてもつグラフ G.

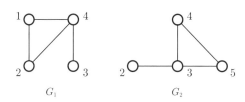

図 2.12　グラフ G_1 と G_2.

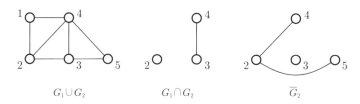

図 2.13　グラフ $G_1 \cup G_2$, $G_1 \cap G_2$, $\overline{G_2}$.

とよぶ．例えば，K_3 は図 2.11 のグラフ G のマイナーである．

2 つのグラフ $G_1 = (V_1, E_1)$ と $G_2 = (V_2, E_2)$ に対して，**和グラフ**，**共通グラフ**をそれぞれ $G_1 \cup G_2 = (V_1 \cup V_2, E_1 \cup E_2)$, $G_1 \cap G_2 = (V_1 \cap V_2, E_1 \cap E_2)$ と定義する．例えば，図 2.12 のグラフ G_1 と G_2 に対する和グラフ $G_1 \cup G_2$ と共通グラフ $G_1 \cap G_2$ を図 2.13 に示す．また，無向グラフ $G = (V, E)$ に対して，辺のあるなしを逆転させることで得られる無向グラフを G の補グラフとよび，$\overline{G}$ と記す．定義より，$\overline{G}$ の辺集合は，$\binom{V}{2} - E$ である．例えば，図 2.12 のグラフ G_2 の補グラフ $\overline{G_2}$ を図 2.13 に示す．定義より，補グラフ $\overline{G}$ の補グラフはもとのグラフ G となる：$\overline{\overline{G}} = G$.

また，$V_1 \cap V_2 = \emptyset$ を満たす 2 つのグラフ $G_1 = (V_1, E_1)$ と $G_2 = (V_2, E_2)$ に対

して，頂点集合が $V_1 \times V_2$ であり，辺集合が

$$\{((v,w),(v',w')) \in (V_1 \times V_2)^2 \mid$$
$$(v = v', (w,w') \in E_2) \text{ あるいは } ((v,v') \in E_1, w = w')\}$$

であるグラフを G_1 と G_2 の**積グラフ**といい，$G_1 \times G_2$ と記す．例えば，図 2.14 のグラフ G_1 と G_2 に対する積グラフ $G_1 \times G_2$ を図 2.15 に示す．

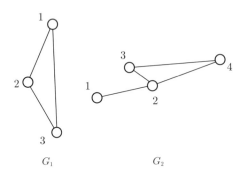

図 2.14 図 2.15 の積グラフの元になるグラフ G_1 と G_2．

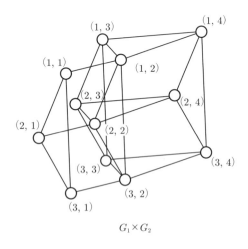

図 2.15 図 2.14 のグラフ G_1 と G_2 に対する積グラフ $G_1 \times G_2$．

2.3 路，閉路，連結性

無向グラフ $G=(V,E)$ において，(頂点から始まり，頂点で終わる) 頂点と辺の交互列

$$v_0, e_1, v_1, e_1, \ldots, e_k, v_k \tag{2.1}$$

で，辺 e_i ($i=1,2,\ldots,k$) の端点が頂点 v_{i-1} と v_i (すなわち $e_i=(v_{i-1},v_i)$) であるとき，この交互列を**路** (みち)[*3]という．路は，**道**の字を当てることもあり，パスともよばれる．式 (2.1) の路において，v_0 と v_k をそれぞれ路の**始点**，**終点**とよぶ．また，始点が v_0，終点が v_k である路を v_0-v_k **路**ともよぶ．路に含まれる辺の本数 k を**路長** (路の長さ) という．路は頂点と辺の交互列として定義されるが，辺だけを並べて $e_1,e_2,\ldots,e_k$，あるいは頂点だけを並べて $v_0,v_1,\ldots,v_k$ と表現するときもある[*4]．路に現れるどの辺 $e_1,e_2,\ldots,e_k$ も相異なるとき，**単純路**とよばれる．また，どの頂点 $v_0,v_1,\ldots,v_k$ も相異なるとき，**初等路**，あるいは**初等的な路**とよばれる．定義から，初等路は単純路である．例えば，図 2.16 (i) は初等路であり，(ii) は単純路ではあるが初等路ではない．また，図 2.16 (iii) は路であるが，単純路でも初等路でもない．

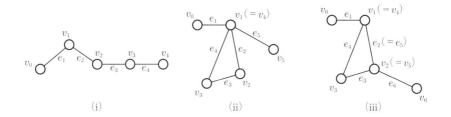

図 **2.16**　3 種類の路．

路 $v_0,e_1,v_1,e_1,\ldots,e_k,v_k$ が $k\geq 1$ かつ $v_0=v_k$ であるとき**閉路**とよばれる．路と同様に，k を**閉路長**，また，どの辺 $e_1,e_2,\ldots,e_k$ も相異なるとき**単純閉路**，どの頂点 $v_0(=v_k),v_1,\ldots,v_{k-1}$ も相異なる (すなわち，v_0 と v_k 以外のどの 2 頂点も相異なる) とき**初等閉路**，あるいは**初等的な閉路**という．初等閉路は**サーキット**

[*3] 単独で現れない場合，例えば，後述の v_0-v_k 路，単純路などは「ろ」と読む．
[*4] 頂点のみを並べる表現は多重グラフでは一般に用いられない．

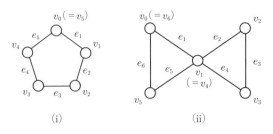

図 **2.17** 初等閉路と単純閉路.

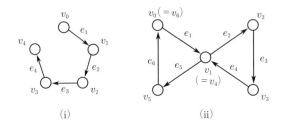

図 **2.18** 初等有向路と単純有向閉路.

ともよばれる．例えば，図 2.17 (i) は初等閉路である．また，図 2.17 (ii) は単純閉路ではあるが初等閉路ではない．

有向グラフ $G = (V, E)$ においても同様に，(単純, 初等) **有向路**, **有向閉路**が定義される．図 2.18 (i), (ii) にそれぞれ初等有向路と単純有向閉路を与える．

無向グラフ $G = (V, E)$ において，任意の 2 つの頂点 v, w の間に，始点が v, 終点が w である路 (v-w 路) が存在するとき，G は**連結**であるとよばれる．グラフ G が非連結であるとき，G は，その極大な連結誘導部分グラフ $G[W]$ に分割される．すなわち，G は (1) 頂点部分集合 $W \subseteq V$ により誘導される部分グラフ $G[W]$ が連結であり，(2) W を真に含むどんな頂点集合 $U \supsetneq W$ により誘導される部分グラフ $G[U]$ も非連結になるような，$G[W]$ の和として表現できる．極大な連結誘導部分グラフは，G の**連結成分**とよばれる．例えば，図 2.19 (i) の無向グラフ G に対する連結成分 G_i ($i = 1, 2, 3, 4$) を (ii) に示す．

有向グラフ G においては，任意の頂点 v, w の間に v-w 有向路と w-v 有向路が両方存在するとき，G は**強連結**であるとよばれる．また，有向グラフ G に対して，その辺の向き付けを無視してできる無向グラフが連結であるとき，G は**弱連結**であるといわれる．G の極大な強連結誘導部分グラフ $G[W]$ は**強連結成分**とよばれ

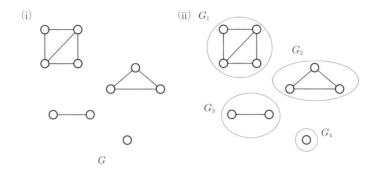

図 **2.19** 無向グラフ G とその連結成分.

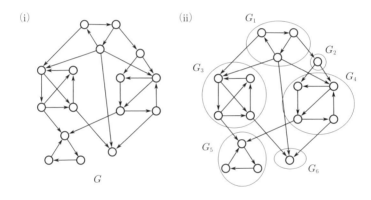

図 **2.20** 有向グラフ G とその強連結成分.

る．図 2.20 (i) の有向グラフ G に対する強連結成分 G_i ($i=1,2,\ldots,6$) を (ii) に示す．

3.2 節で正確に述べるように，無向グラフの連結性 (路の存在性) や有向グラフの強連結性により，頂点間の同値関係が定義される．

ここで 2.2 節で述べた 2 部グラフを閉路長により特徴付けよう．

定理 2.1 無向グラフ G が奇数長の閉路をもたないことは，G が 2 部グラフであるための必要十分条件である．

(**証明**) まず，2 部グラフ $G = (V, E)$ に含まれるどんな閉路も，その長さが偶数であることを示す．G が 2 部グラフであることを示す頂点集合 V の分割を $\{V_1, V_2\}$

とする．また，$v_0, e_1, v_1, e_2, \ldots, e_k, v_k\,(= v_0)$ を G の閉路とする．このとき，一般性を失うことなく，$v_0 \in V_1$ とすると，$v_1 \in V_2$, $v_2 \in V_1$ と順に閉路中の頂点が頂点集合 V_1 か V_2 に含まれることがわかる．ここで $v_k\,(= v_0) \in V_1$ より，k は偶数となる．

次に，奇数長の閉路をもたないグラフ $G = (V, E)$ が 2 部グラフであることを示す．そのため，G を連結グラフと仮定して，G が 2 部グラフであることを示す V の分割 $\{V_1, V_2\}$ を構成する．なお，G が非連結のときは G の各連結成分が 2 部グラフであることを示せば十分である．したがって，G は連結であると仮定する．

まず，G から任意に頂点を 1 つ選ぶ．この選ばれた頂点 $v \in V$ を用いて，$V_1 = \{v\}$, $V_2 = \emptyset$ と初期化する．その後以下の 1., 2. の操作を順に $V_1 \cup V_2 = V$ になるまで繰り返し行う．

1. V_1, V_2 のいずれにも含まれない頂点で，V_1 中のある頂点に隣接する頂点 w を V_2 に付け加え，V_2 を更新する (すなわち，$V_2 := V_2 \cup \{w\}$).

2. V_1, V_2 のいずれにも含まれない頂点で，V_2 中のある頂点に隣接する頂点 w を V_1 に付け加え，V_1 を更新する (すなわち，$V_1 := V_1 \cup \{w\}$).

グラフ G が連結であるので，上記の手続きの終了時で V の分割 $\{V_1, V_2\}$ が得られる．いま，ある辺 $(s, t) \in E$ が存在して，$s, t \in V_1$ であると仮定する ($s, t \in V_2$ のときも同様に示すことができる)．ともに路長が偶数である v-s 路と v-t 路が存在する．ここで，v-s 路または v-t 路は，1., 2. で隣接性を示す辺から構成できることに注意されたい．このことから v-s 路，(s, t)，t-v 路の順に並べることで奇数長の閉路が得られ，G が奇数長の閉路をもたないことに矛盾する．したがって，上記の手続きによって得られた分割 $\{V_1, V_2\}$ は G が 2 部グラフであることを示す．∎

定理 2.1 の十分性を示す際に，実際に 2 部グラフを構成して証明した．このような手法は**構成的証明法**とよばれ，離散数学においてはよく用いられる．

Euler 閉路と Hamilton 閉路

本節の最後に，Euler (オイラー) 閉路と Hamilton (ハミルトン) 閉路を紹介する．無向グラフ $G = (V, E)$ 中の閉路 C がすべての辺を丁度 1 度含むとき，C を **Euler 閉路**とよぶ．また，すべての頂点を丁度 1 度含むとき，より正確には，C

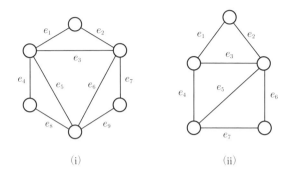

図 **2.21** Euler 閉路と Hamilton 閉路に関する例.

が V のすべての頂点を含む初等的な閉路であるとき，C を **Hamilton 閉路**とよぶ．例えば，図 2.21 (i) のグラフは，Euler 閉路 $e_1, e_2, e_7, e_9, e_8, e_4, e_3, e_6, e_5$ と Hamilton 閉路 $e_1, e_2, e_7, e_9, e_8, e_4$ をともにもつ．一方，(ii) のグラフは，Hamilton 閉路 e_1, e_2, e_6, e_7, e_4 をもつが，Euler 閉路をもたない．

Euler 閉路の名前は，Euler が Königsberg の橋問題を最初に解いたことに由来する．これは，図 2.22 に書かれた街 (1, 2, 3, 4 の 4 つの領域とそれらをつなぐ 7 つの橋 e_i ($i = 1, 2, \dots, 7$) をもつ街) において，7 つの橋を丁度 1 度通りもとに戻るような歩き方はあるか，という問題である．この街は図 2.22 のグラフ G に，歩き方は G の中の Euler 閉路に対応する，すなわち，G に Euler 閉路があるかどうかを問う問題であることがわかる．

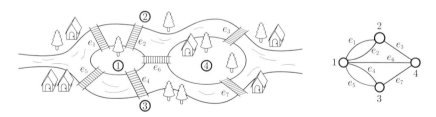

図 **2.22** Königsberg の橋と対応するグラフ G.

一方，Hamilton 閉路の名前は，Hamilton が多面体に由来するグラフに Hamilton 閉路が存在するかというゲームを発明したことによる．

閉路ばかりでなく，路に対しても同様の概念が存在する．すべての辺を丁度 1

度通る路を **Euler 路**，すべての頂点を丁度 1 度通る路を **Hamilton 路**という．Euler 路は一筆書きに対応し，閉路である場合とそうでない場合がある．一方，Hamilton 路は，定義より閉路ではないが，Hamilton 閉路をもてば，その最後の辺 (と頂点) を取り除くことにより，Hamilton 路を構成できる．

以下ではまず無向グラフに限定して話を進める．Euler 閉路に対しては以下の特徴付けが知られている．

定理 2.2 連結な無向グラフ $G = (V, E)$ において，すべての頂点の次数が偶数であることは，G に Euler 閉路が存在するための必要十分条件である．

ここで，頂点 v の次数とは，それに接続する辺の本数であることを思い出してほしい．また，連結でないグラフに Euler 閉路がないことは明らかであるので，連結なグラフのみを考えるのは自然である．

(証明) まず Euler 閉路 $v_0, e_1, v_1, e_2, \ldots, e_k, v_k (= v_0)$ が存在すると仮定し，その順に頂点を訪問することを考えよう．どの頂点 $w \in V$ も通過する (「訪問」し，「去る」) ごとに，2 つの辺を利用する．すなわち，上記の順に辺を向き付けしたグラフにおいて入次数と出次数が同じであることがわかる．ここで Euler 閉路の定義より，すべての辺が丁度 1 回ずつ現れるので，各頂点の次数は偶数となる．

逆に，各頂点の次数が偶数であるとする．このとき，まず，任意の頂点を 1 つ選び，その頂点 v_0 を始点とする路を以下のように構成し，再度 v_0 にたどり着く，すなわち，(2.2) の閉路を得ることを示す．

$$C_1 : v_0, e_1, v_1, e_2, \ldots, e_k, v_k (= v_0) \tag{2.2}$$

構成法としては，v_0 に接続する辺 $e_1 = (v_0, v_1)$ を任意に選ぶ．もし $v_1 = v_0$ ならば，そこで終了する．そうでないならば，これまで選んだ辺 (すなわち，e_1) とは異なる辺で，v_1 に接続する辺 $e_2 = (v_1, v_2)$ を任意に選ぶ．もし $v_2 = v_0$ ならば，そこで終了する．そうでないならば，e_1, e_2 とは異なり，v_2 に接続する辺 $e_3 = (v_2, v_3)$ を任意に選ぶ．このような操作を繰り返すことで (2.2) の閉路 C_1 を構成する．ここで，各頂点の次数は偶数なので，もし $v_j\ (j \neq 0)$ を訪問したならば，去ることができること，また，グラフは有限であることから，この操作を繰り返すと，必ず v_0 を再訪することに注意されたい．今，(2.2) に現れる辺 $e_1, e_2, \ldots, e_k$ を除去する．除去してできた部分グラフ G_1 のすべての頂点の次数は偶数であり，

もし，G_1 が空グラフであれば，(2.2) が Euler 閉路となる．そうでないならば，G_1 は (2.2) の閉路中のいずれかの頂点 v_p を端点とする辺をもつ (さもないと，もとのグラフ G が非連結となる)．グラフ G_1 において，v_p を始点として上記の操作を行い閉路 C_2 を得る．ここで，C_1 と C_2 を

$$v_0, e_1, v_1, \ldots, e_p, C_2, e_{p+1}, v_{p+1}, \ldots, v_k \, (= v_0) \tag{2.3}$$

と合わせる，すなわち，頂点 v_0 から閉路 C_1 に従って頂点 v_p まで進み，その後閉路 C_2 に沿って頂点 v_p まで戻り，再び閉路 C_1 に沿って頂点 $v_k \, (= v_0)$ に戻ることで，閉路を構成することができる．

部分グラフ G_1 から C_2 の中の辺を除いてできた部分グラフ G_2 も，上記と同様に，すべての頂点の次数は偶数である．もし，G_2 が空グラフならば，(2.3) がもとのグラフ G の Euler 閉路である．そうでないならば，G_2 は (2.3) の閉路中のいずれかの頂点を端点とする辺をもつ．

上記のように G_2 の中に存在する閉路 C_3 を求め，これまでに得られている閉路と合成し，新しい閉路を得る．また，G_2 から C_3 の辺を除くことで新しいグラフ G_3 をつくる．このような操作を順次繰り返すことで，グラフ G の Euler 閉路を構成することができる．　■

この定理の十分性の証明も 2.3 節で述べた構成的な証明の例である．

この定理は Euler 閉路を求めるという問題の計算論的な側面を理解する上でも重要である．与えられたグラフが Euler 閉路をもつ場合は，Euler 閉路自体を見せることで，簡潔[*5]に説明可能である．一方，Euler 閉路がない場合，存在しないことをどのように説明すればいいのか明らかでない．すべての路を確かめることで存在しないことは説明できるが，簡潔ではない．この定理により，次数が奇数である頂点の存在を示すことで Euler 閉路がないことの簡潔な説明が可能になる．

このことを少し一般的に述べると以下のようになる．定理 2.2 は，(x に関する) 性質 $P(x)$ を満たす x が存在することと，任意の y が (y に関する)$Q(y)$ を満たすことが同値であるという形：

$$\exists x : P(x) \iff \forall y : Q(y) \tag{2.4}$$

をしている．ここで，$\exists$ は存在記号，$\forall$ は全称記号とよばれる．別の例として，定理 2.1 もこの形をしている．すなわち，G が 2 部グラフであることを示す V の分

[*5]　ここでは，「簡潔」という表現を用いたが，詳しくは 8.6.2 項を参照されたい．

割 $\{V_1, V_2\}$ が存在することとすべての閉路の長さが偶数であることが等価であることを示している．

Euler 閉路の定理から以下の Euler 路に関する定理も納得できるかと思う．

定理 2.3 連結な無向グラフ $G = (V, E)$ が奇数次数の頂点を 0 個あるいは 2 個もつことは，G が Euler 路をもつための必要十分条件である．

一方，Hamilton 路，Hamilton 閉路に関しては，(2.4) のような形の必要十分条件を示す定理は知られていない．知られている多くの十分条件は，直観的に「多くの辺があれば Hamilton 閉路をもつ」という形をしている．以下ではその代表的な定理である **Dirac** (ディラック) の定理と Ore (オア) による一般的な結果 (**Ore の定理**) を述べる．

定理 2.4 (Ore の定理) G を $n\,(\geq 3)$ 個の頂点をもつ単純無向グラフとする．隣接していない任意の 2 頂点 v と w の次数の和が n 以上 (すなわち，$\deg(v) + \deg(w) \geq n$) のとき，G は Hamilton 閉路をもつ．

(証明) $n = 3$ のときは明らかに成立する．$n \geq 4$ の場合を背理法で証明する．G は定理の中の条件を満たすが，Hamilton 閉路をもたない (辺集合に関して) 極大なグラフと仮定する．すなわち，G は Hamilton 閉路をもたないが，(単純グラフを保ったまま) どのように辺を加えても，Hamilton 閉路をもつグラフである．図 2.23 に $n = 5$ のときの極大グラフを示す (なお，定理の中の次数の条件は満たさない)．

極大性から，一般性を失わずに G には Hamilton 路 $v_1, v_2, \ldots, v_n$ が存在するが，辺 (v_1, v_n) は存在しないと仮定してよい．

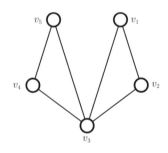

図 **2.23** Hamilton 閉路をもたない極大グラフ G．

ここで頂点 v_1 と v_n に対して条件 $\deg(v_1) + \deg(v_n) \geq n$ より，

$$(v_1, v_i), (v_n, v_{i-1}) \in E, \quad 3 \leq i \leq n-1 \tag{2.5}$$

である整数 i が存在する (証明の最後に示す)．このとき，Hamilton 路を組み替えることで Hamilton 閉路

$$v_1, v_2, \ldots, v_{i-1}, v_n, v_{n-1}, \ldots, v_i, v_1 \tag{2.6}$$

が構成でき，矛盾が生じる．

最後に (2.5) を満たす整数 i の存在を示す．G は辺 (v_1, v_2), (v_{n-1}, v_n) をもち，辺 (v_1, v_n) をもたないので，頂点 v_1 は $\{v_3, v_4, \ldots, v_{n-1}\}$ の中の $\deg(v_1) - 1$ 個の頂点と隣接する．一方，v_n は $\{v_2, v_3, \ldots, v_{n-2}\}$ の中の $\ell = \deg(v_n) - 1$ 個の頂点 $v_{j_1}, v_{j_2}, \ldots, v_{j_\ell}$ と隣接する．ここで，(2.5) のような i が存在しないと仮定すると，頂点 v_1 は頂点 $v_{j_1+1}, v_{j_2+1}, \ldots, v_{j_\ell+1}$ と隣接しない．これらの頂点はすべて $\{v_3, v_4, \ldots, v_{n-1}\}$ の中にあり，$|\{v_3, v_4, \ldots, v_{n-1}\}| = n-3$ であるので，

$$(\deg(v_1) - 1) + (\deg(v_n) - 1) \leq n-3,$$

すなわち，$\deg(v_1) + \deg(v_n) \leq n-1$ が成立し，条件に矛盾する． ∎

定理 2.5 (Dirac の定理) G を $n\,(\geq 3)$ 個の頂点をもつ単純無向グラフとする．任意の頂点 v の次数が $\deg(v) \geq \frac{1}{2}n$ を満たすならば，G は Hamilton 閉路をもつ．

(証明) 任意の 2 頂点 v と w に対して，$\deg(v) + \deg(w) \geq n$ を満たすので，定理 2.4 より G に Hamilton 閉路が存在する． ∎

次に有向グラフにおける Euler 有向閉路と Hamilton 有向閉路を考える．無向グラフのときと同様に，有向閉路 C がすべての辺を丁度 1 度だけ通るとき，C を Euler 有向閉路とよび，すべての頂点を丁度 1 度だけ通るとき，Hamilton 有向閉路とよぶ．また，有向路 P がすべての辺を丁度 1 度だけ通るとき，P を Euler 有向路とよび，すべての頂点を丁度 1 度だけ通るとき，Hamilton 有向路とよぶ．

Euler 有向閉路に関しては，Euler (無向) 閉路に対する議論から推測できるように以下の定理が成立する．

28 2 グ ラ フ

定理 2.6 弱連結な有向グラフ $G = (V, E)$ において，任意の頂点 $v \in V$ の入次数と出次数が等しい（すなわち，$\deg^+(v) = \deg^-(v)$）ことは，G に Euler 有向閉路が存在するための必要十分条件である．

Hamilton 有向閉路に関しても Dirac の定理の有向グラフへの一般化が行われている．

定理 2.7 G を n 頂点の強連結な単純有向グラフとする．任意の頂点 v に対して，入次数と出次数ともに $n/2$ 以上であれば，G は Hamilton 有向閉路をもつ．

この定理の証明は複雑であるので，本節では，この定理の特殊ケースであるトーナメントに関する定理とその証明を与える．

定理 2.8 (i). 任意のトーナメントは Hamilton 有向路をもつ．
(ii). 任意の強連結トーナメントは Hamilton 有向閉路をもつ．

（証明） (i)：トーナメント $T = (V, E)$ の頂点数 $n = |V|$ に関する帰納法で証明する．

$n \leq 3$ のときは明らかである．$n = k (\geq 3)$ で成立すると仮定して，$n = k+1$ を考える．帰納法の仮定からトーナメントから任意に 1 頂点 v を除去したグラフ $T - v$ は $n - 1$ 頂点のトーナメントであるため，$T - v$ は Hamilton 有向路 $v_1, v_2, \ldots, v_k$ をもつ．ここで以下のように 3 通りに場合分けして証明する．

1. $(v, v_i) \in E$ である頂点 v_i が存在しない．

2. $(v, v_1) \in E$ である．

3. $(v, v_1) \notin E$ であり，かつ，$(v, v_i) \in E$ である頂点 v_i $(2 \leq i \leq k)$ が存在する．

1. のときは，T がトーナメントであることから $(v_k, v) \in E$ であるので，$v_1, v_2, \ldots, v_k$, v が T の Hamilton 有向路となる．2. のときは，$v, v_1, v_2, \ldots, v_k$ が T の Hamilton 有向路となる．3. の場合は，i を $(v, v_i) \in E$ である最小の整数とすると，$(v_{i-1}, v) \in E$ であるので，図 2.24 のように $v_1, v_2, \ldots, v_{i-1}, v, v_i, v_{i+1}, \ldots, v_k$ が T の Hamilton 有向路となる．

(ii)：$T = (V, E)$ を頂点数 $n = |V|$ である強連結トーナメントとし，T が長さが $\ell = 3, 4, \ldots, n$ である初等閉路をもつことを ℓ に関する帰納法で証明する．

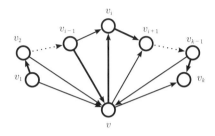

図 **2.24** 定理 2.8 の証明で用いる Hamilton 有向路 $v_1, v_2, \ldots, v_{i-1}, v, v_i, v_{i+1}, \ldots, v_k$.

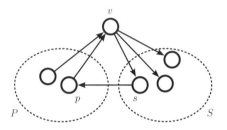

図 **2.25** 定理 2.8 の証明で用いる頂点 v と頂点集合 S と P.

$\ell = 3$ のとき，T から任意に 1 頂点 v を選び，$(v, w) \in E$ である頂点 w の集合を S，$(w, v) \in E$ である頂点 w の集合を P とする (図 2.25 参照)．ここで T の強連結性より，$S, P \neq \emptyset$ である．さらに，T の強連結性より，$(s, p) \in E$ である頂点 $s \in S$ と $p \in P$ が存在する．したがって，T は長さ 3 の初等閉路 v, s, p, v をもつ．

次に，T が $\ell = k (\leq n-1)$ の初等閉路 $v_0, v_1, \ldots, v_k (= v_0)$ をもつと仮定して，長さ $\ell = k+1$ の初等閉路の存在を以下の 2 通りに場合分けして示す．

1. $(v_i, v), (v, v_j) \in E$ である閉路外の頂点 v と閉路中の頂点 v_i, v_j が存在する．

2. 1. でない，すなわち，閉路外のどの頂点 v も，$(v, v_i) \in E$ $(i = 0, 1, \ldots, k)$ であるか，あるいは $(v_i, v) \in E$ $(i = 0, 1, \ldots, k)$ である．

1. のとき，図 2.26 に示すように $(v_q, v), (v, v_{q+1}) \in E$ である整数 q が存在する．例えば，$i < j$ であるときは，q は $i \leq q < j$ 間に存在する．また，$i > j$ であるときは，q は $i \leq q < k$ 間あるいは，$0 \leq q < j$ 間に存在する．

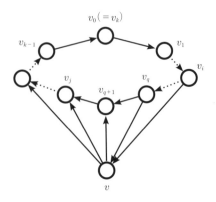

図 2.26　定理 2.8 の証明で用いる $(v_q, v), (v, v_{q+1}) \in E$ である整数 q.

したがって，T は長さが $k+1$ である初等閉路 $v_0, v_1, \ldots, v_q, v, v_{q+1}, \ldots v_k (=v_0)$ をもつ．

2. のとき，S を $(v_i, v) \in E$ $(i = 0, 1, \ldots, k)$ である閉路外の頂点 v の集合，P を $(v, v_i) \in E$ $(i = 0, 1, \ldots, k)$ である閉路外の頂点 v の集合とする．このとき，T の強連結性から $(s, p) \in E$ である頂点 $s \in S$ と $p \in P$ が存在する．S と P の定義より，$(v_0, s), (p, v_2) \in E$ であるので，これらの辺と長さ k の初等閉路 $v_0, v_1, \ldots, v_k (=v_0)$ を組み換えることで，図 2.27 のように長さ $k+1$ の初等閉路

$$v_0, v_s, v_p, v_2, v_3 \ldots, v_k (=v_0)$$

を構成できる． ■

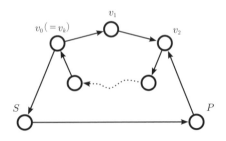

図 2.27　定理 2.8 の証明で用いる長さ $k+1$ の初等閉路.

2.4 木と有向木

頂点数が 1 以上である無向グラフ $T = (V, E)$ がサーキット (初等閉路) をもたないとき，T は**森**とよばれ，連結である森は**木**とよばれる．例えば，図 2.28 のグラフ F は 3 つの連結成分をもつ森であり，また，図 2.28 のグラフ T は木である．

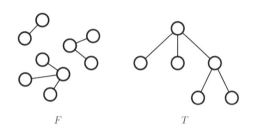

図 **2.28** 森 F と木 T.

例からもわかるように，森の各連結成分は木となる．木はさまざまな良い性質をもつ．例えば，任意の 2 頂点は唯一の (初等) 路で結ばれている．これは，連結性から少なくとも 1 つの路が存在し，仮に 2 個以上初等路 P_1 と P_2 が存在すると仮定すると，$P_1 \cup P_2$ はサーキット (P_1 と P_2 が初めて分岐してから次に合流するまでの部分) を含み，矛盾することからわかる．また，木から任意の 1 辺を取り除くとグラフは非連結になる．これも，もし連結のままならば，G がサーキットをもつことになり矛盾するからである．一般に，無向グラフ G において，除去することにより G の連結成分数が増加するような辺を**橋**とよぶ．

さらに，任意の辺を木に付け加えると丁度 1 つサーキットができる．また，n 頂点である木は $n-1$ 本の辺をもつ．辺の本数は，点数 n に関する帰納法で証明できる．$n = 1$ のときは明らかに辺数は 0 である．$n = k-1$ 以下で成立していると仮定して，$n = k$ のときを考える．さきほど示したように，任意に辺を除くと 2 つの連結成分を得て，ともに閉路をもたないので，各連結成分は木である．ここで 2 つの連結成分数を n_1 と n_2 とすると ($n_1 + n_2 = n$)，帰納法の仮定から，木の中の辺数は $(n_1 - 1) + (n_2 - 1) + 1 = n - 1$ となる．

以上を整理して必要十分条件として記述すると，以下の定理を得る．

定理 2.9 n 個の頂点をもつ無向グラフ G に対して以下の 7 つの命題は同値である．

32 　 2 グ ラ フ

(i) G は木である.

(ii) G にサーキットはなく, G は $n-1$ 本の辺をもつ.

(iii) G は連結であり, $n-1$ 本の辺をもつ.

(iv) G の任意の 2 頂点を結ぶ初等路は丁度 1 つである

(v) G は連結であり, どの辺も橋である.

(vi) G は $n-1$ 本の辺をもち, どの辺も橋である.

(vii) G にサーキットはなく, どんな辺を新たに G に付け加えても, 丁度 1 つの
サーキットができる.

上記の木の辺数に関する性質から森の辺数に関する性質が簡単に得られる.

系 2.2 n 個の頂点をもつ森 G が k 個の連結成分からなるとき, G は $n-k$ 本の
辺をもつ.

(証明) 各連結成分の頂点数を $n_1, n_2, \ldots, n_k$ とすると, 各連結成分は木である
ので, それぞれ $n_1-1, n_2-1, \ldots, n_k-1$ 本の辺をもつ. したがって, 全体で
$\sum_{i=1}^{k}(n_i-1) = n-k$ 本の辺をもつ. ∎

　木の中で次数が 1 である頂点は**葉**とよばれる. 例えば, 図 2.28 の木 T は 4 個の葉
をもつ[*6]. 葉の個数を考えよう. 図 2.29 (i) の初等路は 2 個の葉をもち, 図 2.29 (ii)
の星とよばれる木は $n-1$ 個の葉をもつ.
　これらが葉数の上下限となる.

定理 2.10 n 個の頂点をもつ木 T は, 2 個以上 $n-1$ 個以下の葉をもつ.

(証明) 葉数を n_l とすると, 次数和の上下限は

$$n_l + 2(n-n_l) \leq \sum_{v \in V} \deg(v) \leq n_l + (n-1)(n-n_l)$$

[*6] 木を図示する場合, 例えば図 2.28 中の木 T のように, 通常, 葉を下のほうに描くことが多く,
葉というよりは根の先のようなイメージをもつかもしれないが, 葉とよぶことに注意してほしい.

2.4 木と有向木   33

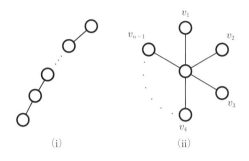

図 2.29　(i) 初等路と (ii) 星.

となる．ここで，補題 2.1 と定理 2.9 より次数の和は $2(n-1)$ となるので，上記の不等式から $2 \leq n_l \leq n-1$ を得る． ∎

無向グラフ $G = (V, E)$ の部分グラフ $G' = (V', E')$ で $V' = V$ のとき，G' を全域部分グラフ（あるいは全張部分グラフ）とよぶ．特に G' が木のとき，**全域木**（あるいは**全張木**）とよぶ．グラフ G が部分グラフとして全域木をもてば明らかに連結である．また，逆も成り立つ．

定理 2.11 無向グラフ G が全域木をもつことは，G が連結であるための必要十分条件である．

（証明） 十分条件であることは明らかなので必要条件であることだけを示す．連結なグラフ $G = (V, E)$ において，そこに含まれる極大な木 $T = (V_T, E_T)$ を考える．ここで，極大とは E_T にどの辺 $e \in E$ を加えても木（の辺集合）でなくなることを意味する．T が全域的でない，すなわち，頂点 $v \in V \setminus V_T$ が存在すると仮定する．このとき，仮定より $w \in V_T$ が存在し，連結性より G は w-v 路をもつ．したがって，$p \in V_T$, $q \notin V_T$ であるような辺 $e = (p, q) \in E$ が存在する．条件より $e \notin E_T$, $E_T \cup \{e\}$ は木となり，極大性に反する． ∎

定理 2.9 (i) と (vii) より，$G = (V, E)$ の全域木 $T = (V_T, E_T)$ に，T 外の辺 $e \in E - E_T$ を 1 本加えてできるグラフは丁度 1 つサーキット $C(T, e)$ をもつ．この $C(T, e)$ は T の**基本サーキット**とよばれる．同様に，定理 2.9 (i) と (v) より，全域木 T から辺 $e \in E_T$ を 1 本除去してできるグラフ $T - e$ は二つの連結成分

$T_1 = (V_{T_1}, E_{T_1})$ と $T_2 = (V_{T_2}, E_{T_2})$ をもつ．このとき，

$$C^*(T, e) = \{(v, w) \in E \mid v \in V_{T_1}, w \in V_{T_2}\}$$

は T に対する**基本カットセット**とよばれる．ここでカットセットとは，取り除くことでグラフが非連結になるような極小な辺集合 $E^* (\subseteq E)$ のことである (すなわち，カットセット E^* のどんな真部分集合を除去しても連結のままであるが，E^* を除去すると非連結になる)．例えば，図 2.30 に連結グラフ G とその全域木 T に対する基本サーキット $C(T, e_1)$ と基本カットセット $C^*(T, e_2)$ を示す．この基本サーキットと基本カットセットに関して以下の**交換公理**が成立する．

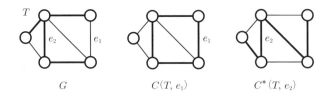

図 **2.30**　グラフ G の全域木 T に対する基本サーキットと基本カットセット．

定理 2.12 $G = (V, E)$ を連結無向グラフ，$T = (V, E_T)$ を G のある全域木とする．このとき以下の (i) と (ii) が成立する．

(i) 任意の $e \notin E_T$ と任意の辺 $f \in C(T, e)$ に対して，$T + e - f = (V, (E_T \cup \{e\}) \setminus \{f\})$ は全域木となる．

(ii) 任意の $e \in E_T$ と任意の辺 $f \in C^*(T, e)$ に対して，$T - e + f = (V, (E_T \setminus \{e\}) \cup \{f\})$ は全域木となる．

(**証明**) (i): T に辺 $e \in E \setminus E_T$ を付け加えると唯一のサーキット $C(T, e)$ ができるが，そのサーキットから辺 f を取り除くので $T + e - f$ はサーキットをもたない．さらに，全域木 T が $|V| - 1$ 本の辺をもつので，$T + e - f$ も $|V| - 1$ 本の辺をもつ．よって，定理 2.9 (i) と (ii) より $T + e - f$ は全域木となる．

(ii): T から辺 $e \in E_T$ を取り除くと，丁度 2 つの連結成分をもつグラフになる．この 2 つの連結成分は，カットセット $C^*(T, e)$ に含まれる辺 f を付け加えることで，連結となる．すなわち，$T - e + f$ は連結である．また，$T - e + f$ は $|V| - 1$ 本の辺をもつので，定理 2.9 (i) と (iii) より $T - e + f$ も全域木となる． ■

次に有向グラフ G における (有向) 木の定義を与える．有向グラフ G の辺の向きを無視して得られた無向グラフが木であり，かつ，各頂点の入次数が 1 以下であるとき，G を**有向木**という．例えば，図 2.31 に有向木を示す．定義と定理 2.9 より，有向木 G の頂点数を n とすると，辺数は $n-1$ となる．補題 2.1 より，入次数の和は辺数 $n-1$ に等しいので，1 個の頂点 $r \in V$ だけが入次数 0，それ以外の $n-1$ 個の頂点の入次数は 1 となる．この入次数が 0 である頂点 r は有向木の**根**とよばれる．また，出次数が 0 である頂点を**葉**とよぶ．例えば，図 2.31 の有向木において r は根である．また，有向木は 6 個の葉をもつ．有向木の葉数に関しては，(無向) 木の定理 2.10 から以下の上下限をもつことが簡単にわかる．

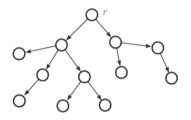

図 **2.31** 外向木の例．

定理 2.13 n 個の頂点をもつ有向木 T は，1 個以上 $n-1$ 個以下の葉をもつ．

有向木中の辺 (v,w) が存在するとき，v は w の**親**，w は v の**子**とよばれる．また，有向木中に v-w 有向路が存在するとき，v は w の**先祖**，その逆に，w は v の**子孫**とよばれる．定義より，根はすべての頂点の先祖である．この有向木は**外向木**ともよばれる．一方，有向木の定義の入次数を出次数に変更して得られたグラフ，すなわち，辺の向きを無視した無向グラフが木で，各頂点の出次数が 1 以下である有向グラフを**内向木**とよぶ．内向木においても，出次数が 0 の頂点は丁度 1 個しかなく，その点を**根**，また，入次数が 0 である頂点を**葉**とよぶ．図 2.32 にその例を示す．

木の数え上げとグラフの行列表現

本節ではグラフ，特に，木は何種類あるか，という数え上げ問題を議論する．また，そのために同型性の定義を与える．

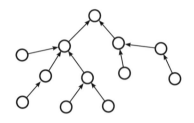

図 2.32 内向木の例.

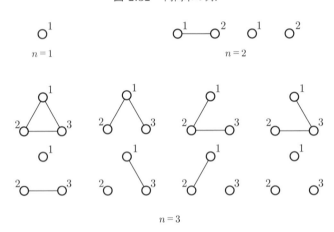

図 2.33 頂点数 $n = 1, 2, 3$ であるラベル付きグラフ G.

もちろんグラフは何の制限も与えなければ無限個存在する．では，n 頂点の単純無向グラフが何個あるか考えよう．頂点集合を $V = \{1, 2, \ldots, n\}$ とラベル (名前) 付けする．図 2.33 に $n = 1, 2, 3$ のときの (ラベル付き) グラフを列挙する．$n = 1$ のときは 1 個，$n = 2$ のときは 2 個，$n = 3$ のときは 8 個グラフが存在する．一般に，任意の 2 頂点 i と j の間に辺があるかないかの 2 通りであるので，n 頂点グラフに対しては以下の定理が成立する．

定理 2.14 n 個の頂点をもつラベル付きグラフは $2^{\frac{n(n-1)}{2}}$ 個存在する．

なお，あとで同型性の定義を与えるが，ラベル付きグラフを考える際，頂点のラベルを除き「同じ形」をしている場合も，別物だと区別していることに注意されたい．例えば，図 2.34 に示すように，頂点数 $n = 3$ であるラベルなしグラフは

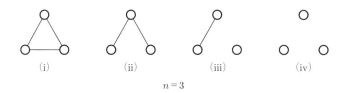

図 **2.34**　3 個の頂点をもつラベルなしグラフ.

4 種類存在する．ラベルを付加することにより，グラフの種類が 4 から 8 へと増加する．

次に，ラベル付き木の個数を考えよう．図 2.35, 2.36 に示すように，$n = 1, 2, 3, 4$ のとき，ラベル付き木はそれぞれ 1, 1, 3, 16 個存在する．

一般の n 頂点ラベル付き木を数え上げるため，n 頂点のラベル付き木と (要素が n 以下の正整数である) 順序対 $\mathbf{a} = (a_1, a_2, \ldots, a_{n-2}) \in \{1, 2, \ldots, n\}^{n-2}$ が 1 対 1 に対応することを示す．

まず，ラベル付き木 $T = (V = \{1, 2, \ldots, n\}, E)$ から $\mathbf{a} \in \{1, 2, \ldots, n\}^{n-2}$ への写像 f を構成する．以下の構成法では，木 $T_i = (V_i, E_i)$, $i = 1, 2, \ldots, n-2$ を保持する．

ステップ 1. $V_1 := V, E_1 := E, i := 1$ と初期化する.

ステップ 2. i が $n-2$ 以下である限り，以下の操作を繰り返す．

ラベル最小である T_i の葉 v と v に隣接する頂点 $w \in V_i$ に対して，$a_i := w$, $V_{i+1} := V_i \setminus \{v\}, E_{i+1} := E_i \setminus \{(v, w)\}$ とする．また，i を $i := i+1$ と更新する．

例えば，図 2.37 の木に対して上記の操作を施すことで，$(6, 5, 6, 5, 1)$ を得る．

直観的には，木から葉をラベルの小さい順に取り除き (その際，取り除く頂点に隣接する頂点を順次記憶する)，最終的に 1 本の辺にする．構成法から明らかに

$$f(T) = (a_1, a_2, \ldots, a_{n-2}) \in \{1, 2, \ldots, n\}^{n-2}$$

である．

次に，この写像 f が全単射であることを示すために，順序対 $\mathbf{a} = (a_1, a_2, \ldots, a_{n-2}) \in \{1, 2, \ldots, n\}^{n-2}$ から木 $T = (V = \{1, 2, \ldots, n\}, E)$ への写像 g を構成する．

38　2 グラフ

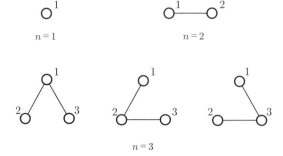

図 2.35　頂点数 $n = 1, 2, 3$ であるラベル付き木.

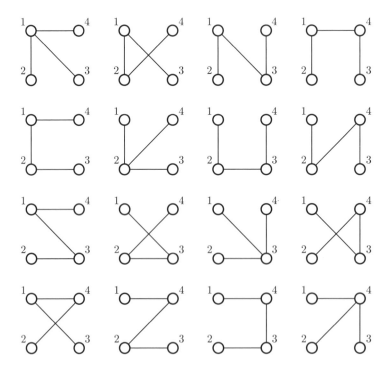

図 2.36　頂点数 $n = 4$ であるラベル付き木.

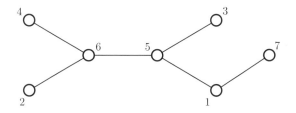

図 **2.37** 順序対 $(6, 5, 6, 5, 1)$ に対応する木 T.

ステップ 1. $W := \emptyset$, $E := \emptyset$, $i := 1$ と初期化する.

ステップ 2. i が $n - 2$ 以下である限り，以下の操作を繰り返す．
$\{a_i, a_{i+1}, \ldots, a_{n-2}\} \cup W$ に含まれない最小の v に対して，$E := E \cup \{(v, a_i)\}$, $W := W \cup \{v\}$, $i := i + 1$ と更新する．

ステップ 3. W に含まれない 2 頂点 $v, w \in V$ に対して，$E := E \cup \{(v, w)\}$ とする．

この構成法では，ステップ 2 のどの反復においても，$|\{a_i, a_{i+1}, \ldots, a_{n-2}\} \cup W| \leq n - 2$ が成り立つので，ステップ 2 中の v は必ず存在する．したがって，終了時には $|E| = n - 1$ を満たす．また，一旦，頂点 v が W に含まれると，それ以降は v に接続する辺は E に付け加えられない．したがって，終了時の E はサーキットを含まない (仮に，サーキットをもつとしよう．このとき，サーキット中で初めに E に加えられた辺を (s, t) とすると，s, t のいずれか一方はその時点で W に加えられる．しかし，以降では，その頂点に接続する辺は E には加えられない．よって終了時の E はサーキットを含まず，仮定に矛盾する). したがって，定理 2.9 (i) と (ii) より上記の方法で木が構成される．

また，詳細な証明は省略するが，$f \circ g$ と $g \circ f$ はともに恒等写像，すなわち，$\mathbf{a} = f(g(\mathbf{a}))$, $T = g(f(T))$ となる．したがって，f と g はともに全単射となり，n 頂点のラベル付き木と順序対 $\mathbf{a} \in \{1, 2, \ldots, n\}^{n-2}$ は 1 対 1 に対応する．このことから以下の **Cayley** (ケイリー) の定理を得る．

定理 2.15 (Cayley) n 個の頂点をもつラベル付き木は n^{n-2} 個存在する．

(証明) 上記の対応関係，ならびに，順序対 $\mathbf{a} \in \{1, 2, \ldots, n\}^{n-2}$ は n^{n-2} 個存在することから証明される． ∎

定理 2.14 の前で，点のラベルを除き「同じ形」をしていると述べたが，この正確な定義を与える．

2 つのグラフ $G_1 = (V_1, E_1)$ と $G_2 = (V_2, E_2)$ に対して，頂点集合 V_1 から頂点集合 V_2 への全単射 $f : V_1 \to V_2$ が存在して

$$(v, w) \in E_1 \quad \text{のとき，かつ，そのときに限り} \quad (f(v), f(w)) \in E_2$$

を満たすとき，G_1 と G_2 は**同型**であるという．図 2.38 の G_1 の頂点集合から G_2 の頂点集合への全単射 f を

$$f(i) = i, \quad i = 1, 2, \ldots, 6$$

と与える．この写像 f により，G_1 と G_2 が同型であることがわかる．

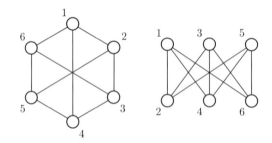

図 **2.38**　同型な 2 つのグラフ．

互いに非同型な木 (すなわち，(ラベルなし) 木) は，図 2.39 と 2.40 にあるように，$n = 1, 2, 3$ のとき，それぞれ 1 個，$n = 4$ のとき 2 個，$n = 5$ のとき 3 個，$n = 6$ のとき 6 個存在する．

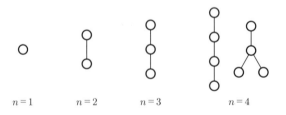

図 **2.39**　頂点数 $n = 1, 2, 3, 4$ のラベルなし木．

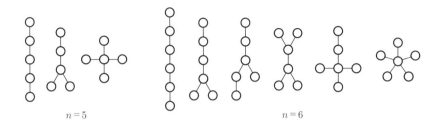

図 **2.40** 頂点数 $n = 5, 6$ のラベルなし木.

ラベルなし木の総数はラベル付き木の総数より当然少ない.しかし,その総数を見積もることは同型性を考慮せねばならず,定理 2.15 のように単純ではない.

次に,頂点数だけを指定するのではなく,与えられたグラフの全域木の個数を考えよう.最も基本的な n 頂点完全グラフ K_n に含まれる全域木の個数は定理 2.15 より以下のようになる.

系 2.3 完全グラフ K_n 中に n^{n-2} 個の全域木が存在する.

(**証明**) 完全グラフ K_n の全域木は,n 頂点のラベル付き木と 1 対 1 に対応する.したがって,定理 2.15 より n^{n-2} 個存在する. ∎

一般の連結グラフの全域木を数え上げることは,完全グラフのように綺麗な対称性がないので簡単にはできそうにない.しかし,Laplace (ラプラス) 行列の余因子として特徴付けできる.

単純無向グラフ $G = (V, E)$ に対して,以下のように定義される正方行列 $L = (\ell_{ij}) \in \mathbb{Z}^{V \times V}$ を G の **Laplace 行列**という.

$$\ell_{ij} = \begin{cases} \deg(i) & (i = j \text{ のとき}) \\ -1 & (i \neq j \text{ かつ } (i, j) \in E \text{ のとき}) \\ 0 & (\text{それ以外}). \end{cases}$$

例えば,図 2.41 のグラフ G に対する Laplace 行列 L は,

$$L = \begin{bmatrix} 2 & -1 & 0 & -1 \\ -1 & 3 & -1 & -1 \\ 0 & -1 & 2 & -1 \\ -1 & -1 & -1 & 3 \end{bmatrix} \tag{2.7}$$

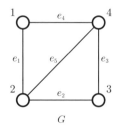

図 **2.41**　(2.7) の Laplace 行列をもつグラフ G.

となる.また,正方行列 A からその第 i 行と第 j 列を除いてできた行列の行列式に $(-1)^{i+j}$ 倍したものを (i,j)-余因子という.例えば,(2.7) の $(1,1)$-,$(2,3)$-余因子はそれぞれ,

$$(-1)^{1+1}\begin{vmatrix} 3 & -1 & -1 \\ -1 & 2 & -1 \\ -1 & -1 & 3 \end{vmatrix} = 8, \quad (-1)^{2+3}\begin{vmatrix} 2 & -1 & -1 \\ 0 & -1 & -1 \\ -1 & -1 & 3 \end{vmatrix} = 8 \quad (2.8)$$

となる.一般の正方行列 A に対する2つの余因子 (例えば,$(1,1)$-,$(2,3)$-余因子のように) は (2.8) のように必ずしも同じ値とならない.しかし,Laplace 行列に対して,その余因子はすべて等しい.

補題 2.2　単純無向グラフ G の Laplace 行列に対する任意の余因子は同じ値をもつ.また,この余因子が全域木の総数を表す.

定理 2.16　単純無向グラフ G に対する全域木の総数は,G に対する Laplace 行列の余因子と等しい.

例えば,図 2.41 のグラフ G の全域木は図 2.42 に示すように 8 個存在し,(2.8) の余因子 8 と等しい.本節ではこの証明は省略する.[28] などを参照してほしい.

本節の最後に Laplace 行列をグラフの隣接行列 A,次数行列 D,接続行列 M を用いて記述する.単純無向グラフ $G = (V, E)$ に対して,以下で定義される正方行列 $A = (a_{ij}), D = (d_{ij}) \in \mathbb{R}^{V \times V}$ をそれぞれ G の**隣接行列**,**次数行列**という.

$$a_{ij} = \begin{cases} 1 & ((i,j) \in E \text{ のとき}) \\ 0 & (\text{それ以外}), \end{cases} \quad d_{ij} = \begin{cases} \deg(i) & (i = j \text{ のとき}) \\ 0 & (\text{それ以外}). \end{cases} \quad (2.9)$$

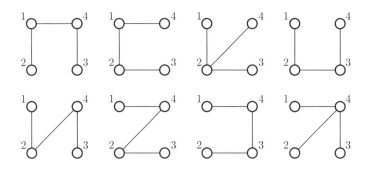

図 **2.42** 図 2.41 のグラフ G の全域木

また，

$$m_{ie} = \begin{cases} 1 & (e \text{ が } i \text{ に接続するとき}) \\ 0 & (\text{それ以外}) \end{cases} \tag{2.10}$$

である $M = (m_{ie}) \in \mathbb{R}^{V \times E}$ を G の**接続行列**という．図 2.41 のグラフ G に対する隣接行列，次数行列，接続行列は，

$$A = \begin{bmatrix} 0 & 1 & 0 & 1 \\ 1 & 0 & 1 & 1 \\ 0 & 1 & 0 & 1 \\ 1 & 1 & 1 & 0 \end{bmatrix}, D = \begin{bmatrix} 2 & 0 & 0 & 0 \\ 0 & 3 & 0 & 0 \\ 0 & 0 & 2 & 0 \\ 0 & 0 & 0 & 3 \end{bmatrix}, M = \begin{bmatrix} 1 & 0 & 0 & 1 & 0 \\ 1 & 1 & 0 & 0 & 1 \\ 0 & 1 & 1 & 0 & 0 \\ 0 & 0 & 1 & 1 & 1 \end{bmatrix} \tag{2.11}$$

となる．多重グラフに対しては次数行列や接続行列はそのままであるが，隣接行列においては $a_{ij} = $ 辺 (i,j) の多重度 (本数) と定義する．ここで，隣接行列，あるいは，接続行列はグラフの情報をすべてもつ．それゆえ，グラフに対する表現法の1つであるという解釈ができる．有向グラフ $G = (V, E)$ に対する隣接行列 A，接続行列 M は以下のように定義される．

$$a_{ij} = \begin{cases} 1 & ((i,j) \in E \text{ のとき}) \\ 0 & (\text{それ以外}), \end{cases} \qquad m_{ie} = \begin{cases} 1 & (e \text{ の始点が } i \text{ のとき}) \\ -1 & (e \text{ の終点が } i \text{ のとき}) \\ 0 & (\text{それ以外}). \end{cases} \tag{2.12}$$

図 2.43 の有向グラフ G_1 に対する隣接行列，接続行列は，

$$A_1 = \begin{bmatrix} 0 & 1 & 0 & 0 \\ 0 & 0 & 1 & 0 \\ 0 & 0 & 0 & 0 \\ 1 & 1 & 1 & 0 \end{bmatrix}, \quad M_1 = \begin{bmatrix} 1 & 0 & 0 & -1 & 0 \\ -1 & 1 & 0 & 0 & -1 \\ 0 & -1 & -1 & 0 & 0 \\ 0 & 0 & 1 & 1 & 1 \end{bmatrix} \quad (2.13)$$

であり，図 2.43 の有向グラフ G_2 に対する隣接行列，接続行列は，

$$A_2 = \begin{bmatrix} 0 & 1 & 0 & 1 \\ 0 & 0 & 0 & 0 \\ 0 & 1 & 0 & 1 \\ 0 & 1 & 0 & 0 \end{bmatrix}, \quad M_2 = \begin{bmatrix} 1 & 0 & 0 & 1 & 0 \\ -1 & -1 & 0 & 0 & -1 \\ 0 & 1 & 1 & 0 & 0 \\ 0 & 0 & -1 & -1 & 1 \end{bmatrix} \quad (2.14)$$

となる．無向グラフのときと同様に，多重有向グラフに対する隣接行列は対応する辺の多重度を要素にもつ．

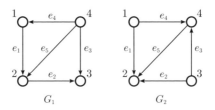

図 **2.43** 有向グラフ G_1 と G_2．

定理 2.17 無向グラフ G に対して，L, D, A をそれぞれ G に対する Laplace 行列，次数行列，隣接行列とする．また，G の各辺を任意に向き付けすることにより得られた有向グラフ $\vec{G}$ の接続行列を $\vec{M}$ とする．このとき以下の関係式が成立する．ただし，$\top$ は転置を表す記号である．

$$L = D - A = \vec{M}\vec{M}^\top.$$

図 2.43 の有向グラフ G_1 と G_2 はともに図 2.41 の無向グラフ G の向き付けにより得られる．ここで，(2.11) にある G の Laplace 行列 L，次数行列 D，隣接行列 A，(2.13) にある G_1 の接続行列 M_1，(2.14) の G_2 の接続行列 M_2 を用いて，定理 2.17 中の関係式

$$L = D - A = M_1 M_1^\top = M_2 M_2^\top$$

2.5 グラフの探索

無向グラフ中のある頂点から出発し辺を辿ることで,グラフ中のすべての頂点とすべての辺をくまなく訪問するためにはどのようにすればよいだろうか? このような探索はグラフアルゴリズムの基礎的な道具であり,グラフの連結性判定など直接的な応用ばかりでなく,幅広い応用をもつ.本節では,深さ優先探索と幅優先探索とよばれる2つの探索を紹介する.

以下では,単純な連結無向グラフ $G = (V, E)$ とその頂点 $s \in V$ が与えられ,頂点 s を始点とする探索を考える.なお,多重無向グラフ,あるいは,有向グラフにおいても同様の探索が定義できる.

深さ優先探索

深さ優先探索とは,その名前のイメージ通り,始点 s から可能な限り深く進むという探索方法である.あとで詳しく説明するが,図 2.44 (i) のグラフ G において,始点 s から図 2.44 (ii) に示すように頂点に記された順番に頂点を訪問する.

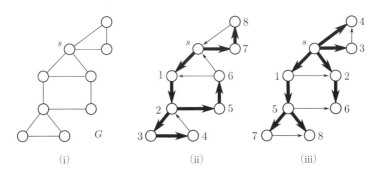

図 **2.44** 無向グラフ G に対する深さ優先探索と幅優先探索.

より正確には,まず,頂点 s に接続する辺 $e = (s, w)$ を任意に選び,その辺に沿って頂点 w を訪問し,w からさらに探索を続ける.

一般に,現在,頂点 v にいるとしよう.このとき,以下の2種類の状況があり

46   2 グラフ

得る.

(I) v に接続する辺でまだ辿っていない辺が存在する.

(II) v に接続する辺はすべて辿った.

(I) の場合は, そのような辺 $e = (v, w)$ を任意に 1 つ選び, その辺を辿り, 頂点 w を訪問する. 頂点 w がこれまでに訪問していない頂点であれば, w から探索を続ける. 頂点 w が訪問済みであれば, 頂点 v に戻る.

(II) のときは, 頂点 v に初めて訪問した際利用した辺を逆向きに辿り, 1 つ前の頂点に戻り, その頂点から探索を続ける.

このような操作を続け, 頂点 s に戻り, (II) の条件を満たすとき, 探索は終了になる.

上記の探索は深さ優先探索とよばれる.

図 2.44 (i) のグラフ $G = (V, E)$ を頂点 s から深さ優先で探索した状況を図 2.44 (ii) に示す. 図 2.44 (ii) においては, 各頂点には訪問順を示す番号を与える. また, 探索の際に用いられた辺の方向に従い, 辺を有向化する. なお, 初めて頂点を訪問する際に用いられた辺を太線で記す. この例からもわかるように, 探索すべきグラフが連結であるならば, 深さ優先探索はすべての頂点と辺を訪問する. また, 太線の有向辺は, 深さ優先探索木とよばれる s を根とする外向木を形成する.

幅 優 先 探 索

幅優先探索は, 始点 s に近い頂点から順番に頂点を訪問する探索方法である. 後で詳しく説明するが, 図 2.44 (i) のグラフ G において, 始点 s から図 2.44 (iii) に示すように頂点に記された順番に頂点を訪問する.

より正確には, まず, 頂点 s に接続する辺 1 本を辿り訪問できる頂点を順に訪問する. 訪問した頂点に訪問順を記す (頂点 s のように接続する辺をすべて辿った頂点を探索済み頂点とよぶ). 次に, これまでに訪問した未探索な頂点の中で訪問順が最も小さい頂点を v とし, 頂点 v を探索する. すなわち, v に接続し, かつ, これまで辿っていない辺をすべて順に辿り, 新しく訪問した頂点に, 訪問順を記す.

このように, 訪問順に頂点をすべて探索する方法を幅優先探索という.

図 2.44 (i) のグラフ $G = (V, E)$ をその頂点 s から幅優先で探索した状況を図 2.44

(iii) に示す.

図 2.44 (iii) では, 各頂点には訪問順を示す番号を与える. 各辺は, 探索の際に用いられた辺の方向に従い, 辺を有向化する. また, 初めて頂点を訪問する際に用いられた辺を太線で記す. この例からもわかるように, 探索すべきグラフが連結であるならば, 幅優先探索はすべての頂点と辺を訪問する. また, 太線の有向辺は, 幅優先探索木とよばれる s を根とする外向木を形成する.

2.6 最短路と距離

無向グラフ $G = (V, E)$ と各辺に (正の) 長さを示す関数 $\ell : E \to \mathbb{R}_{++}$ が与えられる. ただし, $\mathbb{R}_{++}$ は正の実数の集合を表す. 2 点 $s, t \in V$ を結ぶ s-t 路

$$P : e_1 = (v_0, v_1), e_2 = (v_1, v_2), \ldots, e_k = (v_{k-1}, v_k) \tag{2.15}$$

(ただし, $v_0 = s$, $v_k = t$) の長さを

$$\ell(P) = \sum_{i=1}^{k} \ell(e_i)$$

と定義する. s-t 路の中で長さが最小である路を**最短 s-t 路**とよぶ. 定義より, 一般に最短路は複数存在する.

(2.15) の s-t 路の部分路, すなわち, 路に現れる任意の 2 頂点 v_i と v_j ($0 \le i \le j \le k$) に対する v_i-v_j 路

$$P_{ij} : e_{i+1} = (v_i, v_{i+1}), e_{i+2} = (v_{i+1}, v_{i+2}), \ldots, e_j = (v_{j-1}, v_j) \tag{2.16}$$

は, P が最短 s-t 路であれば, P_{ij} も最短 v_i-v_j 路となる. そうでなければ, P 中の部分路 P_{ij} を最短 v_i-v_j 路に置き換えることにより, P より短い s-t 路が構成でき, P の最短性に矛盾する.

各頂点 $t \in V \setminus \{s\}$ に対して任意に 1 つ最短 s-t 路 P_{st} を選ぶ. このとき, G の部分グラフ $G_{\text{path}} = (V, \bigcup_{t \in V \setminus \{s\}} E_{st})$ を考える. ただし, E_{st} は最短路 P_{st} に含まれる辺の集合とする. このとき, G_{path} は一般には木にはならない. しかし, G_{path} は最短路から作られたグラフであるので, 上述の性質より, G_{path} が複数個の v_i-v_j 路をもてば, すべて最短 v_i-v_j 路であるので, 上述の入れ替えを行うことで, G_{path} が木になるように最短路 P_{st} ($t \in V \setminus \{s\}$) を選択できる. このよう

な木を G の (ℓ に対する) s を根とする**最短路木**という．特に，各辺 e の長さ $\ell(e)$ が 1 である場合，すなわち，路に含まれる辺の本数が路長である場合，始点 s に対する幅優先探索木は，s を根とする最短路木に対応する．なお，この議論は有向グラフにおいても同様に成立する．

無向グラフ $G = (V, E)$ と辺長 $\ell : E \to \mathbb{R}_{++}$ に対して，最短 s-t 路長を

$$d(s, t) = \min_{P \in \mathcal{P}_{st}} \ell(P) \quad (s, t \in V) \tag{2.17}$$

と定義する．ただし，$\mathcal{P}_{st}$ は s-t 路の集合とする．このとき，d は以下の性質を満たす．

$$d(u, v) \geq 0 \qquad\qquad (u, v \in V) \tag{2.18}$$

$$d(u, v) = 0 \iff u = v \qquad\qquad (u, v \in V) \tag{2.19}$$

$$d(u, v) = d(v, u) \qquad\qquad (u, v \in V) \tag{2.20}$$

$$d(u, w) \leq d(u, v) + d(v, w) \qquad\qquad (u, v, w \in V) \tag{2.21}$$

(2.18)，(2.19)，(2.20)，(2.21) を**距離の公理**という．空でない集合 V に対して，$d : V^2 \to \mathbb{R}_+$ が (2.18)，(2.19)，(2.20)，(2.21) を満たすとき (V, d) は**距離空間**とよばれる．

グラフの半径と直径

無向グラフ $G = (V, E)$ と辺長 $\ell : E \to \mathbb{R}_{++}$ が与えられたとき，各頂点 $v \in V$ の**離心数** $\epsilon(v)$ を以下のように定義する．

$$\epsilon(v) = \max_{w \in V} d(v, w). \tag{2.22}$$

ただし，$d(v, w)$ は (2.17) で与えられる最短 v-w 路長である．

この離心数の最小値 $\min_{v \in V} \epsilon(v)$ をグラフ G の (ℓ に対する) **半径**，また，最大値 $\max_{v \in V} \epsilon(v)$ をグラフ G の (ℓ に対する) **直径**という．また，半径を定義する頂点，すなわち，離心数が最小である頂点をグラフ G の (ℓ に対する) **中心**という．定義より，グラフは一般に複数個の中心をもつ．

図 2.45 のグラフにおいて，$\ell \equiv 1$ のとき，グラフの半径と直径はともに 2 である．また，任意の頂点はグラフの中心である．

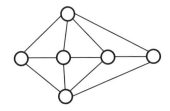

図 2.45 半径,直径ともに 2 であるグラフ G.

2.7 辺連結度と点連結度

本節では,2.3 節で述べた連結性の概念を拡張した辺と頂点に基づく連結度を紹介する.

$G = (V, E)$ を無向グラフとする.2 頂点 $u, v \in V$ に対して,辺集合 $F \subseteq E$ を G から取り除くと u-v 路がなくなるとき,F を u-v **分離辺集合**という.要素数が最小な u-v 分離辺集合を**最小 u-v 分離辺集合**という.また,最小 u-v 分離辺集合の要素数を u-v **辺連結度**と定義し,$\lambda(u, v)$ と記す.グラフ G の**辺連結度** $\lambda(G)$ を

$$\lambda(G) = \min_{u,v \in V : u \neq v} \lambda(u, v) \tag{2.23}$$

と定義する.すなわち,$\lambda(G)$ は G を非連結にするために,取り除かなければならない最小の辺数を示す.例えば,図 2.46 のグラフ G において $\lambda(G) = 3$ である.このことは,図中の辺 e_1, e_2, e_3 の 3 辺を取り除くとグラフ G が非連結になる一方,どの 2 辺を取り除いても非連結にならないことからわかる.定義より,$\lambda(G) \geq 1$ は G が連結であるための必要十分条件である.辺連結度が k 以上であ

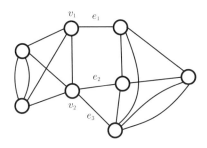

図 2.46 辺連結度 3,点連結度 2 であるグラフ G.

るグラフは k 辺連結とよばれる.

この概念を頂点についても考えてみよう.辺 (u, v) をもたない 2 つの頂点 $u, v \in V$ に対して,頂点集合 $F \subseteq V \setminus \{u, v\}$ を G から取り除くと u-v 路がなくなるとき,F を u-v **分離点集合**という.要素数が最小な u-v 分離点集合を**最小 u-v 分離点集合**という.また,最小 u-v 分離点集合の要素数を u-v **点連結度**と定義し,$\kappa(u, v)$ と記す.頂点数が n であるグラフ G の**点連結度** $\kappa(G)$ を

$$\kappa(G) = \min \left\{ \min_{u, v \in V : u \neq v, (u,v) \notin E} \kappa(u, v), n - 1 \right\} \tag{2.24}$$

と定義する.辺連結度の定義に比べ,点連結度の定義 (2.24) は一見複雑そうに見える.式 (2.24) は,G が完全グラフであれば,$\kappa(G) = n - 1$ と定義する.そうでない場合は,$\kappa(G)$ は G を非連結にするために,取り除かなければならない最小の点数を示す.なお,G が完全グラフでない場合は $\kappa(G) \leq n - 2$ となるので,G が完全グラフであるときにその点連結度を $n - 1$ とする定義は妥当であると思われる.点連結度は単に,連結度ともよばれる.また,点連結度が k 以上であるグラフは k **点連結**,あるいは単に k **連結**とよばれる.

例えば,図 2.46 のグラフ G において $\kappa(G) = 2$ である.このことは,図中の頂点 v_1 と v_2 を取り除くとグラフ G が非連結になる一方,どの 1 頂点を取り除いても非連結にならないことからわかる.

これらの定義により,$\kappa(G) \leq \lambda(G)$ が成立する.なぜならば,辺を取り除く代わりに,取り除くべき辺のどちらか一方の端点を取り除くことにより,グラフが非連結になるか,1 頂点になるからである.また,第 8.5 節で証明を与えるが,**Menger (メンガー) の定理**とよばれる最大最小定理が成立する.

u-v 路の集合 $\mathcal{P}$ において,どの辺も高々 1 つの路にしか現れないとき,$\mathcal{P}$ は**辺素**であるという.また,u と v 以外のどの頂点も高々 1 つの路にしか現れないとき,$\mathcal{P}$ は**内素**であるという.

定理 2.18 (Menger の定理) 無向グラフ $G = (V, E)$ 中の 2 つの頂点 $u, v \in V$ に対して,以下の (i) と (ii) が成立する.

(i) $\lambda(u, v)$ は辺素な u-v 路の最大本数と等しい.

(ii) $(u, v) \notin E$ のとき,$\kappa(u, v)$ は内素な u-v 路の最大本数と等しい.

なお，上記では無向グラフにおいての辺連結度，点連結度の定義を与えたが，有向グラフにおいても同様に辺連結度，点連結度が定義され，定理 2.18 と同様の最大最小定理が成立する．これも Menger の定理とよばれる．

2.8 平面グラフ

これまでグラフを図 2.47 のように 2 次元平面に描いてきた．

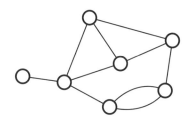

図 **2.47** 平面グラフの例．

このとき，図 2.47 のグラフのように 2 つ以上の辺 (より正確には辺を表す曲線) が端点以外で幾何学的に交差しないように描くことができるグラフを**平面グラフ**という．またこのように平面に描かれたものを (平面) グラフの**平面埋め込み**，あるいは，**平面描画**という．図 2.48 に 4 頂点完全グラフ K_4 の 3 つの描画を記す．(a) は 4 頂点の中心で 2 辺が交差するので平面描画でない．一方，(b), (c) はどの 2 辺も交差しないので平面描画である．また，図 2.49 に完全 2 部グラフ $K_{2,3}$ の 2 つの描画を記す．2 つのうち，一方は平面描画であるが，他方は平面描画でない．これらの図から K_4 や $K_{2,3}$ が平面グラフであることがわかる．このように，平面

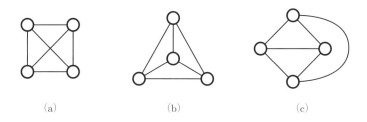

図 **2.48** 完全グラフ K_4 の平面描画．

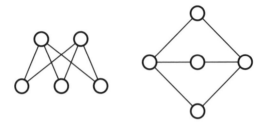

図 **2.49** 完全2部グラフ $K_{2,3}$ の平面描画.

性はうまく描画 (埋め込み) することにより確認できる. また, 平面埋め込みは一般に複数存在する.

なお, 埋め込みはグラフの有向性, 無向性に関係しないので, 本節では, これ以降も無向グラフに限定して話を進める.

まず, 2次元空間 (平面) への埋め込みを考える前に, **3次元空間への埋め込み**を考えよう. どの辺も交差しないようにグラフを3次元空間への埋め込みができるだろうか？ 実は, どんな無向グラフも (多重であっても) 有限でありさえすれば, 3次元空間への埋め込みが可能である. なお, 2.1節の最後で述べたように, 特に断りがない場合, 本節でも有限グラフを扱うことに注意されたい.

説明を簡単にするため, 無向グラフ $G = (V, E)$ の頂点集合を $V = \{v_1, v_2, \ldots, v_n\}$, $E = \{e_1, e_2, \ldots, e_m\}$ とし, x-y-z 空間への埋め込みを考える.

最初に示す埋め込みでは, 頂点をすべて x 軸上に埋め込む. また, x 軸を含む (2次元) 平面を m 個用意して, 各辺を用意した別々の平面に埋め込む. 具体的には, 頂点 v_i を $(x, y, z) = (i, 0, 0)$ に置き, 辺 e_j を平面 $y + jz = 0$ 上に x 軸とは端点以外で交わらないように埋め込む. ここで, $j \neq k$ であるとき, 2つの平面 $y + jz = 0$ と $y + kz = 0$ の共通部分が x 軸 ($y = z = 0$) となることに注意されたい. この埋め込み法は単純であるが, どの辺も端点以外で交わらない. したがって, この埋め込み法により, 任意のグラフが3次元空間へ埋め込みが可能であることがわかる.

では, どの辺も直線的に線分として結ぶことは可能だろうか？ もちろん, グラフが自己閉路や多重辺をもてば, 明らかに無理である. しかし, 単純グラフにおいては可能である.

2.8 平面グラフ　　53

定理 2.19 任意の無向グラフ G は 3 次元空間への埋め込みが可能である．また，G が単純であるならば，各辺を線分とする (すなわち，直線的に結ぶ) 3 次元空間への埋め込みが存在する．

(証明) すでに，任意のグラフが 3 次元空間への埋め込みが可能であることを示したので，以下では，単純グラフにおいては各辺を線分とする埋め込み法があることを示す．次の埋め込み法では，任意の 4 頂点が同じ (2 次元) 平面上にない．したがって，どの辺も交差なく直線的に描くことができる．

　グラフ G の頂点集合を $V = \{v_1, v_2, \ldots, v_n\}$ とする．まず，3 頂点 v_1, v_2, v_3 を 3 次元空間の相異なる点におく．次に，v_4 を v_1, v_2, v_3 を含む平面以外におく．一般に，頂点 $v_1, v_2, \ldots, v_k$ が (どの 4 頂点も同じ平面上にないように) 配置されているとき，頂点集合 $\{v_1, v_2, \ldots, v_k\}$ 中の 3 つの頂点を通る平面の集合を考える．これらの平面は有限個，より正確には，$\binom{k}{3}$ 個しかないので，どの平面の上にもない点 p が存在する．頂点 v_{k+1} をこの点 p に配置する．

　G は有限であるので，この方法は上記の性質を満足する．　　■

　定理 2.19 により，どんなグラフも 3 次元に埋め込み可能であることがわかった．では，2 次元 (平面) への埋め込みは可能であろうか？　実はどんなグラフでも可能という訳ではない．上記に例として扱った平面グラフ K_4 や $K_{2,3}$ を完全性を保ちながら頂点数を大きくした K_5 や $K_{3,3}$ は平面に描画できない．

補題 2.3 K_5 と $K_{3,3}$ は平面グラフでない．

(証明) まず，完全グラフ K_5 が平面グラフでないことを示す．

　K_5 の頂点集合を $V = \{v_1, v_2, \ldots, v_5\}$ とし，長さ 5 の閉路 $v_1, v_2, \ldots, v_5, v_1$ の平面埋め込みを考えよう．このとき一般性を失うことなく，図 2.50 のように 5 つの頂点を正五角形の点へ写す，時計回りの平面埋め込みを仮定する．この仮定は，任意の埋め込みから連続的に変形することで閉路を綺麗に時計回り，あるいは，反時計回りに埋め込むことができること，また，埋め込んだ平面を上から見る場合と下から見た場合を考えれば，時計回りだけに限定していいことに由来する．この直観的なイメージを図 2.51 に記す．図中の左から右へ連続的に変形することで正五角形に時計回りの埋め込みが可能となる．ここで，辺 (v_1, v_3) は五角形の内部あるいは外部を通る．内部を通ると仮定すると，図 2.52 に示すように，辺 (v_2, v_4)

54   2 グラフ

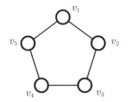

図 2.50　補題 2.3 の証明で用いる長さ 5 の閉路の平面埋め込み.

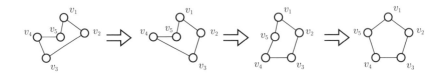

図 2.51　補題 2.3 の証明で用いる長さ 5 の閉路の平面埋め込みの正当性.

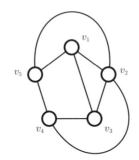

図 2.52　補題 2.3 の証明で用いる埋め込み (I).

と (v_2, v_5) は五角形の外部を通る必要がある．したがって，辺 (v_1, v_4) と (v_3, v_5) は五角形の内部を通らなければならない．しかし，これは辺 (v_1, v_4) と (v_3, v_5) が交差することを意味する．

一方，辺 (v_1, v_3) は五角形の外部を通ると仮定すると，図 2.53 のように，辺 (v_2, v_4) と (v_2, v_5) は五角形の内部を通る必要がある．したがって，辺 (v_1, v_4) と (v_3, v_5) は五角形の外部を通らなければならない．しかし，これは辺 (v_1, v_4) と (v_3, v_5) が交差することを意味する．

$K_{3,3}$ に関しても同様に示すことができる．$K_{3,3}$ を頂点集合の分割 $\{\{v_1, v_2, v_3\},$

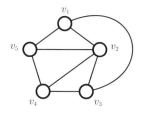

図 **2.53**　補題 2.3 の証明で用いる埋め込み (II).

$\{u_1, u_2, u_3\}\}$ をもつ完全 2 部グラフとする．このとき，図 2.54 のように長さ 6 の閉路 $v_1, u_1, v_2, u_2, v_3, u_3, v_1$ を正六角形へと移す，時計回りの埋め込みを (一般性を失うことなく) 仮定する．

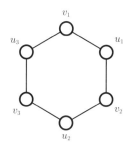

図 **2.54**　補題 2.3 の証明で用いる長さ 6 の閉路の埋め込み．

ここで，辺 (v_1, u_2) は六角形の内部あるいは外部を通る．内部を通ると仮定すると，図 2.55 に示すように，辺 (v_2, u_3) と (v_3, u_1) は六角形の外部を通る必要がある．しかし，これは辺 (v_2, u_3) と (v_3, u_1) が交差することを意味する．辺 (v_1, u_2) が六角形の外部を通るときも同様に示すことができる． ∎

この補題 2.3 により，すべてのグラフが平面埋め込みできる訳ではないことがわかった．ではそれ以外のグラフはみんな平面に埋め込むことができるのであろうか？ もちろん，K_5 や $K_{3,3}$ を部分グラフに含むものは埋め込み不可能であるが，それだけでない．K_5 あるいは $K_{3,3}$ に含まれるいくつかの辺に細分という操作を施すことによって得られたグラフも平面埋め込みできない．ここで，辺 $e = (v, w)$ に対する細分とは，図 2.56 (i) に示すように，辺 e を 2 つの辺 $e' = (v, u)$

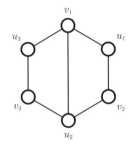

図 **2.55** 補題 2.3 の証明で用いる埋め込み (III).

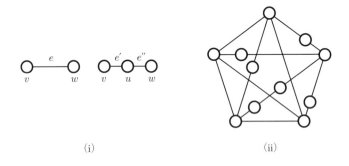

図 **2.56** (i) 辺の細分と (ii) K_5 の細分の例.

と $e'' = (u, w)$ に置き換えることである．直観的には，辺の真ん中に (次数 2 の) 頂点をおき，辺を 2 つの辺に分割することである．また，グラフ G のいくつかの辺を細分することによって得られたグラフを G の細分という．図 2.56 (ii) に K_5 の細分を記す．グラフが K_5 や $K_{3,3}$ の細分を部分グラフとして含めば，細分の定義から平面埋め込みできない．以下の **Kuratowski (クラトフスキー) の定理**は，その逆も成立することを示す．

定理 2.20 (Kuratowski の定理) 無向グラフ G が K_5 あるいは $K_{3,3}$ の細分を部分グラフとして含まないことは G が平面グラフであるための必要十分条件である．

上述のように必要性の証明は簡単であるが，十分性の証明は難解であるため本書では省略する．Kuratowski 定理は，**禁止細分** (すなわち，グラフのある細分を部分グラフとしてもたない) という概念を利用したが，それを**禁止マイナー**で置

き換えることができる (**Wagner** (ワグナー) の定理とよばれる).ここで,グラフ G のマイナーとは,第 2.2 節で定義したように,G に頂点や辺の除去,あるいは,辺の縮約を繰り返し行うことによって得られるグラフのことである.

定理 2.21 (Wagner の定理) 無向グラフ G が K_5 あるいは $K_{3,3}$ をマイナーとして含まないことは G が平面グラフであるための必要十分条件である.

定理 2.20 と 2.21 は非常によく似た形をしているが,その違いを理解してほしい.例えば,図 2.57 の **Petersen** (ピーターセン) グラフは $K_{3,3}$ の細分は部分グラフとして含むが,K_5 の細分は含まない.一方,マイナーとしては K_5,$K_{3,3}$ ともに含む.図 2.58 (i) に Petersen グラフ中の $K_{3,3}$ の細分を太線で記す.定義より,$K_{3,3}$ の細分を部分グラフとしてもてば,$K_{3,3}$ をマイナーとして含む.また,図 2.58 (ii) の太線を縮約することにより,K_5 を得ることができる.

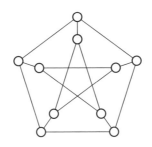

図 **2.57** Petersen グラフ.

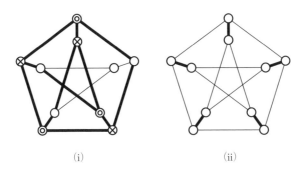

図 **2.58** Petersen グラフ中の (i) $K_{3,3}$ の細分と (ii) K_5 マイナー.

また，定理 2.20, 2.21 において K_5 と $K_{3,3}$ がともに (細分とマイナーどちらの意味でも) 極小なグラフであることに注意されたい．

2.8.1 球面やトーラスへの埋め込み

これまで 2 次元平面，3 次元空間への埋め込みを考えたが，それ以外，例えば，球面やトーラスなど曲面への埋め込みはどうなるのか，という疑問が生じる．ここで，**トーラス**とは図 2.59 に示すようにドーナツ型をした閉曲面である．本項ではそれらへの埋め込みについて議論する．

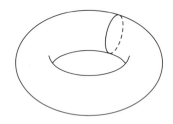

図 2.59 トーラス．

下記の定理は，平面埋め込みと球面埋め込みが同値であることを示す．

定理 2.22 無向グラフ G が平面グラフであるとき，かつそのときに限り，G は球面上に埋め込むことができる．

(証明) G の平面埋め込みが与えられたとき，図 2.60 (i) のように，埋め込まれた平面上に球をおく．ここで，接点を南極 s，s と反対側の球面上の点を北極 n とよぶ．このとき北極 n を視点とする**立体射影**を行うことで球面埋め込みを得る．すなわち，埋め込まれた G の各頂点 v と北極 n とを直線で結び，球面との交点に v をおく．G の各辺に対しても同様の操作を行うことで，図 2.60 (ii) のように G の球面埋め込みを得る．

逆にグラフ G の球面埋め込みが与えられたとき，その球面を平面上におく．ただし，北極 n には G の頂点や辺を表す曲線 (の一部) が埋め込まれていないものとする．平面埋め込みから球面埋め込みを得たときと同様に北極から埋め込みの各頂点に直線を引くことで平面埋め込みを得る． ∎

2.8 平面グラフ　59

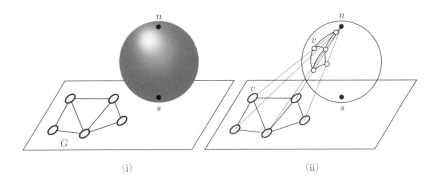

　　　(i)　　　　　　　　　　　(ii)

図 2.60　平面埋め込みと球面埋め込みの対応.

次に，トーラス埋め込みと平面埋め込みの違いを考察する．グラフ G が平面埋め込み可能であれば，図 2.61 のように得られた平面を曲げることでトーラス上に埋め込みができる．しかし，その逆は成り立たない．このことは，平面埋め込みできない完全グラフ K_5 が，図 2.62 に示すようにトーラス上に埋め込み可能であることからわかる．したがって，トーラス埋め込みと平面埋め込みは本質的に異なる．

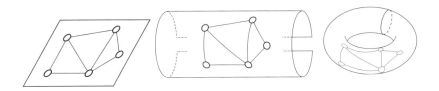

図 2.61　平面埋め込みからトーラス埋め込みを得る方法.

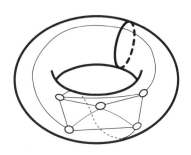

図 2.62　完全グラフ K_5 のトーラスへの埋め込み.

定理 2.22 や平面埋め込みとトーラス埋め込みの違いは，曲面の**種数**とよばれるパラメータを用いて説明可能である．2 次元平面や球面の種数は 0 であり，トーラスの種数は 1 である．本書で種数の定義など与えないが，直観的には，曲面に付け加えられた「取っ手」の数のことである．図 2.63 に種数 3 の曲面を記す．図 2.64 に示すように，どんな (有限) グラフも有限種数の曲面に埋め込むことができる．また，平面グラフは種数 0 の曲面に埋め込み可能なグラフとして特徴付け可能である．

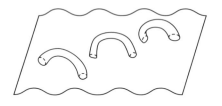

図 **2.63**　種数 3 の曲面．

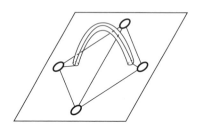

図 **2.64**　グラフの有限種数をもつ曲面への埋め込み．

2.8.2　Euler の公式

本項では平面グラフの頂点数，辺数，面の個数に関する定理を紹介する．

平面グラフ $G = (V, E)$ の面数を定義するために，G の平面埋め込みを考える必要がある．いま図 2.65 のように G の平面埋め込みが与えられたとき，G の閉路で区切られた領域を面という．

より正確には，平面上の点 x が埋め込まれた G のどの頂点とも一致せず，また，どの辺の上にもないとき，点 x は G と素であるという．同様に，平面上の曲線 c が埋め込まれた G の頂点や辺と共通部分をもたないとき，曲線 c は G と素であ

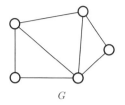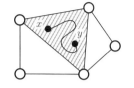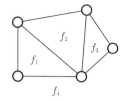

図 **2.65**　グラフの平面埋め込みと面.

るという. G と素である平面上の 2 点 x, y が G と素な曲線で結ばれるとき, x と y は**同値**であるという. この同値関係により与えられる同値類, すなわち, 互いに G と素な曲線で結ぶことができる (G と素な) 平面上の点集合が 1 つの**面**となる. 例えば, 図 2.65 の平面埋め込みに対して, G と素な点 x と y は G と素な曲線で結ぶことができ, それらを含む斜線の領域が 1 つの面である. なお, 上記で用いた同値関係に関する定義などは 3.2 節を参照されたい. ただ, この節では互いに G と素な曲線で結ぶことができる (G と素な) 平面上の点集合, あるいは G の閉路で囲まれた領域と理解すれば十分である. 図 2.65 の平面埋め込みにおいては f_1, f_2, f_3, f_4 と 4 つの面がある. ここで, 面 f_1, f_2, f_3 は有界であり, 面 f_4 は非有界である. 平面埋め込みにおいて, 有界である面を**内面**, 非有界である面を**外面**とよぶ. 一般に, (有限の) 平面グラフは丁度 1 つの外面 (非有界面) をもつ. この外面は特殊な面かと思うかもしれないが, 定理 2.22 の証明で用いた立体射影の考え方を使えば, どの面も外面にする埋め込みが存在する. 具体的には, まず定理 2.22 の立体射影により, G の球面埋め込みをつくる. その後, 外面にしたい面を (球を回転させることで) 北極におき, 再度, 立体射影を用いて平面埋め込みをつくる. 例えば, 図 2.66 (i) の平面埋め込みにおける内面 f を外面にする平面埋め込みを図 2.66 (ii) に記す. このように内面, 外面の本質的な違いはない.

　さて, このように面は埋め込みによって定義されるので, 各埋め込みによって面の個数が異なるように思うかもしれないが, そうではない. 実際, 図 2.66 の 2 つの平面埋め込みはともに 4 つの面をもつ. このことは次の **Euler の公式**から得られる. 今後, 本節では平面グラフ G に対して,

$$n : G \text{ の頂点数}, \quad m : G \text{ の辺数}, \quad f : G \text{ の面数}$$

として定理を与える. なお, 先ほども述べたように, 例えば定理 2.23 中の f は, あ

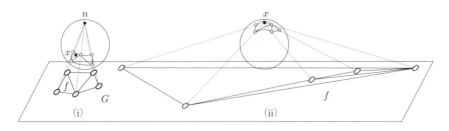

図 2.66 内面 f を外面にする平面埋め込み.

る平面埋め込みに対する面の個数と理解することが自然である.この f が (2.25) を満たすことから,どんな埋め込みに対しても (連結平面グラフの) 面数が $m-n+2$ となり,埋め込みに対する面数ではなく,「グラフの面数」として定義可能になる.

定理 2.23 (Euler の定理) 連結な平面グラフ G に対して次式が成立する:

$$n - m + f = 2. \tag{2.25}$$

(証明) 辺数 m に関する帰納法により証明する.

$m = 0$ のとき,G の連結性より,$n = 1$ となり,どんな平面埋め込みでも外面のみをもつので $f = 1$ となる.よって,式 (2.25) が成立する.

つぎに,$m = k$ のとき式 (2.25) が成立すると仮定して,$m = k+1$ を考える.G が木ならば,$f = 1$ である.また,定理 2.9 より $n = k+2$ である.よって,$n - m + f = (k+2) - (k+1) + 1 = 2$ となり,式 (2.25) は成立する.G が木でないならば,定理 2.9 より G のサーキットに含まれる辺 e が存在する.このとき,$G - e$ は連結な平面グラフであり,$k = m - 1$ 本の辺,$f - 1$ 個の面をもつ.ここで帰納法の仮定により,$n - (m-1) + (f-1) = 2$ であり,(2.25) が得られる. ∎

なお,この Euler の公式は多重グラフにおいても成立することに注意してほしい.また,Euler の公式はよく (凸) 多面体の公式とよばれる.これは,多面体 (の点と辺) を平面に埋め込んで得られたグラフの頂点,辺,面が元の多面体の頂点,辺,面に対応することによる.この対応は,例えば定理 2.22 の証明で用いた立体射影を用いる,あるいは,図 2.67 のようにある面を大きく膨らませることにより理解できるかと思う.なお,この膨らませる解釈においては,完全に膨らましきるとその面が無限方向に広がり,外面になることに注意してほしい.

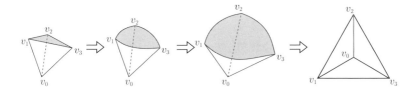

図 2.67 4面体の上面を膨らませることで得られる平面埋め込み．

系 2.4 凸多面体の点数 n，辺数 m，面数 f に関して式 (2.25) が成立する．

表 2.1 に図 2.68 にあるいくつかの多面体に対して，頂点数，辺数，面数を表記す

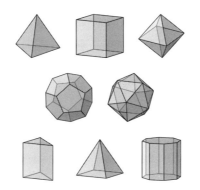

図 2.68 多面体の例．

表 2.1 多面体の頂点数，辺数，面数の関係．

多面体	頂点数 n	辺数 m	面数 f	$n - m + f$
正 4 面体	4	6	4	2
正 6 面体	8	12	6	2
正 8 面体	6	12	8	2
正 12 面体	20	30	12	2
正 20 面体	12	30	20	2
3 角柱	6	9	5	2
4 角錐	5	8	5	2
8 角柱	16	24	10	2

64   2 グ ラ フ

る．これらの多面体に対して Euler の公式が成立することが確認できる．

この Euler の公式を用いることで，正多面体は，正 4 面体，正 6 面体，正 8 面体，正 12 面体，正 20 面体の 5 種類しか存在しないことや，正 4 面体，正 8 面体，正 20 面体の各面が正 3 角形，正 6 面体の各面が正方形，正 12 面体の各面が正 5 角形であることがわかる．

非連結グラフに対しては以下の式が成立する．

系 2.5 k 個の連結成分をもつ平面グラフ G に対して次式が成立する．

$$n - m + f = k + 1. \tag{2.26}$$

(証明) G の各連結成分 G_i に対して Euler の公式を用いると，

$$n_i - m_i + f_i = 2 \tag{2.27}$$

を得る．ただし，n_i, m_i, f_i はそれぞれ G_i の頂点数，辺数，面数である．$n = \sum_{i=1}^{k} n_i$, $m = \sum_{i=1}^{k} m_i$ であり，外面はすべての連結成分で共通であるので，$f = \sum_{i=1}^{k} f_i - (k-1)$ となる．式 (2.27) を i に関して足し合わせることにより，

$$\sum_{i=1}^{k} (n_i - m_i + f_i) = n - m + f + (k - 1) = 2k \tag{2.28}$$

となり，式 (2.26) が成立する． ∎

Euler の公式を用いることで，単純平面グラフの頂点数，辺数，面数，次数に関する不等式を得る．

系 2.6 $n \geq 3$ である単純連結平面グラフ G に対して，次の関係が成立する．

(i) $m \leq 3n - 6$，かつ，$f \leq 2n - 4$ が成立する．

(ii) G 中に長さ $\ell (\geq 3)$ 以上のサーキットしか存在しなければ，$m \leq \frac{\ell}{\ell-2}(n-2)$，かつ，$f \leq \frac{2}{\ell-2}(n-2)$ が成立する．

(iii) G は次数 5 以下の頂点をもつ．

(証明) G は $n \geq 3$ である単純連結グラフなので，任意の面は長さ 3 以上の閉路で囲われる．このとき，閉路が単純でないことに注意されたい．例えば，図 2.69 の埋め込みは内面，外面をともに 1 個もつ．このとき，内面 f_1 は，閉路 $C_1 = v_2, e_2, v_3, e_3, v_4, e_4, v_2$ に囲まれる．一方，外面 f_2 は閉路 $C_2 = v_1, e_1, v_2, e_2, v_3, e_3, v_4, e_4, v_2, e_1, v_1$ に囲まれる．このとき，C_2 は単純ではない．直観的には，C_2 中の辺 e_1 は，初めに辺の右側を通り，最後に辺の左側を通り頂点 v_1 に戻ることで外面 f_2 を囲うと理解してほしい．したがって，グラフ G が木である場合，どんな平面埋め込みにおいても，外面は長さ $2m$ の閉路で囲まれる．

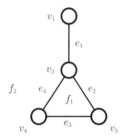

図 **2.69** 平面グラフの面とそれを定義する辺．

また，各辺は，2 つの面に接するので，

$$2m \geq 3f$$

が成立する．ここで，(2.25) の Euler の公式 $n - m + f = 2$ を用いることで (i) を得る．

(ii) は (i) の一般化である．(i) と同様に考えて，$2m \geq \ell f$ なので，(2.25) の Euler の公式により (ii) を得る．

(iii) に関しては，(i) の $m \leq 3n - 6$ と (握手) 補題 2.1 により，

$$\sum_{v:頂点} \deg(v) = 2m \leq 6n - 12 \tag{2.29}$$

となる．したがって，次数が 5 以下である頂点が存在する． ∎

系 2.6 (iii) の証明に現れる式 (2.29) は，平均次数が 6 未満であることを示すもので，単純平面グラフが疎 (辺をあまりもたない) であることがわかる．

この系 2.6 を用いると，例えば，補題 2.3 の K_5 や $K_{3,3}$ が平面グラフでないことは簡単に証明できる．K_5 は頂点数 $n = 5$，辺数 $m = 10$ であり，$10 > 3 \cdot 5 - 6 = 9$ で系 2.6 (i) に矛盾する．また，$K_{3,3}$ は頂点数 $n = 6$，辺数 $m = 9$ であり，$K_{3,3}$ 中のサーキットは長さが $\ell = 4$ 以上なので，$9 > \frac{4}{4-2}(6-2) = 8$ で系 2.6 (ii) に矛盾する．

2.8.3　平面グラフの双対性

本項では平面グラフの双対性について議論する．平面グラフ $G = (V, E)$ の平面埋め込み π が与えられたとき，その面の集合を F とする．このとき，面を頂点とし，面同士が境界を共有するときに辺で結ぶことによりできるグラフ $G^* = (V^*, E^*)$ を G の (平面埋め込み π に対する) **双対グラフ**という．すなわち，$V^* = F$，

$$E^* = \{(f_i, f_j) \mid ある辺 e \in E が面 f_i と f_j の共通の境界である \}$$

で定義される (多重) 無向グラフ $G^* = (V^*, E^*)$ が G の双対グラフである．この E^* の定義において，各 $e \in E$ に対して G^* の辺を構成する．すなわち，G 中の複数の辺が面 f_i と f_j の共通の境界であるときは，その辺の本数分多重化する．したがって，$|E| = |E^*|$ となる．図 2.70 のように平面埋め込みされた平面グラフ G に対する双対グラフを図 2.71 に示す．ここで，双対グラフの頂点は四角 □，辺は点線 $\cdots$ で描く．例えば，面 f_1 と f_2 はともに辺 e を境界にもつので双対グラフは辺 $e^* = (f_1, f_2)$ をもつ．

図 2.72 に図 2.70 と同一の平面グラフ G の異なる平面埋め込みに対する双対グラフを示す．このように違った埋め込みに対しては一般的に違った双対グラフが

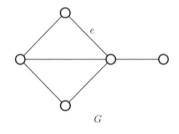

図 **2.70**　平面グラフ G の平面埋め込み．

2.8 平面グラフ   67

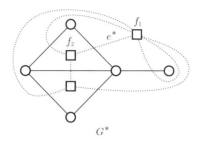

図 2.71　図 2.70 の平面埋め込みに対する双対グラフ G^*.

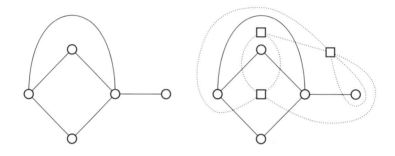

図 2.72　平面グラフ G の平面埋め込み (II) とその双対グラフ.

得られる．これらの例からもわかるように，双対グラフ G^* も平面グラフになる．実際，G^* の平面埋め込みが以下のように得られる．

　G の平面埋め込み π が与えられたとき，G^* の各頂点を対応する面の内部におく．G^* の各辺 $e^* = (f_i, f_j)$ に対しては，その辺 e^* を引く要因となった G 中の辺を e とすると，辺 e^* を e (の埋め込み) と丁度一回しか交差せず，また，G の埋め込みの他の部分 (頂点や辺) とは交差しないように素直に埋め込むことで G^* の平面埋め込みが得られる．図 2.71，2.72 の双対グラフはこの方法で平面に埋め込まれている．このような埋め込み法を双対グラフの**標準的埋め込み**という．

　双対グラフは，図 2.71，2.72 のように元のグラフ G が単純であっても，その双対グラフ G^* は自己閉路や多重辺をもつ可能性がある．また，G の埋め込みの各面は境界の辺を辿ることでお互いに行き来できるので，G が非連結であっても G^* は必ず連結グラフとなる．図 2.73 に非連結な平面グラフの (平面埋め込みに対する) 双対グラフを示す．

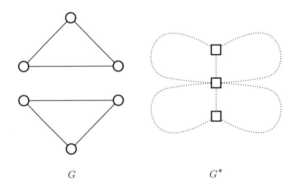

図 2.73 非連結な平面グラフ G とその双対グラフ G^*

さて，図 2.71 や 2.72 にある双対グラフ G^* の (標準的埋め込みに対する) 双対グラフを考えるともとのグラフ G と一致することがわかる．これは標準埋め込みの定義から導かれる一般的な性質である．

定理 2.24 G を連結な平面グラフ，G^* を G の双対グラフとする．このとき，G^* の標準的平面埋め込みに対する双対グラフは元のグラフ G と一致する．

この定理は，直観的には $(G^*)^* = G$ であることを述べている．ただ，演算 $*$ はグラフだけではなく，(標準的) 埋め込みを考慮したものであることに注意してほしい．また，定理の仮定にある連結性は，双対グラフが必ず連結になることから必要な条件である．

また，上述のように，双対グラフは埋め込みに依存するため，埋め込みが違えば異なる双対グラフが得られる．しかし，グラフが例えば 3 連結 (すなわち，点連結度が 3 以上であるグラフ) であれば，埋め込みによらず，どんな双対グラフも一致する．すなわち，3 連結であれば，埋め込みは本質的に一意であることを意味する．なお，3 連結性は 2.7 節で既に定義した．

定理 2.25 G を 3 連結な平面グラフとする．このとき G の双対グラフはすべて同型である．

本章の最後に代数的双対性について述べる．

代数的双対性

代数的双対性を述べる前に，これまでに議論した (幾何的) 双対性の定義を与える．2 つの連結平面グラフ $G_1 = (V_1, E_1)$ と $G_2 = (V_2, E_2)$ が与えられたとき，G_2 が G_1 のある平面埋め込みの双対グラフであるとき，G_2 は G_1 の**幾何的双対**であるという．図 2.71, 2.72 の例からわかるように，連結平面グラフの幾何的双対は同型性を考慮に入れても一意ではない．また，定理 2.24 より，G_1 が G_2 の幾何的双対であることが，G_2 が G_1 の幾何的双対である必要十分条件であるので，今後 G_1 と G_2 が幾何的双対関係にあると表現することもある．

ここで幾何的双対関係にある図 2.70, 2.71 の G と G^* を見てみよう．このとき，双対グラフの定義から G の辺 e と G^* の辺 e^* とは一対一に対応する．G (の埋め込み) における面 f_i と f_j はその境界に辺 e があるとき，対応して G^* 中に辺 $e^* = (f_i, f_j)$ を引くことを思い出してほしい．このとき，G のサーキット $S = \{e_1, e_2, \ldots, e_k\}$ が G^* のカットセット $S^* = \{e_1^*, e_2^*, \ldots, e_k^*\}$ に対応する．また，G のカットセット S が G^* のサーキット S^* に対応する．さらに，G の全域木 (の辺集合) S が G^* の補木 S^* に対応する．ここで全域木の辺集合の補集合を**補木**という．

これらの事実は一般に成立する．

定理 2.26 $G = (V, E)$ を連結平面グラフ，$G^* = (V^*, E^*)$ を G の幾何的双対である連結平面グラフとする．このとき，以下の関係が成立する．ただし，G の辺集合 $S \subseteq E$ に対応する G^* の辺集合を $S^* \subseteq E^*$ と記述する．

(i) 辺集合 $S \subseteq E$ が G のサーキットであるとき，かつそのときに限り，S^* は G^* のカットセットである．

(ii) 辺集合 $S \subseteq E$ が G のカットセットであるとき，かつそのときに限り，S^* は G^* のサーキットである．

(iii) 辺集合 $S \subseteq E$ が G の全域木であるとき，かつそのときに限り，S^* は G^* の補木である．

この定理の (iii) は，以下の (iii)$'$ と同値であることは容易にわかる．

(iii)$'$ 辺集合 $S \subseteq E$ が G の補木であるとき，かつそのときに限り，S^* は G^* の全域木をなす．

70 2 グ ラ フ

(証明) (i): 双対グラフ G^* を得るようなグラフ G の平面埋め込みを π とする. ま
た, 辺集合 $S \subseteq E$ が G のサーキットであるとする. このとき, G の埋め込み π
に対して, どんな面もこのサーキットの内部, あるいは, 外部に存在する. ここ
で, 内部にも外部にも少なくとも 1 個以上面が存在する. したがって, 辺集合 S^*
を G^* から除去すると非連結になる. また, S^* のどんな真部分集合を G^* から除
去しても, G^* は非連結にならないことから, S^* はカットセットになる.

(ii): G と G^* は幾何学的に双対関係にあるので, (i) の証明において, G と G^*
を入れ替えて議論することで示すことができる.

(iii): まず双対性より $|E| = |E^*|$ である, また, $|F| = |V^*|$ なので, 定理 2.23
の Euler の公式より, $|V| - |E| + |V^*| = 2$ を得る. ここで $S \subseteq E$ が全域木をな
すとき $|S| = |V| - 1$ であり,

$$|V| - (|V| - 1 + |E - S|) + |V^*| = 2,$$

すなわち, $|E^* - S^*| = |E - S| = |V^*| - 1$ を得る. また, $E^* - S^*$ がサーキット
を含むと, (ii) より $E - S$ はカットセットを含むことになり, S が全域木であるこ
とに矛盾する. したがって, $E^* - S^*$ はサーキットを含まない. 定理 2.9 (i), (ii)
より, $E^* - S^*$ が全域木となる. ∎

代数的双対性とは定理 2.26 の性質のみを用いた概念であり, 以下のように定義
される.

定義 2.1 $G_1 = (V_1, E_1)$ と $G_2 = (V_2, E_2)$ を辺数が等しい ($|E_1| = |E_2|$ である)
連結グラフとする. このとき, 全単射 $f : E_1 \to E_2$ が存在し, 以下の条件を満た
すとき G_1 と G_2 は**代数的双対**であるという. ただし, 辺集合 $S \subseteq E_1$ に対して,
$f(S) = \{f(e) \mid e \in S\}$ と定義する.

(i) 辺集合 $S \subseteq E_1$ が G_1 のサーキットであるとき, かつそのときに限り, $f(S)$
は G_2 のカットセットである.

(ii) 辺集合 $S \subseteq E_1$ が G_1 のカットセットであるとき, かつそのときに限り, $f(S)$
は G_2 のサーキットである.

(iii) 辺集合 $S \subseteq E_1$ が G_1 の全域木であるとき, かつそのときに限り, $f(S)$ は G_2
の補木である.

2.8 平面グラフ　　71

この定義の (i), (ii), (iii) は定理 2.26 の (i), (ii), (iii) に対応する．したがって，
幾何的双対である 2 つの平面グラフは代数的にも双対となる．なお，定義の 3 つ
の条件はすべて必要ではなく，いずれか 1 つが成り立てば，他の条件がすべて成
立する．また，以下の定理に示すように，代数的双対である 2 つのグラフ G_1 と
G_2 は幾何的にも双対である．

定理 2.27 $G_1 = (V_1, E_1)$ と $G_2 = (V_2, E_2)$ を辺数が等しい ($|E_1| = |E_2|$ である)
連結グラフとする．また，$f : E_1 \to E_2$ を全単射とする．このとき，以下の条件
はすべて同値である．

(i) 辺集合 $S \subseteq E_1$ が G_1 のサーキットであるとき，かつそのときに限り，$f(S)$
は G_2 のカットセットである．

(ii) 辺集合 $S \subseteq E_1$ が G_1 のカットセットであるとき，かつそのときに限り，$f(S)$
は G_2 のサーキットである．

(iii) 辺集合 $S \subseteq E_1$ が G_1 の全域木であるとき，かつそのときに限り，$f(S)$ は G_2
の補木である．

(iv) f が G_1 と G_2 の代数的双対性を示す．

(v) f が G_1 と G_2 の幾何的双対性を示す．

　なお，どんなグラフに対しても (代数的/幾何学的) 双対グラフが存在するわけ
ではない．また，代数的双対性の定義では，G_1 と G_2 が平面グラフであるかどう
か直接的には言及していないことに注意されたい．
　本項の最後に，平面グラフの双対性は，8.3.2 項で定義されるマトロイドを用い
て議論できることを付け加える．

3 2 項 関 係

本章では，同値関係，半順序関係，全順序関係などの2項関係を紹介する．

3.1 2 項 関 係

集合 X の直積集合 $X \times X$ の部分集合 R を X 上の**2項関係**という．文献によっては $(x, y) \in R$ のことを xRy と記述することもある．例えば，以下の $R_{\leq}$ や $R_{\mathrm{mod}\,k}$ は，整数の集合 $\mathbb{Z}$ 上の2項関係となる．

$$R_{\leq} = \{(x, y) \in \mathbb{Z} \times \mathbb{Z} \mid x \leq y\}$$
$$R_{\mathrm{mod}\,k} = \{(x, y) \in \mathbb{Z} \times \mathbb{Z} \mid x = y \;(\mathrm{mod}\; k)\}. \tag{3.1}$$

ただし，k は2以上の整数とする．定義より，集合 X 上の2項関係 R は，有向グラフ $G = (X, R)$ と同一視することができる．ここで，集合 X が有限，無限に対応して，対応する G は有限グラフ，無限グラフとなる．

2つの要素 $x, y \in X$ に対して，$(x, y) \in R$ あるいは $(y, x) \in R$ が成り立つとき，x と y は**比較可能**であるといい，$(x, y) \notin R$ かつ $(y, x) \notin R$ が成り立つとき，x と y は**比較不可能** (あるいは**比較不能**) であるという．(3.1) の2項関係 $R_{\leq}$ に対して，任意の整数 x, y は比較可能である．また，$R_{\mathrm{mod}\,k}$ に対して，1 と $k+1$ は比較可能であるが，1 と k は比較不能である．集合 $S \subseteq X$ に対して

$$R[S] = \{(x, y) \in R \mid x, y \in S\}$$

を R の集合 S への**制限**，あるいは，集合 S により誘導される R の**部分関係**という．例えば，(3.1) の2項関係 $R_{\leq}$ と $S = \{0, 1, 2\}$ に対する部分関係 $R_{\leq}[S]$ は，

$$R_{\leq}[S] = \{(0, 0), (0, 1), (0, 2), (1, 1), (1, 2), (2, 2)\}$$

である．

X 上の2項関係 R に対する**逆の関係** R^{-1} を

$$R^{-1} = \{(x, y) \in X \times X \mid (y, x) \in R\}$$

– 73 –

と定義する.

以下の節では, 2 項関係の中でも特に, 同値関係, 順序関係などを議論する.

3.2 同 値 関 係

2 項関係の中でもっとも基本的なものは同値関係である. 同値関係とは,「等しい」(= の関係) を公理化したものである.「等しい」という概念は以下の 3 つの性質を満たすことがわかる.

1. $x = x$ が成立する.

2. $x = y$ ならば, $y = x$ が成立する.

3. $x = y$ かつ $y = z$ ならば, $x = z$ が成立する.

例えば,「等しい」という関係として, 数字 (例えば, 実数) に対する = の関係, 三角形に対する合同の関係, あるいは, 面積が等しいという関係などがあるが, これらに対して, 上記の 1., 2., 3. は成り立つことがわかる.

逆に, 上記の 3 つの性質さえ満たせば, 我々が素直に考える「等しい」という関係が定義できる. より正確には, X 上の 2 項関係 R に対して, 以下の**反射律**, **対称律**, **推移律**が成り立つとき, R は**同値関係**とよばれる.

反射律: 任意の $x \in X$ に対して, $(x, x) \in R$ が成立する.

対称律: 任意の $x, y \in X$ に対して, $(x, y) \in R$ ならば, $(y, x) \in R$ が成立する.

推移律: 任意の $x, y, z \in X$ に対して, $(x, y) \in R$ かつ $(y, z) \in R$ ならば, $(x, z) \in R$ が成立する.

例えば, (3.1) の $R_{\mathrm{mod}\ k}$ は同値関係である. また, n 次の実正方行列の集合 X に対して,

$$R = \{(A, B) \in X \times X \mid A = PBP^{-1} \text{となる } n \text{ 次正則行列 } P \text{ が存在する} \}$$

と定義すると, この 2 項関係 R も同値関係となる. このことは以下のように簡単に示すことができる.

任意のn次の実正方行列Aは$(n$次$)$単位行列Iを用いて，$A = IAI^{-1}$と記述できる．ここで，$I^{-1} = I$であることに注意されたい．Iは正則なので反射律は成立する．また，n次の実正方行列AとBがある正則行列に対して，$A = PBP^{-1}$であることと$B = P^{-1}AP$であることは同値である．$P = (P^{-1})^{-1}$であるので，対称律が成立する．最後に，n次の実正方行列A, B, Cに対して，$A = PBP^{-1}$，$B = QCQ^{-1}$となる正則行列PとQが存在すると，$A = P(QCQ^{-1})P^{-1} = (PQ)C(PQ)^{-1}$となり，推移律が成立する．したがって，上記の$R$は同値関係となる．

　また，前章で定義した(有限)グラフにおけるいくつかの同値関係を紹介する．

例 3.1　無向グラフ$G = (V, E)$において，頂点集合V上の2項関係R_{path}と辺集合E上の2項関係R_{cycle}を以下のように定義する．

$$R_{\text{path}} = \{(v, w) \in V \times V \mid G \text{ が } v\text{-}w \text{ 路をもつ }\}$$

$$R_{\text{cycle}} = \{(e, f) \in E \times E \mid G \text{ が } e \text{ と } f \text{ を通る初等閉路をもつ }\}.$$

まずR_{path}について考えよう．任意の頂点$v \in V$において，長さ0の$v\text{-}v$路が存在する．したがって，反射律は成立する．また，Gは無向であるので，$v\text{-}w$路の存在性と$w\text{-}v$路の存在性は同値であり，対称律も成立する．さらに，3頂点u, v, wに対して，$u\text{-}v$路と$v\text{-}w$路が存在すれば，それを繋げることにより，$u\text{-}w$路が構成できる．したがって，推移律が成立する．以上より，R_{path}は同値関係であることがわかる．

　R_{cycle}に関しては，任意の辺$e = (v, w) \in E$に対して初等閉路v, e, w, e, vが存在する．したがって，反射律は成立する．また，定義より，明らかに対称律が成立することがわかる．推移律に関しても辺eと辺fを通る初等閉路C_{ef}と辺fと辺gを通る初等閉路C_{fg}が存在すれば，辺eと辺gを通る初等閉路C_{eg}が存在することがわかる．したがって，R_{cycle}は同値関係である．　　　　　　▷

例 3.2　有向グラフ$G = (V, E)$において，頂点集合V上の2項関係R_{dpaths}を以下のように定義する．

$$R_{\text{dpaths}} = \{(v, w) \in V \times V \mid G \text{ が } v\text{-}w \text{ 有向路と } w\text{-}v \text{ 有向路をもつ }\}. \quad (3.2)$$

この2項関係において，任意の頂点$v \in V$において，長さ0の$v\text{-}v$有向路が存在するので，反射律は成立する．また，定義からすぐに対称律も成立することがわ

かる．推移律に関しては，3頂点 u, v, w に対して，u-v 有向路と v-w 有向路から u-w 有向路は構成可能である．同様に，v-u 有向路と w-v 有向路から w-u 有向路は構成可能である．したがって，推移律が成立し，R_{dpaths} は同値関係である．

◁

定義より，R が同値関係であれば，任意の $Y (\subseteq X)$ への制限 $R[Y]$ も同値関係となる．

X 上の同値関係 R が与えられたとき，要素 $x \in X$ に対して，(x を含む) **同値類**とよばれる X の部分集合 $[x]$ を

$$[x] = \{y \in X \mid (x, y) \in R\}$$

と定義する．このとき，x を同値類 $[x]$ に対する**代表元**，あるいは，**代表要素**という．直観的に $[x]$ は x と「等しい」要素の集合である．定義から，任意の要素 x に対して $x \in [x]$ であり，任意の 2 つの要素 $x, y \in X$ に対して，$[x] = [y]$ か $[x] \cap [y] = \emptyset$ のいずれか一方が成立する．より正確には，$y \in [x]$ であるとき，かつそのときに限り，$[x] = [y]$ であり，そうでないときは，$[x] \cap [y] = \emptyset$ が成立する．このことから，一般に代表元のとり方は一意ではないことがわかる．また，

$$\{[x] \mid x \in X\} \tag{3.3}$$

は X の分割となる．この同値類による分割を X の R による**同値類分割**，あるいは，**商集合**とよび，X/R と記す．$[x] = [y]$ となる $x, y \in X$ が存在するため，式 (3.3) はわかり難いかもしれない．部分集合 $S \subseteq X$ は $X = \bigcup_{x \in S}[x]$，かつ，任意の $x, y \in S$ に対して，$[x] \neq [y]$ (すなわち，$[x] \cap [y] = \emptyset$) を満たすものとする．このとき，集合 X は，$[x]$ ($x \in S$) の直和 $X = \bigcup_{x \in S}[x]$ として表現できる．これが同値類分割に対応する．

例 3.3 正整数 k に対して，(3.1) で定義された同値関係 $R_{\text{mod } k}$ は k 個の相異なる同値類

$$[i] = \{n \in \mathbb{Z} \mid n = i \pmod{k}\}, \quad i = 0, 1, \ldots, k-1$$

をもち，整数の集合 $\mathbb{Z}$ は，$\mathbb{Z} = \bigcup_{i=0}^{k-1}[i]$ と同値類に分割される．

無向グラフ $G = (V, E)$ に対して，例 3.1 で定義された R_{path} による V の同値類分割は，グラフ G を連結成分に分解することに対応する．例えば，図 3.1 の G

に対する R_{path} による同値類は

$$\{1,2,3,4\}, \{5,6,7\}, \{8,9,10,11,12\}$$

である．これらはそれぞれ連結成分に対応する．

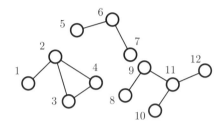

図 **3.1** R_{path} に関する同値類分解に用いる無向グラフ G．

一方，R_{cycle} による辺集合 E の同値類分割は，G を 2 点連結成分に分解することに対応する．例えば，例 3.1 で定義された R_{cycle} を用いて，図 3.2 の G の辺集合 E を同値類分割すると

$$\{e_1\}, \{e_2, e_3, e_4, e_5\}, \{e_6\}, \{e_7, e_8, e_9\}$$

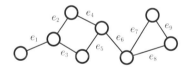

図 **3.2** R_{cycle} に関する同値類分解に用いる無向グラフ G．

となり，各辺集合により定義されるグラフはそれぞれ 2 点連結であり，それ以外のどの頂点を加えても，2 点連結でなくなる．有向グラフ $G = (V, E)$ における頂点集合 V 上の同値関係 R_{dpaths} を用いた集合 V の同値類分割は，G の強連結成分分解に対応する．
◁

3.3 順序関係

前節では，集合 X 上の 2 項関係 R に対して反射律，対称律，推移律という 3 つの性質を議論したが，本節では，さらに**反対称律**と**比較可能律**という 2 つの性質を定義しよう.

反対称律: 任意の $x, y \in X$ に対して，$(x, y) \in R$ かつ $(y, x) \in R$ ならば，$x = y$ が成立する.

比較可能律: 任意の $x, y \in X$ に対して，$(x, y) \in R$ あるいは $(y, x) \in R$ が成立する.

2 項関係 R が反射律と推移律を満たすとき，R を**擬順序**，反射律，推移律，反対称律の 3 つの性質を満たすとき，R を**半順序**，さらに，反射律，推移律，反対称律，比較可能律の 4 つの性質を満たすとき，R を**全順序** (あるいは，**線形順序**) という. また，集合 X と関係 R の組 (X, R) を，R の性質に対応して，それぞれ**擬順序集合**，**半順序集合**，**全順序集合** (あるいは**線形順序集合**) という. なお，全順序集合は，**鎖** (さ) とよばれることもある.

例えば，数に対する以下 (あるいは，以上) という大きさを表す関係は全順序になる. より正確には，例えば，整数の集合 $\mathbb{Z}$ に対する (3.1) の 2 項関係 $R_{\leq}$ は，反射律，推移律，反対称律，比較可能律すべてを満たすので，全順序となり，$(\mathbb{Z}, R_{\leq})$ は全順序集合となる. 半順序は，この全順序の概念を弱めたものであり，さらに弱めたものが擬順序である. また，同値関係は擬順序である. 定義より，R が擬順序 (あるいは，半順序，全順序) であれば，任意の $Y (\subseteq X)$ への制限 $R[Y]$ も擬順序 (あるいは，半順序，全順序) となる.

例 3.4 集合 X 上の 2 項関係 R_X と Y 上の 2 項関係 R_Y が与えられたとき，直積集合 $X \times Y$ 上に積関係と辞書式関係という 2 つの 2 項関係 $R_{\times}, R_{\mathrm{Lex}} \subseteq (X \times Y)^2$ を定義する.

$$R_{\times} = \{((x, y), (x', y')) \in (X \times Y)^2 \mid (x, x') \in R_X, (y, y') \in R_Y\} \quad (3.4)$$

$$R_{\mathrm{Lex}} = \{((x, y), (x', y')) \in (X \times Y)^2 \mid$$
$$(x \neq x', (x, x') \in R_X) \text{ あるいは，} (x = x', (y, y') \in R_Y)\}. \quad (3.5)$$

R_{Lex} は，R_X と R_Y が全順序のとき，**辞書式順序** (すなわち，辞書中に現れる文字列の順番) となる. 定義より，R_X と R_Y がともに反射律 (あるいは，対称律，

推移律, 反対称律) を満たせば, $R_\times$ も反射律 (あるいは, 対称律, 推移律, 反対称律) を満たす. したがって, R_X と R_Y がともに同値関係 (あるいは, 擬順序, 半順序) であれば, $R_\times$ も同値関係 (あるいは, 擬順序, 半順序) となる. 一方, R_X と R_Y がともに比較可能律を満たしても, $R_\times$ は一般に満たさないので, R_X と R_Y がともに全順序関係でも, 一般に, $R_\times$ は全順序にはならず半順序となる.

辞書式関係 R_{Lex} に関しては, R_X と R_Y がともに反射律 (あるいは, 対称律, 推移律, 反対称律, 比較可能律) を満たせば, R_{Lex} も反射律 (あるいは, 対称律, 推移律, 反対称律, 比較可能律) を満たす. ◁

集合 X と 2 項関係 R の組 (X, R) を考えよう. これは有向グラフそのものに他ならず, 有向グラフを用いて理解することもできる. 有向グラフ $G = (V, E)$ の頂点集合 V 上の有向路に基づく 2 項関係を以下のように定義する:

$$R_{\mathrm{dpath}} = \{(v, w) \in V \times V \mid G \text{ 中に } v\text{-}w \text{ 有向路が存在する } \}. \qquad (3.6)$$

このとき, R_{dpath} は反射律と推移律を満たし, 擬順序になる. 逆に, 任意の擬順序 R に対して, ある有向グラフ G が存在し, $R = R_{\mathrm{dpath}}$ となる.

X 上の擬順序 R に対して, 2 項関係 $Q = \{(x, y) \in X \times X \mid (x, y), (y, x) \in R\}$ を考えよう. R が擬順序であること, また, 定義が対称的であることからすぐに, この Q は同値関係であることがわかる. さらに, 擬順序 R と同値関係 Q は両立する. すなわち,

$$(x, y) \in R, (x, x'), (y, y') \in Q \text{ ならば}, (x', y') \in R$$

が成立する. したがって, X の Q による商集合 X/Q 上に R に対応する 2 項関係 R^* が

$$R^* = \{([x], [y]) \mid (x, y) \in R\}$$

と矛盾なく定義でき, 以下の定理を得る.

定理 3.1 集合 X 上の擬順序 R に対して, 上記のように Q と R^* を定義する. このとき, R^* は, 商集合 X/Q 上の半順序関係である.

有向グラフ $G = (V, E)$ に対して, (3.6) で定義される擬順序 R_{dpath} を定理 3.1 中の R とすると Q は (3.2) の同値関係 R_{dpaths} となる. このとき, 定理 3.1 は, 有向グラフの各強連結成分を 1 点に縮約 (より正確には, 強連結成分に含まれる

辺をすべて縮約) することによって得られる有向グラフにおいて，(自己閉路を除き) 閉路がないことを意味する．

半順序集合

上述したように半順序集合 (X, R) は有向グラフとみなすことができる．図 3.3 に

$$X = \{1, 2, 3, 4, 5\}$$
$$R = \{(2,1), (3,1), (4,1), (4,2), (4,3), (5,1), (5,2), (5,3), \\ (5,4), (6,1), (6,2), (6,3), (6,4)\} \cup \{(i,i) \mid i \in X\} \tag{3.7}$$

で与えられる半順序集合 (X, R) を図示する．この図からわかるように R をすべて図示すると見やすくない．

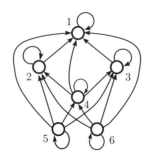

図 3.3 (3.7) で定義される半順序集合 (X, R)．

まず，半順序集合に対応する有向グラフは，すべての点に自己閉路をもつ．そもそも半順序を考える時点で，反射律からどの点も自己閉路をもつことは明らかなので書かなくてもいいように思われる．また，推移律から推測できる辺，すなわち，相異なる三点 x, y, z に対して $(x, y), (y, z) \in R$ である辺 $(x, z) \in R$ も記入しなくてもいいように思われる．このように冗長な辺を取り除いた有向グラフは **Hasse (ハッセ) 図**とよばれる．以下で Hasse 図を正確に定義しよう．

X 上の半順序 $R_{\preceq}$ に対して，2 項関係 $R_{\prec}$ と R_{H} を

$$R_{\prec} = R_{\preceq} \setminus \{(x, x) \mid x \in X\}$$
$$R_{\mathrm{H}} = \{(x, y) \in R_{\prec} \mid (x, z), (z, y) \in R_{\prec} \text{である } z \text{ が存在しない}\}$$

と定義する．このとき，(X, R_H) を半順序集合 $(X, R_\preceq)$ に対する Hasse 図という．$R_\prec$ は，$R_\preceq$ における反射律を除いた 2 項関係を示し，R_H は，$R_\prec$ から推移律から推測されるものを除いた 2 項関係を示す．図 3.4 に，図 3.3 の半順序集合に対する Hasse 図を示す．

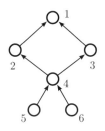

図 **3.4** 図 3.3 の半順序集合に対する Hasse 図．

定義より，無限の半順序集合に対する Hasse 図の中には意味のないものもある．例えば，大小関係のみを考慮した実数の集合 $\mathbb{R}$，より正確には，全順序集合 $(\mathbb{R}, R_\leq = \{(x,y) \in \mathbb{R} \times \mathbb{R} \mid x \leq y\})$ に対する Hasse 図は $(\mathbb{R}, \emptyset)$ となり，もともとの全順序集合の情報が欠落する．とはいえ，例えば，有限の半順序集合に対しては，Hasse 図ともとの半順序集合は 1 対 1 に対応し，Hasse 図は半順序集合に対する簡潔な表現であるといえる．

半順序集合 $(X, R_\preceq)$ に対して，$I \subseteq X$ が以下の条件を満たすとき，I を**イデアル**とよぶ．

$$x \in I \text{ かつ } (y,x) \in R_\preceq \text{ であれば } y \in I.$$

すなわち，イデアルとは (半順序の意味で) 下に閉じた X の部分集合である．図 3.4 の Hasse 図で表された半順序集合では，例えば，$\{6\}$, $\{4,5,6\}$, $\{2,4,5,6\}$ はイデアルである．一方 $\{3,5,6\}$ は 3 を含むが 4 を含まないので，イデアルでない．イデアルとは逆向きに上に閉じた集合 $F \subseteq X$，すなわち，

$$x \in F \text{ かつ } (x,y) \in R \text{ であれば } y \in F$$

を満たす F を**フィルター**とよぶ．図 3.4 の Hasse 図で表された半順序集合では，例えば，$\{1,2\}$ はフィルターである．

半順序集合 (X, R) の部分集合 $C \subseteq X$ において[*1]，任意の 2 つの要素 $x, y \in C$ が比較可能であるとき C は**鎖**といい，任意の 2 つの要素 $x, y \in C$ が比較不能であるとき C は**反鎖**という．また，要素数が最大である鎖と反鎖を，それぞれ**最大鎖**，**最大反鎖**という．

例えば，図 3.5 の Hasse 図で表現された半順序集合において，$\{1, 4, 6\}, \{1, 3, 8\}, \{2, 5, 7, 8\}$ は鎖であり，そのうち $\{2, 5, 7, 8\}$ は最大鎖である．また，$\{1, 2\}, \{4, 8\}, \{3, 4, 5\}$ は反鎖であり，そのうち $\{3, 4, 5\}$ は最大反鎖である．部分鎖族 (すなわち，要素がすべて鎖である集合族) $\mathcal{C} \subseteq 2^X$ が $\bigcup_{C \in \mathcal{C}} C = X$ であるとき，$\mathcal{C}$ を**鎖カバー** (あるいは**鎖被覆**) とよぶ．部分反鎖族 (すなわち，要素がすべて反鎖である集合族) $\mathcal{A} \subseteq 2^X$ が $\bigcup_{A \in \mathcal{A}} A = X$ であるとき，$\mathcal{A}$ を**反鎖カバー** (あるいは**反鎖被覆**) とよぶ．また，要素数が最小である鎖カバーと反鎖カバーをそれぞれ**最小鎖カバー**，**最小反鎖カバー**という．図 3.5 の Hasse 図で表現された半順序集合において，例えば，$\mathcal{C}_1 = \{\{1, 3, 6\}, \{4\}, \{2, 5, 7, 8\}\}$ や $\mathcal{C}_2 = \{\{1, 3\}, \{4, 6\}, \{3, 7, 8\}, \{2, 5, 7\}\}$ は鎖カバーであり，そのうち，$\mathcal{C}_1$ は最小鎖カバーである．一方，$\mathcal{A} = \{\{1, 2\}, \{3, 4, 5\}, \{6, 7\}, \{6, 8\}\}$ は反鎖カバーであり，かつ，要素数が最小なので，最小反鎖カバーとなる．

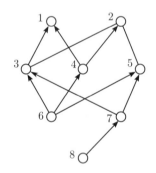

図 **3.5**　Hasse 図．

有限の半順序集合に対して，鎖と反鎖に関する以下の 2 つの最大最小定理が成立する．

定理 3.2 (X, R) を有限の半順序集合とする．このとき，

[*1] より正確には，C と R の C への制限の組 $(C, R[C])$ であるが，2 項関係が明らかな場合は，単に集合のみを記述することとする．

(1) 最大鎖の要素数と最小反鎖カバーの要素数は等しい：

$$\max\{|C| \mid 鎖\ C\} = \min\{|\mathcal{A}| \mid 反鎖カバー\ \mathcal{A}\}.$$

(2) 最大反鎖の要素数と最小鎖カバーの要素数は等しい：

$$\max\{|A| \mid 反鎖\ A\} = \min\{|\mathcal{C}| \mid 鎖カバー\ \mathcal{C}\}.$$

定理 3.2 の (1) と (2) はそれぞれ **Mirsky (ミルスキー) の定理**と **Dilworth (ディルワース) の定理**とよばれる．図 3.5 の Hasse 図で表現された半順序集合において，最大鎖の要素数と最小反鎖カバーの要素数はともに 4 である．また，最大反鎖の要素数と最小鎖カバーの要素数はともに 3 である．

なお，この定理は 8 章の最大マッチングと最小頂点被覆の定理 (定理 8.4) と同様に示すことができるが，本書では扱わない．

4 束

本章では，束に対して2種類の定義を与えるとともに，モジュラ束，分配束など特別な束について紹介する．

4.1 束

集合 L に対して結び，交わりとよばれる2つの演算 $\vee, \wedge : L^2 \to L$ が与えられ，以下の3つの性質が満たされるとき，$(L, \vee, \wedge)$ を束という．

交換律： 任意の $x, y \in L$ に対して，$x \vee y = y \vee x$ かつ $x \wedge y = y \wedge x$ が成立する．

結合律： 任意の $x, y, z \in L$ に対して，$x \vee (y \vee z) = (x \vee y) \vee z$ かつ $x \wedge (y \wedge z) = (x \wedge y) \wedge z$ が成立する．

吸収律： 任意の $x, y \in L$ に対して，$x \vee (x \wedge y) = x$ かつ $x \wedge (x \vee y) = x$ が成立する．

ここで，交換律と結合律においては，結びと交わりのそれぞれに対しての性質であり，吸収律は，結びと交わりが混ざった性質である．吸収律から以下の**冪等律**が成立する．

冪等律： 任意の $x \in L$ に対して，$x \vee x = x$ かつ $x \wedge x = x$ が成立する．

なぜかというと，吸収律のはじめの式に $y = x \vee z$ を代入すると，$x \vee (x \wedge (x \vee z)) = x$ となる．ここで，吸収律の2番目の式より，$x \wedge (x \vee z) = x$ であるので，冪等律 $x \vee x = x$ を得る．同様に，吸収律の2番目の式に $y = x \wedge z$ を代入することにより，$x \wedge x = x$ を得る．

ここで2つの演算 $\vee$ と $\wedge$ に対する上記の性質に現れる等式 (命題) において，$\vee$ と $\wedge$ を入れ替える操作でできる等式も満たされる．例えば，交換律における式 $x \vee y = y \vee x$ の $\vee$ と $\wedge$ を入れ替えた式 $x \wedge y = y \wedge x$ も交換律に存在する．したがって，これらの性質から得られた等式の $\vee$ と $\wedge$ を入れ替えた式も成立する．こ

– 85 –

86   4 束

の性質は**双対性**とよばれ，束ばかりでなく，離散数学のさまざまな場面で登場す
る重要な性質である．

束のもっとも代表的な例として，有限集合 A に対する**冪集合** 2^A，和集合の演算
$\cup$，共通集合の演算 $\cap$ の組 $(2^A, \cup, \cap)$ を考えよう．このとき，部分集合 $X, Y \subseteq A$
に対して，明らかに，$X \cup Y = Y \cup X$ かつ $X \cap Y = Y \cap X$ が成立し，交換律
は満たされる．同様に，結合律や吸収律が満たされることも容易にわかる．した
がって，$(2^A, \cup, \cap)$ は束である．逆にいえば，束とは冪集合 2^A（と 2 つの演算 $\cup$
と $\cap$）を一般化したものである．

4.2　半順序に基づく束の定義

前節では代数的な束の定義を与えた．本節では，半順序に基づく定義を与える．
半順序集合 $(X, R_{\preceq})$ の 2 つの要素 $x, y \in X$ において，$x \preceq u$，かつ，$y \preceq u$ で
ある $u \in X$ を x と y の（共通）**上界**という．ただし，$a \preceq b$ は $(a, b) \in R_{\preceq}$ を意味
する．さらに，x と y の上界 u で，x と y のどんな上界 u' に対しても，$u \preceq u'$
であるとき，u を x と y の**上限**といい，$u = x \vee y$ と記す．また，$l \preceq x$，かつ，
$l \preceq y$ である $l \in X$ を x と y の（共通）**下界**といい，さらに，x と y の下界 l で，
x と y のどんな下界 l' に対しても，$l' \preceq l$ であるとき，l を x と y の**下限**といい，
$l = x \wedge y$ と記す．

一般の半順序集合において，上界あるいは上限が存在するとは限らない．しか
し，もし上限が存在すれば，定義より上限は一意である．同様に，下界あるいは
下限が存在するとは限らないが，もし下限が存在すれば，下限は一意に定められ
る．例えば，図 4.1 に示す半順序集合 (X, R) の x と y に対して，それらの上下界
と上限は存在するが，それらの下限は存在しない．図 4.2 (i) の半順序集合のどの
2 点も上限をもつ．また，(ii) の半順序集合のどの 2 点も上限と下限をもつ．半順
序集合 $(X, R_{\preceq})$ の任意の 2 つの要素 $x, y \in X$ に対してその上限が存在するとき，
$(X, \vee)$ は**結び半束**といい，同様に，任意の 2 つの要素 $x, y \in X$ に対してその下限
が存在するとき，$(X, \wedge)$ は**交わり半束**という．また，結び半束，かつ，交わり半
束を導く半順序集合は**束**とよばれる．さきほど述べたことから，図 4.2 (i) は結び
半束，(ii) は束を表す．

以下の定理は，半順序集合が束であるとき，それが前節で定義した束を与える
ことを示す．

4.2 半順序に基づく束の定義　　87

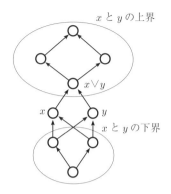

図 **4.1**　半順序中の x と y の上下界と上限.

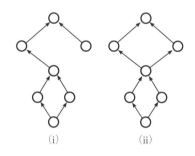

図 **4.2**　(i) 結び半束と (ii) 束.

定理 4.1　半順序集合 $(X, R_\preceq)$ の任意の 2 つの要素 $x, y \in X$ が上限 $x \vee y$, 下限 $x \wedge y$ をもつとする. このとき $(X, \vee, \wedge)$ は束をなす.

(証明)　以下では, 交換律, 結合律, 吸収律の最初の式のみを示す. ここで各律の 2 番目の式は双対性から得られることに注意されたい.

定義より, 任意の $x, y \in X$ に対して, $x \vee y$, $y \vee x$ ともに x と y の上限を表すので, 交換律は成立する.

次に結合律に関しては, まず, 任意の $x, y, z \in X$ に対して, $u = (x \vee y) \vee z$ は, $x \vee y$ と z の上限であるが, x, y, z の上限, すなわち, $x \preceq u, y \preceq u, z \preceq u$ であり, $x \preceq u', y \preceq u', z \preceq u'$ であるどんな $u' \in X$ に対しても $u \preceq u'$ が成立する. これは, $x \preceq u', y \preceq u', z \preceq u'$ である $u' \in X$ は, $x \vee y \preceq u'$ を満たすからである.

同様に, $x \vee (y \vee z)$ も x, y, z の上限であり, 結合律 $(x \vee y) \vee z = x \vee (y \vee z)$ を得る.

最後に, 吸収律を示す. 任意の $x, y \in X$ に対して, $x \vee (x \wedge y)$ は x と $x \wedge y$ の上限より, $x \preceq x \vee (x \wedge y)$ となる. 一方, $x \preceq x, x \wedge y \preceq x$ なので, $x \vee (x \wedge y) \preceq x$ となる. したがって, 半順序の反対称律より $x \vee (x \wedge y) = x$ を得る. ∎

上記の結合律の証明から推測できるかと思うが, 半順序集合 $(X, R_{\preceq})$ において, 任意の 2 つの要素 x と y に対して上限 $x \vee y$ (あるいは, 下限 $x \wedge y$) が存在することと, 任意の空でない有限の部分集合 $S \subseteq X$ において上限 $\bigvee_{x \in S} x$ (あるいは, 下限 $\bigwedge_{x \in S} x$) が存在することは同値である.

次に, 前節で与えた代数的な束の定義から半順序集合に基づく束を構成しよう. 束 $(L, \vee, \wedge)$ に対して, L 上の 2 項関係 R を以下のように定義する.

$$R = \{(x, y) \in L^2 \mid x \vee y = y\}. \tag{4.1}$$

例えば, 有限集合 A に対する冪集合 $(2^A, \cup, \cap)$ に対して上記の半順序 R は, $R = \{(X, Y) \in (2^A)^2 \mid X \subseteq Y\}$ となり, 集合の包含関係に基づく半順序となる. 一般に, 束 $(L, \vee, \wedge)$ より (4.1) で定義される (L, R) は束となる. まず, R が半順序 (すなわち, 反射律, 推移律, 反対称律) になる. このことを検証しよう.

任意の $x \in L$ に対して $x \vee x = x$ であるので, $(x, x) \in R$ となり, 反射律を満たす. また, $(x, y), (y, z) \in R$ であれば, $x \vee y = y$ かつ $y \vee z = z$ であり,

$$x \vee z = x \vee (y \vee z) = (x \vee y) \vee z = y \vee z = z$$

が成立する. すなわち, $(x, z) \in R$ となり, 推移律を満たす. さらに, $(x, y), (y, x) \in R$ であれば, $x \vee y = y$ かつ $y \vee x = x$ であり, $\vee$ に関する交換律から, $x = y$ となり, 反対称律を満たす. したがって, (4.1) の 2 項関係 R は半順序になる.

ここで上記の R は,

$$R = \{(x, y) \in L^2 \mid x \wedge y = x\}. \tag{4.2}$$

とも記述できる. これは, 束の公理から $x \wedge y = x$ は $x \vee y = y$ であるための必要十分条件であることに起因する. 例えば, $x \wedge y = x$ のとき,

$$x \vee y = (x \wedge y) \vee y = y \vee (x \wedge y) = y \vee (y \wedge x) = y$$

となる．ここで，最初の等式は x に $x \wedge y$ を代入したことにより得られる．また，2, 3 番目の等式は交換律，最後の等式は吸収律より得られる．同様に，$x \vee y = y$ から $x \wedge y = x$ も得られる．

定理 4.2 束 $(L, \vee, \wedge)$ に対して，(4.1) で R を定義する．このとき，(L, R) は半順序集合であり，任意の $x, y \in L$ に対して，その上限，下限が存在し，それぞれ $x \vee y$, $x \wedge y$ に一致する．

(証明) R が半順序であることは，本定理の前に示したので，まず，半順序集合 (L, R) の任意の 2 点 $x, y \in L$ に対して，その上限が存在し，それが $x \vee y$ に一致することを示す．

$x \vee (x \vee y) = (x \vee x) \vee y = x \vee y$ であり，$(x, x \vee y) \in R$ が成立する．同様に，$(y, x \vee y) \in R$ も成立するので，$x \vee y$ は x と y の上界である．一方，x と y の任意の上界 u に対して，$(x, u), (y, u) \in R$，すなわち，$x \vee u = u$ かつ $y \vee u = u$ が成立する．このとき，$\vee$ の公理から，$(x \vee y) \vee u = x \vee (y \vee u) = x \vee u = u$ となり，$(x \vee y, u) \in R$ を得る．このことにより，x と y の上限は $x \vee y$ となる．

下限についても，(4.2) を用いることにより，同様に示すことができる．∎

定理 4.1，4.2 より，代数的な構造に基づく束の定義と半順序に基づく束の定義が同値であることがわかる．以下の節では，束 $(L, \vee, \wedge)$ に対応する半順序を $R_{\preceq}$ とし，特別な束について議論する．

4.3 有界束と有限束

本節では，有界束と有限束について紹介する．$(L, R_{\preceq})$ を半順序集合とする．任意の $x \in L$ に対して $x \preceq y$ を満たす要素 $y \in L$ を $(L, R_{\preceq})$ の**最大元** (あるいは**最大要素**)，また，任意の $x \in L$ に対して $y \preceq x$ を満たす要素 $y \in L$ を $(L, R_{\preceq})$ の**最小元** (あるいは**最小要素**) という．最大元と最小元をそれぞれ **1**, **0** と記述することがある．また，要素 $y \in L$ 以外のどんな $x \in L$ に対しても，$y \npreceq x$ である y を半順序集合の**極大元** (あるいは**極大要素**)，要素 $y \in L$ 以外のどんな $x \in L$ に対しても，$x \npreceq y$ である y を**極小元** (あるいは**極小要素**) という．定義より，任意の半順序集合において，最大元は極大元であり，最小元は極小元である．半順序集

合が束をなすとき，極大元が存在すれば，それは一意であり，最大元となる．同様に，極小元が存在すれば，それは一意であり，最小元となる．

束 $(L, \vee, \wedge)$ が最大元と最小元の両方をもつとき，$(L, \vee, \wedge)$ を**有界束**とよぶ．有界束において，その最大元 $\mathbf{1}$ と最小元 $\mathbf{0}$ を陽に記述するため，束を $(L, \vee, \wedge, \mathbf{1}, \mathbf{0})$ と表すことがある．また，任意の束 $(L, \vee, \wedge)$ は，新たに最大元 $\mathbf{1}$ と最小元 $\mathbf{0}$ を付け加えることで有界束に変換することができる．より正確には，$\mathbf{1}, \mathbf{0} \notin L$ に対して，$\tilde{L} = L \cup \{\mathbf{1}, \mathbf{0}\}$，演算 $\tilde{\vee}, \tilde{\wedge} : \tilde{L}^2 \to \tilde{L}$ を

$$
x \tilde{\vee} y = \begin{cases}
x \vee y & (\{x, y\} \cap \{\mathbf{1}, \mathbf{0}\} = \emptyset \text{ のとき}) \\
\mathbf{1} & (\{x, y\} \cap \{\mathbf{1}\} \neq \emptyset \text{ のとき}) \\
x & (y = \mathbf{0} \text{ のとき}) \\
y & (x = \mathbf{0} \text{ のとき})
\end{cases}
$$

$$
x \tilde{\wedge} y = \begin{cases}
x \wedge y & (\{x, y\} \cap \{\mathbf{1}, \mathbf{0}\} = \emptyset \text{ のとき}) \\
\mathbf{0} & (\{x, y\} \cap \{\mathbf{0}\} \neq \emptyset \text{ のとき}) \\
x & (y = \mathbf{1} \text{ のとき}) \\
y & (x = \mathbf{1} \text{ のとき})
\end{cases}
$$

と定義すると，$(\tilde{L}, \tilde{\vee}, \tilde{\wedge})$ は，最大元 $\mathbf{1}$ と最小元 $\mathbf{0}$ をもつ有界な束となる．したがって，非有界束と有界束は本質的な違いはない．

有限集合 L に対する束 $(L, \vee, \wedge)$ を**有限束**とよぶ．定義より，有限束は有界であり，最大元と最小元はそれぞれ $\mathbf{1} = \bigvee_{x \in L} x$ と $\mathbf{0} = \bigwedge_{x \in L} x$ として与えられる．

4.4　部分束と集合束

束 $(L, \vee, \wedge)$ に対して，L の空でない部分集合 S が，

$$
x, y \in S \text{ ならば } x \vee y, x \wedge y \in S
$$

を満たすとき，S を束 $(L, \vee, \wedge)$ の**部分束**という．より正確には，2項演算 $\vee, \wedge$ を S に限定した（すなわち，任意の $x, y \in S$ に対して $x \vee_S y = x \vee y$ かつ $x \wedge_S y = x \wedge y$ と定義した）演算 $\vee_S, \wedge_S : S^2 \to S$ との3組 $(S, \vee_S, \wedge_S)$ を部分束という．定義より，明らかに部分束は束であり，L の任意の部分集合が束となるわけではない．

束 $(L, \vee, \wedge)$ の $a \preceq b$ である2つの要素 $a, b \in L$ に対して，***a-b* 区間**とよばれる部分集合を

$$
[a, b] = \{x \in L \mid a \preceq x, x \preceq b\}
$$

と定義する．ただし，$\preceq$ は束 $(L, \vee, \wedge)$ から構成される半順序に対応する．すなわち，$y, z \in L$ に対して，$y \preceq z$ は (4.2) の $y \wedge z = y$ を満たすことを意味する．この区間は，**凸部分束**とよばれる部分束 $([a,b], \vee_{[a,b]}, \wedge_{[a,b]})$ を導く．また，定義から明らかに，区間 $[a,b]$ は，最小元 a，最大元 b をもつので，凸部分束は有界束である．

例 4.1 図 4.3 の Hasse 図で与えられる 5 つの束 $(L_i, \vee_i, \wedge_i)$, $i = 1, 2, 3, 4, 5$ を考えよう．このとき，$(L_2, \vee_2, \wedge_2)$ と $(L_3, \vee_3, \wedge_3)$ は $(L_1, \vee_1, \wedge_1)$ の部分束であるが，$(L_4, \vee_4, \wedge_4)$ と $(L_5, \vee_5, \wedge_5)$ は $(L_1, \vee_1, \wedge_1)$ の部分束ではない．ここで，$L_5 \not\subseteq L_1$ なので，明らかに $(L_5, \vee_5, \wedge_5)$ は $(L_1, \vee_1, \wedge_1)$ の部分束ではない．一方，$(L_4, \vee_4, \wedge_4)$ は $L_4 \subseteq L_1$ ではあるが，$\vee_4$ が $\vee_1$ の L_4 への制限ではない．具体的には，$a \vee_4 b = y$ かつ $a \vee_1 b = d$ であるので，$(L_4, \vee_4, \wedge_4)$ は $(L_1, \vee_1, \wedge_1)$ の部分束ではない．

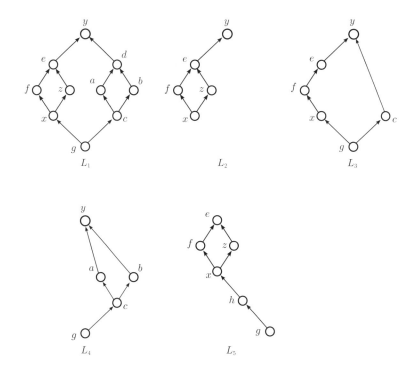

図 4.3 5 つの束 $(L_i, \vee_i, \wedge_i)$, $i = 1, 2, 3, 4, 5$.

また，L_2 は L_1 中の x-y 区間になるので，$(L_2, \vee_2, \wedge_2)$ は $(L_1, \vee_1, \wedge_1)$ の凸部分束となる．一方，$x, e \in L_3$ かつ $z \notin L_3$ であるので，$(L_3, \vee_3, \wedge_3)$ は $(L_1, \vee_1, \wedge_1)$ の凸部分束ではない． ◁

有限集合 A の部分集合族 $\mathcal{F} \subseteq 2^A$ が $\cup$ と $\cap$ について閉じている，すなわち，$(\mathcal{F}, \cup, \cap)$ が $(2^A, \cup, \cap)$ の部分束になるとき，$(\mathcal{F}, \cup, \cap)$ を**集合束**とよぶ．

例 4.2 $A = \{1, 2, 3, 4\}$ の部分集合族

$$\mathcal{F} = \{\emptyset, \{1\}, \{3\}, \{4\}, \{1,3\}, \{1,4\}, \{3,4\}, \{1,2,3\}, \{1,3,4\}, \{1,2,3,4\}\} \quad (4.3)$$

$$\mathcal{G} = \{\emptyset, \{1\}, \{4\}, \{1,4\}, \{3,4\}, \{1,2,3\}, \{1,3,4\}, \{1,2,3,4\}\} \quad (4.4)$$

を考える．図 4.4, 4.5 に，これらの包含関係 $\subseteq$ からできる半順序に基づく Hasse 図を記す．このとき，4.2 節で定義した半順序に基づく束を考えると，$\mathcal{F}$ と $\mathcal{G}$ ともに束をなすことがわかる．$\mathcal{F}$ は，任意の集合 $X, Y \in \mathcal{F}$ において，$X \vee Y = X \cup Y$ かつ $X \wedge Y = X \cap Y$ となり，$\mathcal{F}$ は集合束をなすことがわかる．一方，$\mathcal{G}$ において，$\{1,2,3\} \wedge \{1,3,4\} = \{1\}$ かつ $\{1,2,3\} \cap \{1,3,4\} = \{1,3\}$ となり，$\mathcal{G}$ は集合束を形成しない． ◁

本節の最後に，集合束 $(\mathcal{F}(\subseteq 2^A), \cup, \cap)$ が，3.3 節で定義したイデアルを用いることで，A の分割上の半順序と 1 対 1 に対応することを示す．ここで，$\mathcal{F}$ は，$\emptyset, A \in \mathcal{F}$ を満たすと仮定する．この仮定は制限的に見える．しかし，任意の集合束，より正確に述べると，4.5 節で定義する分配束は，定理 4.10 より，この仮定を満たす集合束と同型である．したがって，この仮定は一般性を失わない．

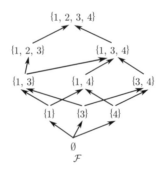

図 4.4 式 (4.3) の集合族 $\mathcal{F}$ の包含関係に基づく Hasse 図．

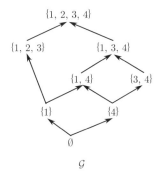

図 4.5 式 (4.4) の集合族 $\mathcal{G}$ の包含関係に基づく Hasse 図.

$\mathcal{P}$ を有限集合 A の分割,$P_{\preceq}$ を $\mathcal{P}$ 上の半順序とする.例えば,$A = \{1,2,3,4\}$,$\mathcal{P} = \{\{1\},\{2\},\{3\},\{4\}\}$,

$$P_{\preceq} = \{(\{i\},\{i\}) \mid i=1,2,3,4\} \cup \{(\{1\},\{2\}),(\{3\},\{2\})\} \quad (4.5)$$

とする (図 4.6 参照).このとき,半順序集合 $(\mathcal{P}, P_{\preceq})$ のイデアル集合 (すべてのイデアルから成る集合) を $\mathcal{I}(\mathcal{P}, P_{\preceq})$ と記す.上の例において,

$$\begin{aligned}\mathcal{I}(\mathcal{P}, P_{\preceq}) &= \{\emptyset, \{1\},\{3\},\{4\},\{1,3\},\{1,4\},\{3,4\},\\ &\qquad \{1,2,3\},\{1,3,4\},\{1,2,3,4\}\}\end{aligned} \quad (4.6)$$

を得る.イデアルの定義より,任意の 2 つのイデアル $I, J \in \mathcal{I}(\mathcal{P}, P_{\preceq})$ に対して,$I \cup J, I \cap J \in \mathcal{I}(\mathcal{P}, P_{\preceq})$ である.したがって,$(\mathcal{I}(\mathcal{P}, P_{\preceq}), \cup, \cap)$ は集合束となる.また,定義から $\emptyset, A \in \mathcal{I}(\mathcal{P}, P_{\preceq})$ を満たす.

図 4.6 イデアル集合が式 (4.6) の集合族 $\mathcal{F}$ に対応する (4.5) の半順序 $P_{\preceq}$.

94   4 束

補題 4.1 $\mathcal{P}$ を有限集合 A の分割, $P_\preceq$ をその上の半順序とする. このとき, $(\mathcal{I}(\mathcal{P}, P_\preceq), \cup, \cap)$ は ($\emptyset$ と A を含む) 集合束となる.

また, 上記の $\mathcal{I}$ は単射になる. すなわち, 異なる半順序集合からは異なる集合束が構成される.

補題 4.2 $\mathcal{P}_i \ (i = 1, 2)$ を有限集合 A の分割, $P_{\preceq_i}$ を $\mathcal{P}_i$ 上の半順序とする ($i = 1, 2$). このとき, $(\mathcal{P}_1, P_{\preceq_1}) \neq (\mathcal{P}_2, P_{\preceq_2})$ ならば, $\mathcal{I}(\mathcal{P}_1, P_{\preceq_1}) \neq \mathcal{I}(\mathcal{P}_2, P_{\preceq_2})$ が成立する.

(証明) まず $\mathcal{P}_1 \neq \mathcal{P}_2$ ならば, (必要ならば $\mathcal{P}_1$ と $\mathcal{P}_2$ を入れ替えることで) 以下の条件を満たす 2 つの要素 $a, b \in A$ が存在する.

> $\mathcal{P}_1$ は a, b をともに含む集合を要素にもつが, $\mathcal{P}_2$ は a, b をともに含む集合を要素にもたない.

このとき, $(\mathcal{P}_1, P_{\preceq_1})$ 中のイデアルは, a, b ともに含むか含まないかのどちらかである. 一方, $(\mathcal{P}_2, P_{\preceq_2})$ 中には, 半順序の定義から a, b どちらか一方のみを含むイデアルが存在する. したがって, $\mathcal{I}(\mathcal{P}_1, P_{\preceq_1}) \neq \mathcal{I}(\mathcal{P}_2, P_{\preceq_2})$ となる.

次に, $\mathcal{P}_1 = \mathcal{P}_2$ ではあるが, $P_{\preceq_1} \neq P_{\preceq_2}$ とすると, 一般性を失うことなく, $F \preceq_1 G$ かつ $F \not\preceq_2 G$ である $F, G \in \mathcal{P}_1 (= \mathcal{P}_2)$ が存在する. このとき $(\mathcal{P}_1, P_{\preceq_1})$ のイデアル I で, $G \subseteq I$ かつ $F \cap I = \emptyset$ であるものは存在しない. 一方, $(\mathcal{P}_2, P_{\preceq_2})$ 中にはそのようなイデアルが存在する. したがって, $\mathcal{I}(\mathcal{P}_1, P_{\preceq_1}) \neq \mathcal{I}(\mathcal{P}_2, P_{\preceq_2})$ が成立する. ∎

証明は省略するが, 次の補題により $\mathcal{I}$ が全射であることがわかる.

補題 4.3 A を有限集合, $\mathcal{F} \subseteq 2^A$ を $\emptyset, A \in \mathcal{F}$ である集合族とする. $(\mathcal{F}, \cup, \cap)$ が集合束になるとき, $\mathcal{I}(\mathcal{P}, P_\preceq) = \mathcal{F}$ であるような A の分割 $\mathcal{P}$ とその上の半順序 $P_\preceq$ が存在する.

補題 4.1, 4.2, 4.3 から **Birkhoff (バーコフ) の表現定理**とよばれる定理を得る.

定理 4.3 (Birkhoff の表現定理) A を有限集合, $\mathcal{F} \subseteq 2^A$ を $\emptyset, A \in \mathcal{F}$ である集合族とする. このとき, 集合束 $(\mathcal{F}, \cup, \cap)$ は, A の分割とその上の半順序の対である半順序集合と 1 対 1 に対応する.

例えば，式 (4.3) の $\mathcal{F}$ は，集合束 $(\mathcal{F}, \cup, \cap)$ を構成する (図 4.4)．この集合束は図 4.6 の半順序集合と 1 対 1 に対応する．

Birkhoff の表現定理は集合束を簡潔に記述する定理であり，工学や情報学などの分野において非常に重要である．有限集合 A の集合族 $\mathcal{F} \subseteq 2^A$ を素直に表現すると，最悪 $|A|$ に対して指数個の集合を記憶しなくてはならず，効率的でない．もちろん，$\mathcal{F}$ に何の特徴もないならば，$\mathcal{F}$ を保存するために (最悪 $|A|$ に対して) 指数サイズの領域は必要である．しかし，$\mathcal{F}$ が束をなす場合は，上記の定理により，A の分割とその上の半順序の対である半順序集合を記憶すればよい．一般に，この半順序集合を記憶するには，$|A|^2$ に比例する領域があれば十分であり，さきほどの単純な表現より，指数倍簡潔な表現となる．

4.5　モジュラ束と分配束

本節では，特別な性質をもつ束，具体的には，モジュラ束と分配束の定義を与え，その性質を調べる．

前節でも述べたが，束とは，2 つの演算 $\cup$ と $\cap$ で閉じた集合族 $\mathcal{F} \subseteq 2^A$ である集合束 $(\mathcal{F}, \cup, \cap)$ の拡張である．ではこの集合束にはどんな性質があるのか考えてみよう．和集合と共通集合に対する演算に閉じていることから，集合束は**分配律**，すなわち，任意の $X, Y, Z \in \mathcal{F}$ に対して，

$$(X \cup Y) \cap Z = (X \cap Z) \cup (Y \cap Z), \quad (X \cap Y) \cup Z = (X \cup Z) \cap (Y \cup Z),$$

あるいは，それを弱めた**モジュラ律**，すなわち，$X \subseteq Z$ である任意の $X, Z \in \mathcal{F}$ と任意の $Y \in \mathcal{F}$ に対して，

$$(X \cup Y) \cap Z = X \cup (Y \cap Z)$$

を満たす．ここで，束が分配律を満たせば，$X \subseteq Z$ より，モジュラ律の左辺は，$(X \cup Y) \cap Z = (X \cap Z) \cup (Y \cap Z) = X \cup (Y \cap Z)$ となり，モジュラ律の右辺が得られることに注意してほしい．

束 $(L, \vee, \wedge)$ とそれに対応する半順序 $R_{\preceq}$ に対して，**モジュラ律**と**分配律**を以下のように定義する．

モジュラ律： $x \preceq z$ である任意の $x, z \in L$ と任意の $y \in L$ に対して，$(x \vee y) \wedge z = x \vee (y \wedge z)$ が成立する．

分配律: 任意の $x,y,z \in L$ に対して, $(x \vee y) \wedge z = (x \wedge z) \vee (y \wedge z)$, かつ, $(x \wedge y) \vee z = (x \vee z) \wedge (y \vee z)$ が成立する.

ここで, モジュラ律は**モジュラ恒等式**

$$\text{任意の } x,y,z \in L \text{ に対して, } ((x \wedge z) \vee y) \wedge z = (x \wedge z) \vee (y \wedge z)$$

と同値である. この事実は, $x \wedge z \preceq z$ であることからわかる. モジュラ律を満たす束を**モジュラ束**, 分配律を満たす束を**分配束**という. このとき, 集合束で見たように分配律はモジュラ律を導く.

定理 4.4 分配束はモジュラ束である.

一方, 定理の逆は成立しない. 図 4.7 にモジュラ律を満たすが, 分配律を満たさない束を示す. 図中の x,y,z に対して, $(x \vee y) \wedge z = a \wedge z = z$, $(x \wedge z) \vee (y \wedge z) = b \vee b = b$ となり, 分配律を満たさない. モジュラ律に対しては, 例えば, 図中の x と a と y に対しては, $x \preceq a$ であり, $(x \vee y) \wedge a = a \wedge a = a$, $x \vee (y \wedge a) = x \vee y = a$ となる. 同様に, 条件を満たす任意の 3 要素に関してモジュラ律に現れる等式が成立するので, モジュラ束となる.

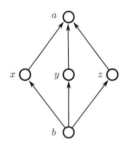

図 4.7 モジュラ律を満たすが分配束を満たさない束 D.

また, 図 4.8 にモジュラ律を満たさない束を示す. このことは, 図中の x,y,z に対して, $x \preceq z$ であり, $(x \vee y) \wedge z = z$, $x \vee (y \wedge z) = x$ となることからわかる.

補題 4.4 束 $(L, \vee, \wedge)$ とそれに対応する半順序 $R_{\preceq}$ に対して, 以下の 2 つの関係が成立する.

4.5 モジュラ束と分配束　　　97

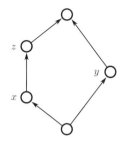

図 **4.8**　モジュラ律を満たさない束 P.

1. $x \preceq z$ である任意の $x, z \in L$ と任意の $y \in L$ に対して，$x \vee (y \wedge z) \preceq (x \vee y) \wedge z$ が成立する．

2. 任意の $x, y, z \in L$ に対して，$(x \vee y) \wedge z \succeq (x \wedge z) \vee (y \wedge z)$ かつ $(x \wedge y) \vee z \preceq (x \vee z) \wedge (y \vee z)$ が成立する．

補題 4.4 の 1. はモジュラ律，2. は分配束を弱めたものであり，一般に逆向きの関係は満たされない．したがって，モジュラ束は 1. の逆向きの関係を満たす束，分配束は 2. の逆向きの関係を満たす束だといえる．

禁止部分束による特徴付け

定義より，モジュラ律や分配律は，部分束をとるという操作において閉じている．

補題 4.5 モジュラ束の任意の部分束もモジュラ束となる．同様に，分配束の任意の部分束も分配束となる．

この補題により，モジュラ律を満たさない束を部分束としてもてば，もともとの束もモジュラ律を満たさず，モジュラ束でない．同様のことが分配束においても成り立つ．例えば，定理 4.4 の後で議論したように，図 4.8 の束 P はモジュラ束ではない．したがって，この P を部分束として含む束はモジュラ束でない．このように部分束として含んではいけない (禁止される) 束を**禁止部分束**という．P は，モジュラ束に対する禁止部分束となる．では，それ以外に禁止部分束はないのであろうか．実は，モジュラ束の禁止部分束は，P だけであることが知られている．

98   4 束

定理 4.5 束 $(L, \vee, \wedge)$ が部分束として図 4.8 の束 P を含まないことは，$(L, \vee, \wedge)$ がモジュラ律を満たすための必要十分条件である．

同様に，分配束に対しては，以下のような禁止部分束による綺麗な特徴付けをもつ．

定理 4.6 モジュラ束 $(L, \vee, \wedge)$ が部分束として図 4.7 の束 D を含まないことは，$(L, \vee, \wedge)$ が分配律を満たすための必要十分条件である．

定理 4.5 と 4.6 より，以下の系を得る．

系 4.1 束 $(L, \vee, \wedge)$ が部分束として図 4.7 の束 D と図 4.8 の束 P をもたないことは，$(L, \vee, \wedge)$ が分配律を満たすための必要十分条件である．

4.6　相補束と Boole 束

有限集合 A に対する冪集合 $(2^A, \cup, \cap)$ は集合束の特別な場合である．本節では，冪集合の一般化を考えよう．

冪集合は集合束であるので，モジュラ律や分配律を満たすが，それ以外に以下の性質を満たす．

任意の $X \subseteq A$ に対して，$X \cup Y = A$ かつ $X \cap Y = \emptyset$ である集合 $Y \subseteq A$ が存在する．

すなわち，任意の要素 X に対して，ある要素 Y が存在して，X と Y に演算 $\cup$ と $\cap$ を施すとそれぞれ最大元と最小元が得られることを意味する．この**相補律**とよばれる性質をより一般的な有界束 $(L, \vee, \wedge)$ に対して記述する．ただし，**1** と **0** をそれぞれ有界束の最大元，最小元とする．

相補律： 任意の $x \in L$ に対して，$x \vee y = \mathbf{1}$ かつ $x \wedge y = \mathbf{0}$ である $y \in L$ が存在する．

なお，上記の y を x の**補元**という．例えば，図 4.9 (iii) の束中の x の補元は y である．一方 (i) の束中の x に対する補元は存在しない．また，(ii) の束中の y と z はともに x の補元であり，一般に，補元は一意とは限らないが，a が b の補元であれば，b は a の補元である．

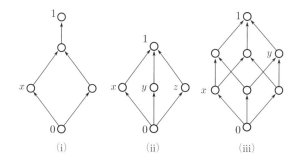

図 4.9 (i) 相補律を満たさない束, (ii) 相補束, (iii) Boole 束.

有界束が相補律を満たすとき, **相補束**とよばれ, さらに, 分配律も満たすとき, **Boole (ブール) 束**とよばれる.

上記の議論より, 図 4.9 (i) は相補束でなく, (ii), (iii) は相補束である. 分配律に関しては, 系 4.1 より, (ii) は満たさず, (iii) は満たす. したがって, (iii) は Boole 束である.

さきほど一般に相補束であっても補元は一意ではないことを示したが, Boole 束においては, 補元は一意に定まる.

定理 4.7 有界分配束の要素 x が補元をもてば, 一意的に定まる.

(証明) 最大元 **1** と最小元 **0** をもつ有界分配束の元 x が 2 つの補元 y と z をもつと仮定する. 仮定より, $x \vee y = x \vee z = \mathbf{1}$ と $x \wedge y = x \wedge z = \mathbf{0}$ が成立し,

$$y = (x \wedge z) \vee y = (x \vee y) \wedge (z \vee y) = y \vee z$$

となる. ここで, 最初の等号は $x \wedge z = \mathbf{0}$, 2 番目の等号は分配律, 最後の等号は $x \vee y = \mathbf{1}$ と交換律から導かれる. 同様に, 上の式の y と z を入れ替えることにより,

$$z = (x \wedge y) \vee z = (x \vee z) \wedge (y \vee z) = y \vee z$$

となる. したがって, $y = z$ を得る. ∎

4.7 同型性

2つの束が与えられたとき，それらの束が「同じ形」をしているか，あるいは，していないかという類似性を議論するため，本節では，束の同型性を定義する．

2つの束 $(L_1, \vee_1, \wedge_1)$ と $(L_2, \vee_2, \wedge_2)$ に対して，L_1 から L_2 への写像 f が以下の条件を満たすとき，f を**束準同型写像**という．

$$f(x \vee_1 y) = f(x) \vee_2 f(y), \ f(x \wedge_1 y) = f(x) \wedge_2 f(y) \ (x, y \in L_1). \tag{4.7}$$

とくに，f が全単射のとき，f を**束同型写像**という．束 $(L_1, \vee_1, \wedge_1)$ から $(L_2, \vee_2, \wedge_2)$ への束同型写像が存在するとき，2つの束は**同型**であるという．

図 4.10 の 2 つの束 $(L_i, \vee_i, \wedge_i)$ $(i = 1, 2)$ を考えよう．L_1 から L_2 への全単射写像 f を

$$f(\mathbf{1}) = \mathbf{1}, f(\mathbf{0}) = \mathbf{0}, f(x) = c, f(y) = b, f(z) = a$$

と定義すると，(4.7) を満たすので束同型写像である．したがって，束 $(L_1, \vee_1, \wedge_1)$ と束 $(L_2, \vee_2, \wedge_2)$ は同型である．この例からもわかるように，定義から L_1 から L_2 への束同型写像が存在するとき，かつそのときに限り，L_2 から L_1 への束同型写像が存在する．

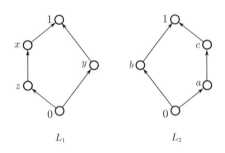

図 **4.10** 同型な束 L_1 と L_2.

3.3 節では述べなかったが，半順序集合に対しても（もっと広く 2 項関係に対して）同型の概念が存在する．

2つの半順序集合 (X_1, P_1) と (X_2, P_2) に対して X_1 から X_2 への全単射写像 f が

$$(x, y) \in P_1 \iff (f(x), f(y)) \in P_2 \ (x, y \in X_1) \tag{4.8}$$

を満たすとき，f を**半順序同型写像**という．ただし，$A \iff B$ は，A が成立するとき，かつそのときに限り，B が成立することを意味する．また，半順序集合 (X_1, P_1) と (X_2, P_2) に対して X_1 から X_2 への半順序同型写像が存在するときに，(X_1, P_1) と (X_2, P_2) は**半順序同型**であるという．束同型写像と同様に，X_1 から X_2 への半順序同型写像 f が存在すれば，その逆写像が X_2 から X_1 への半順序同型写像となる．

束の同型性は，束に対応する半順序集合の同型性と一致する概念である．

定理 4.8 2 つの束 $(L_1, \vee_1, \wedge_1)$ と $(L_2, \vee_2, \wedge_2)$ において，L_1 から L_2 への全単射 f が束同型写像であることと，f が（それぞれの束に対応する半順序集合に対する）半順序同型写像であることは同値である．

以降では有限束の同型性について議論する．

有限束の同型性

$(L, \vee, \wedge)$ を最大元 $\mathbf{1}$ と最小元 $\mathbf{0}$ をもつ有限束，また，$P_{\preceq}$ をそれに対応する半順序とする．x を最小元 $\mathbf{0}$ でない L の要素とする．このとき，$\mathbf{0} \preceq y \preceq x$ である $y \in L$ が $y = \mathbf{0}$ あるいは $y = x$ を満たすとき，x を**原子元**という．また，$x = y \vee z$ となるどんな $y, z \in L$ に対しても $x = y$ あるいは $x = z$ が成り立つとき，x を**既約元**という．図 4.11 の Hasse 図に示される有限束において，a, b, c は原子元であり，a, b, c, d, e は既約元である．

本節では，既約元を用いることで，有限束の同型性を議論する．具体的には，1. 有限束は $\cap$ で閉じた有限集合族 $\mathcal{F} \subseteq 2^A$ に対応する束と同型である，2. 有限分配束は集合束と同型である，3. 有限 Boole 束は冪集合（と演算 $\cup$ と $\cap$ の組である集合束）と同型であることを示す．

はじめに原子元と既約元の性質を示す．まず，有限束中の原子元と既約元を Hasse 図中の頂点として特徴付ける．

補題 4.6 有限束 $(L, \vee, \wedge)$ において，

1. $x \in L$ が原子元であることと，Hasse 図中で x と $\mathbf{0}$ との距離が 1 であることは同値である．

2. $x \in L$ が既約元であることと，Hasse 図中で x の入次数が 1 であることは同値である．

(証明) 1. は定義から明らかである．2. に関しては，Hasse 図において $x \in L$ の入次数が 2 以上であるとする．例えば，Hasse 図が 2 つの辺 (y,x) と (z,x) をもてば，$x = y \vee z$ となり，x は既約元でない．一方，$x \in L$ の入次数が 1 で，その辺を (x',x) と仮定する．このとき x 以外の 2 つの要素 y と z に対して，$y, z \preceq x$ とすると，$y \vee z \preceq x'$ となり，$x \neq y \vee z$ となる．また，$y \not\preceq x$ とすると，定義より明らかに $x \neq y \vee z$ となる．$z \not\preceq x$ のときも同様に $x \neq y \vee z$ となるので，2. が成立する． ∎

定義より，原子元の入次数は 1 である．したがって，補題 4.6 より原子元は必ず既約元になる．以下では直接証明を与える．

補題 4.7 有限束 $(L, \vee, \wedge)$ において，原子元 $x \in L$ は既約元である．

(証明) x を L の原子元とする．このとき，ある $y, z \in L$ に対して $x = y \vee z$ が成立すれば，$y, z \preceq x$ となり，原子元の定義から y と z は最小元 $\mathbf{0}$ あるいは x となる．ここで，y と z がともに $\mathbf{0}$ だとすれば，$y \vee z = \mathbf{0}$ となり，x が $\mathbf{0}$ でないことに矛盾する．したがって，y と z の少なくとも一方は x となり，x は既約元となる． ∎

図 4.11 の Hasse 図に示される有限束において，原子元 a, b, c は既約元である．

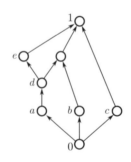

図 4.11 有限束の原子元と既約元．

4.7 同型性　103

一方，既約元 d, e は原子元ではなく，既約元は必ずしも原子元にならない．有限 Boole 束においては，これら 2 つの概念は一致する．

補題 4.8 有限 Boole 束 $(L, \vee, \wedge)$ において，既約元 $x \in L$ は原子元である．

(証明) $x \in L$ を原子元でない既約元，(y, x) を Hasse 図中の辺とする．x は原子元でないので，y は最小元 $\mathbf{0}$ でない．z を y の補元とすると，$y \vee z = \mathbf{1}$ (最大元) と $y \wedge z = \mathbf{0}$ が成立する．さらに，$y \preceq x$ より，$x \vee z = \mathbf{1}$ となる．また，補題 4.6 の 2. より x の入次数が 1 なので，$x \wedge z = \mathbf{0}$ を得る．すなわち，x は z の補元である．したがって，z は 2 つの補元 x と y をもつことになり，定理 4.7 に矛盾する． ■

$S \subseteq L$ を既約元の集合とし，任意の要素 $x \in L$ に対して

$$S(x) = \{y \in S \mid y \preceq x\}$$

と定義する．また，それらの族を

$$\mathcal{S} = \{S(x) \mid x \in L\} \tag{4.9}$$

と記述し，写像 $f : L \to \mathcal{S}$ を

$$f(x) = S(x) \quad (x \in L) \tag{4.10}$$

と定義する．この写像は定義から全射であるが，次の補題より単射であることがわかる．

補題 4.9 有限束 $(L, \vee, \wedge)$ の任意の元 $x \in L$ は $S(x)$ の上限となる：

$$x = \bigvee_{y \in S(x)} y. \tag{4.11}$$

この補題を証明する前に，空集合に対する $\vee$ は最小元 $\mathbf{0}$，すなわち，$\bigvee_{y \in \emptyset} y = \mathbf{0}$ と定義することに注意されたい．

(証明) 既約元 x に対しては明らかに成立する．既約元でない x については，$z \prec x$ (すなわち，$z \preceq x$ かつ $z \neq x$) である任意の元 z に対しては補題が成立すると仮定する．このとき，Hasse 図中の x に向かい隣接する元の集合を B とすると，

x 自身は既約元でないので，$|B| \geq 2$ であり，仮定から任意の $b \in B$ に対して，$b = \bigvee_{y \in S(b)} y$ が成立する．ここで，$S(x) = \bigcup_{b \in B} S(b)$，$x = \bigvee_{b \in B} b$ であることを用いると $x = \bigvee_{y \in S(x)} y$ を得る． ∎

補題 4.9 により，(4.10) の写像 f は全単射である．$R_{\subseteq}$ を $\mathcal{S}$ 上の 2 項関係

$$R_{\subseteq} = \{(S_1, S_2) \in \mathcal{S}^2 \mid S_1 \subseteq S_2\} \tag{4.12}$$

と定義する．以下では，半順序集合 $(\mathcal{S}, R_{\subseteq})$ の任意の 2 つの元 S_1 と S_2 は上限 $S_1 \vee_{\mathcal{S}} S_2$ と下限 $S_1 \wedge_{\mathcal{S}} S_2$ をもつこと，すなわち，半順序集合 $(\mathcal{S}, R_{\subseteq})$ が束をなすことを示す．また，(4.10) の f は，有限束 $(L, \vee, \wedge)$ から有限束 $(\mathcal{S}, \vee_{\mathcal{S}}, \wedge_{\mathcal{S}})$ への束同型写像であることを示す．

補題 4.10 有限束 $(L, \vee, \wedge)$ 中の任意の元 x と y に対して，$S(x \wedge y) = S(x) \cap S(y)$ が成立する．

(証明) 既約元 z が $S(x \wedge y)$ に含まれるならば，$z \preceq x \wedge y$，すなわち，$z \preceq x$ かつ $z \preceq y$ である．したがって，$z \in S(x) \cap S(y)$ となる．逆に，$z \in S(x) \cap S(y)$ である既約元 z は，$z \preceq x \wedge y$ となり，$z \in S(x \wedge y)$ を得る． ∎

この補題より，$S_1, S_2 \in \mathcal{S}$ ならば，$S_1 \cap S_2 \in \mathcal{S}$ が成立し，$(\mathcal{S}, \cap)$ は交わり半束となる．すなわち，下限の演算子 $\wedge_{\mathcal{S}}$ は $\cap$ で与えられる．

補題 4.11 $\mathcal{F} \subseteq 2^A$ を有限集合 A に対する部分集合族とする．$A \in \mathcal{F}$，かつ，$(\mathcal{F}, \cap)$ が交わり半束ならば，半順序集合 $(\mathcal{F}, P_{\subseteq})$ は束をなす．ただし，$P_{\subseteq}$ は $\subseteq$ から作られる半順序とする．

(証明) 任意の集合 $B \subseteq A$ に対して，$\mathcal{F}(B) = \{F \in \mathcal{F} \mid F \supseteq B\}$，$F(B) = \bigcap_{F \in \mathcal{F}(B)} F$ と定義する．ここで $A \in \mathcal{F}$，かつ，$\mathcal{F}$ は $\cap$ について閉じているので，$F(B) \in \mathcal{F}$ である．また，定義より，どんな $F \supseteq B$ である $F \in \mathcal{F}$ に対しても $F(B) \subseteq F$ を満たす．

これにより，半順序集合 $(\mathcal{F}, P_{\subseteq})$ の 2 つの元 F_1 と F_2 の上界 F^* は，$F^* \supseteq F(F_1 \cup F_2)$ を満たす．したがって，$F(F_1 \cup F_2)$ が F_1 と F_2 の上限となり，半順序集合 $(\mathcal{F}, P_{\subseteq})$ は束をなす． ∎

4.7 同型性　　105

補題 4.12 有限束 $(L, \vee, \wedge)$ 中の任意の元 x と y に対して，$S(x) \subseteq S(y)$ であることと $x \preceq y$ であることは同値である．

(証明) 補題 4.9 より得られる． ∎

定理 4.9 有限束 $(L, \vee, \wedge)$ に対して，$\mathcal{S}$ と $R_\subseteq$ をそれぞれ (4.9) と (4.12) で与える．このとき，$(\mathcal{S}, R_\subseteq)$ は $(L, \vee, \wedge)$ と束同型な束となる．

(証明) 補題 4.10，4.11 より $(\mathcal{S}, R_\subseteq)$ は束となる．さらに，補題 4.9 により (4.10) の f は全単射であり，定理 4.8 と補題 4.12 より，f は $(L, \vee, \wedge)$ から $(\mathcal{S}, R_\subseteq)$ への束同型写像である． ∎

　有限分配束 $(L, \vee, \wedge)$ に対しては，$(\mathcal{S}, \cup, \cap)$ が集合束となる．

補題 4.13 有限分配束 $(L, \vee, \wedge)$ 中の任意の元 x と y に対して，$S(x \vee y) = S(x) \cup S(y)$ が成立する．

(証明) 既約元 z が $S(x) \cup S(y)$ に含まれるならば，$z \preceq x$ あるいは $z \preceq y$ である．したがって，$z \in S(x \vee y)$ となる．逆に，$z \in S(x \vee y)$ である既約元 z は，$z \preceq x \vee y$ となり，$z = z \wedge (x \vee y) = (z \wedge x) \vee (z \wedge y)$ が成立する．ここで，z は既約元なので，$z = z \wedge x$ あるいは $z = z \wedge y$ となり，$z \in S(x) \cup S(y)$ を得る． ∎

　定理 4.9 と補題 4.13 から次の Birkhoff の定理が導かれる．

定理 4.10 (Birkhoff の定理) 有限分配束 $(L, \vee, \wedge)$ に対して，$\mathcal{S}$ を (4.9) で定義する．このとき，$(\mathcal{S}, \cup, \cap)$ は $(L, \vee, \wedge)$ と束同型な集合束である．

　この定理において，$\mathcal{S} \subseteq 2^S$ は $\emptyset$ と S を含むことに注意されたい．
　さらに，Boole 束に関しては以下の補題を得る．

補題 4.14 有限 Boole 束 $(L, \vee, \wedge)$ 中の任意の元 x に対して，既約元の集合 $T \subseteq S$ が $x = \bigvee_{t \in T} t$ を満たすならば，$T = S(x)$ が成立する．

(証明) 補題 4.8 より，T の元はすべて原子元であり，$S(x)$ の定義より $T \subseteq S(x)$

106 　　4 束

である．$s \in S(x) \setminus T$ であると仮定すると，

$$s = s \wedge x = s \wedge \left(\bigvee_{t \in T} t \right) = \bigvee_{t \in T} (s \wedge t) = \bigvee_{t \in T} \mathbf{0} = \mathbf{0}$$

となり矛盾する． ■

　任意の既約元の集合 $T \subseteq S$ に対して，$x = \bigvee_{t \in T} t$ である元 x は存在する．この事実と補題 4.14 より，$\mathcal{S} = 2^S$ となり，**Stone (ストーン) の定理**を得る．

定理 4.11 (Stone の定理) 有限 Boole 束 $(L, \vee, \wedge)$ に対して，S を既約元集合とする．このとき，$(2^S, \cup, \cap)$ は $(L, \vee, \wedge)$ と束同型な束となる．

5 論 理 関 数

　本章では，人工知能，集積回路の設計，あるいは，計算量理論など情報分野の基礎をなす，Boole (ブール) 関数ともよばれる論理関数を議論する．

5.1　論理変数と論理式

　0 (偽)，あるいは，1 (真) の値をとる変数を**論理変数** (あるいは，**Boole 変数**，**命題変数**) とよぶ．この論理変数に関して 3 つの論理演算を定義する．表 5.1 に否定，表 5.2 に論理和，論理積を示す．論理変数 x の**否定** $\overline{x}$ は $x = 1$ のとき 0，$x = 0$ のとき 1 とその変数の真偽を逆転させる演算である．2 つの論理変数 x と y の**論理和** $x \vee y$ は，x「あるいは」y が 1 (すなわち，x と y の少なくとも一方が 1) であれば 1，そうでなければ 0 をとる演算である．また，2 つの変数 x と y の**論理積** $x \wedge y$ は，x「かつ」y が 1 (すなわち，x と y の両方が 1) であれば 1，そうでなければ 0 をとる演算である．なお，否定を $\neg x$ のように記述する場合もあるが，本書では $\overline{x}$ と記す．また，論理積 $x \wedge y$ のみ記号を簡単化して xy と記述することがある．

表 **5.1**　論理変数 x の否定 $\overline{x}$.

x	$\overline{x}$
0	1
1	0

　いくつかの論理変数に有限回の論理演算を施すことで得られるものを論理式という．例えば，論理変数 x, y, z, u に対して，$(x \vee y) \vee (\overline{z} \wedge u)$ や $(\overline{x \vee y} \wedge z) \vee (y \wedge u)$ は論理式である．ここで，実数の加算 + と乗算 × において乗算を加算より優先するように，論理演算においても，論理積を論理和より優先する．したがって，上記の論理式は $x \vee y \vee \overline{z} \wedge u$，$\overline{x \vee y} \wedge z \vee y \wedge u$ と括弧を省略して記述する．なお，

– 107 –

5 論 理 関 数

表 **5.2** 論理変数 x と y の論理和と論理積.

x	y	$x \vee y$	$x \wedge y$
0	0	0	0
0	1	1	0
1	0	1	0
1	1	1	1

論理変数 x 自身も 0 回の論理演算を施して得られる論理式であることに注意されたい.

このように定義した否定, 論理和, 論理積に対して以下の公理が成立する. なお, これは前章で議論した Boole 束の特別な場合 $\{0,1\}$ であることもわかる.

冪等律： $x \wedge x = x,\ x \vee x = x.$

零　元： $x \wedge 0 = 0,\ x \vee 1 = 1.$

単位元： $x \wedge 1 = x,\ x \vee 0 = x.$

交換律： $x \wedge y = y \wedge x,\ x \vee y = y \vee x.$

結合律： $(x \wedge y) \wedge z = x \wedge (y \wedge z),\ (x \vee y) \vee z = x \vee (y \vee z).$

相補律： $x \wedge \overline{x} = 0,\ x \vee \overline{x} = 1.$

分配律： $x \wedge (y \vee z) = (x \wedge y) \vee (x \wedge z),\ x \vee (y \wedge z) = (x \vee y) \wedge (x \vee z).$

吸収律： $x \vee (x \wedge y) = x,\ x \wedge (x \vee y) = x.$

2 重否定律： $\overline{\overline{x}} = x.$

De Morgan の法則： $\overline{x \wedge y} = \overline{x} \vee \overline{y},\ \overline{x \vee y} = \overline{x} \wedge \overline{y}.$

ここで, $=$ は両辺の論理式が同値であることを示す. 上記の結合律から, 今後, $x \vee y \vee z$, $y \wedge z \wedge u \wedge v$ (あるいは, $\wedge$ を省略して, $yzuv$) などと論理和や論理積を 2 個以上並べて記述する.

上記の x, y, z は論理変数であるが，論理式であると理解してもよい．例えば，論理式 $yz \vee u$ を x として零元の公理を用いると，$(yz \vee u) \wedge 0 = 0$ となる．また，論理変数 $z_1, z_2, \ldots, z_n$ に対して

$$\overline{z_1 \vee z_2 \vee z_3 \vee \cdots \vee z_n} = \overline{z_1} \wedge \overline{z_2 \vee z_3 \cdots \vee z_n} \tag{5.1}$$

$$= \overline{z_1} \wedge \overline{z_2} \wedge \overline{z_3 \vee \cdots \vee z_n}$$

$$= \overline{z_1} \wedge \overline{z_2} \wedge \overline{z_3} \wedge \cdots \wedge \overline{z_n} \tag{5.2}$$

が成立する．このことは，以下のように説明できる．はじめに $x = z_1$，$y = z_2 \vee z_3 \vee \cdots \vee z_n$ として De Morgan の法則を用いて (5.1) を得る．次に，$x = z_2$，$y = z_3 \vee \cdots \vee z_n$ として De Morgan の法則を適用する．このように繰り返し De Morgan の法則を適用することで (5.2) を得る．同様に，

$$\overline{z_1 \wedge z_2 \wedge \cdots \wedge z_n} = \overline{z_1} \vee \overline{z_2} \vee \cdots \vee \overline{z_n} \tag{5.3}$$

が成立する．このように上記の公理は，論理式の変形や簡単化において極めて重要である．なお，De Morgan の法則と 2 重否定則を利用した論理式の双対表現に関しては，5.6 節で述べる．

次節では，論理和や論理積以外の 2 項論理演算について議論する．

5.2　2 項 論 理 演 算

前節では，否定，論理和，論理積という論理演算を定義した．これらは論理式あるいは論理関数における最も重要な演算ではあるが，それ以外にも，排他的論理和や含意など重要な演算が多数ある．本節ではそれらの演算について述べる．

まず，2 項論理演算がいくつ存在するのか考えてみよう．表 5.3 に示すように 2 項演算子を $*$ とすると，2 変数 x と y に対する 0-1 の演算結果は，$\alpha_{00}, \alpha_{01}, \alpha_{10}, \alpha_{11}$ となる．したがって，2 項論理演算は，これら α の 0，1 の組合せである $2^4 = 16$ 個存在する．表 5.4 にこれらの演算をすべて記述する．

この表にあるように前章で述べた否定，論理和，論理積は，論理回路の分野ではそれぞれ NOT，OR，AND ともよばれる．論理和，論理積の否定は，それぞれ否定論理和 (**NOR**)，否定論理積 (**NAND**) とよばれる．また，x と y がどんな値であっても常に 0 である演算を恒偽，常に 1 である演算を恒真という．それ以外に重要な演算として，**排他的論理和** $\oplus$，**含意** $\rightarrow$，**同値** $\leftrightarrow$ がある．

110   5 論 理 関 数

表 5.3 2 項演算.

x	y	$x * y$
0	0	α_{00}
0	1	α_{01}
1	0	α_{10}
1	1	α_{11}

表 5.4 すべての 2 項演算.

α_{00}	α_{01}	α_{10}	α_{11}	演算	演算の名称
0	0	0	0	0	恒偽
0	0	0	1	$x \wedge y$	論理積 (AND)
0	0	1	0	$x \wedge \overline{y}$	
0	0	1	1	x	$(x \,への)$ 射影
0	1	0	0	$\overline{x} \wedge y$	
0	1	0	1	y	$(y \,への)$ 射影
0	1	1	0	$x \oplus y \,(= x\overline{y} \vee \overline{x}y)$	排他的論理和 (EXOR)
0	1	1	1	$x \vee y$	論理和 (OR)
1	0	0	0	$\overline{x \vee y} \,(= \overline{x}\,\overline{y})$	否定論理和 (NOR)
1	0	0	1	$x \leftrightarrow y$	同値
1	0	1	0	$\overline{y}$	$(y \,の)$ 否定 (NOT)
1	0	1	1	$y \rightarrow x \,(= x \vee \overline{y})$	$(y \,の\, x \,への)$ 含意
1	1	0	0	$\overline{x}$	$(x \,の)$ 否定 (NOT)
1	1	0	1	$x \rightarrow y \,(= \overline{x} \vee y)$	$(x \,の\, y \,への)$ 含意
1	1	1	0	$\overline{x \wedge y} \,(= \overline{x} \vee \overline{y})$	否定論理積 (NAND)
1	1	1	1	1	恒真

まず, 排他的論理 $x \oplus y$ は x か y のどちらか一方のみが 1 であるとき 1 をとり, そうでないときは 0 をとる. これは, 有限体 GF(2) における加算, すなわち, 2 の剰余系であるので, 交換律, 結合律, 分配律が成立する.

交換律： $x \oplus y = y \oplus x$.

結合律： $(x \oplus y) \oplus z = x \oplus (y \oplus z)$.

分配律： $x \wedge (y \oplus z) = (x \wedge y) \oplus (x \wedge z)$.

また,

$$x \oplus 0 = x, \qquad x \oplus 1 = \overline{x},$$
$$x \oplus x = 0, \qquad x \oplus \overline{x} = 1$$

なども成立する. ここで, 論理和などと同様に, 結合則から, 以後は

$$x_1 \oplus x_2 \oplus \cdots \oplus x_n \tag{5.4}$$

のように記述する. なお, (5.4) は $x_1, x_2, \ldots, x_n$ の中で 1 である変数の個数が奇数のときは 1, そうでないときは 0 を意味するので, 排他的論理和は**パリティ演算**とよばれることもある.

次に含意 → について述べる. 論理変数 x と y に対して, $x \to y$ は, 「x ならば y」, すなわち, 「$x = 1$ (x が真) ならば $y = 1$ (y も真) である」という命題である. したがって, 表 5.4 にあるように, $x = 1$ であるのもかかわらず $y = 0$ になるとき, $x \to y$ は 0 になり, それ以外は 1 になる.

この含意は数理論理学において重要な役割を果たす. $x \to y$ における x は仮定, あるいは, 前提, y は結論, 帰結などとよばれる. 俗にいう**三段論法**とは, $x = 1$ であること, および, 含意 $x \to y$ が正しいことを利用して, $y = 1$ を示す (証明する) 方法である. また, 含意 $x \to y$, すなわち, 「x ならば y」は, その対偶「$\overline{y}$ ならば $\overline{x}$」と同値である:

$$x \to y \; = \; \overline{y} \to \overline{x} \; = \; \overline{x} \vee y.$$

5.3 論理関数とその表現

論理関数 (あるいは **Boole 関数**) f とは, n 個の論理変数 $x_1, x_2, \ldots, x_n$ の値に応じて 0, あるいは, 1 の値をとる関数, すなわち, $f : \{0, 1\}^n \to \{0, 1\}$ である. $f(x) = 1$ を満たす 0-1 ベクトル $x \in \{0, 1\}^n$ を f の**真ベクトル**, $f(x) = 0$ を満た

112　5 論 理 関 数

表 5.5 論理関数の真理値表.

x_1	x_2	x_3	f
1	1	1	0
1	1	0	1
1	0	1	0
1	0	0	1
0	1	1	1
0	1	0	0
0	0	1	0
0	0	0	0

す 0-1 ベクトル $x \in \{0,1\}^n$ を f の**偽ベクトル**といい，真ベクトル集合と偽ベクトル集合を $T(f)$ と $F(f)$ と表記する．すなわち，

$$T(f) = \{v \in \{0,1\}^n \mid f(v) = 1\} \tag{5.5}$$

$$F(f) = \{v \in \{0,1\}^n \mid f(v) = 0\} \tag{5.6}$$

とする．論理関数の定義域 $\{0,1\}^n$ は有限であるため，表 5.1, 5.2 のように定義域の各ベクトルの真偽を明記すれば，論理関数は定義できる．このような真偽の表を**真理値表**とよぶ．例えば，表 5.5 に真理値表により定義された 3 変数論理関数の例を示す．この真理値表による表現のうち，真ベクトルだけ，あるいは，偽ベクトルだけ与えても論理関数は定義可能である．例えば，表 5.5 の論理関数 f は

$$T(f) = \{(110), (100), (011)\}$$

$$F(f) = \{(111), (101), (010), (001), (000)\}$$

のどちらか一方を与えればよい．図 5.1 に 3 次元の 0-1 ベクトルの Hasse 図を記し，この論理関数 f の真ベクトル集合 $T(f)$ を実線で囲う．このように論理関数 f を図に描くことを f の Hasse 図による表現という．なお，この Hasse 図は Boole 束の Hasse 図そのものである．ただし，論理関数の表現においては，有向辺ではなく無向辺を用いることとする．

5.3 論理関数とその表現　　113

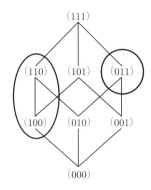

図 **5.1**　表 5.5 の真理値表で与えられる論理関数.

　定義域のベクトルは 2^n 個存在し，それぞれに対して真偽 (1 あるいは，0) を割り当てるため，n 変数論理関数は 2^{2^n} 個存在する．表 5.4 は 2 項論理演算をすべて記したが，これは 2 変数論理関数をすべて記していることと同値であり，実際 2 変数論理関数は $2^{2^2} = 16$ 個存在する．

　この論理関数は真理値表以外にさまざまな表現法がある．以下では論理式や 2 分決定図などの表現法を解説する．

5.3.1　論理式による表現

　本節では，論理関数を論理式で表現する方法を紹介する．まず，表 5.1 の否定，表 5.2 の論理和，論理積の計 3 種類の論理演算を用いた論理式の表現を考える．以下では記号を簡単化して，論理積 $x \wedge y$ を xy と記す．

　変数 v に対して，v を**正リテラル**，$\overline{v}$ を**負リテラル**とよぶ．これらのリテラルからなる論理積，論理和で，矛盾する対 $v, \overline{v}$ を含まないものをそれぞれ**項**，**節**とよぶ．例えば，$x_1 \overline{x}_2 \overline{x}_3 x_5$ は項であるが，$x_1 \overline{x}_2 \overline{x}_5 x_5$ は項ではない．また，$x_1 \vee \overline{x}_2 \vee x_3$ は節であるが，$x_1 \vee \overline{x}_1 \vee x_3$ は節ではない．

　0-1 ベクトル $x \in \{0, 1\}^n$ に対して，その要素 x_i の値が 1 であれば正リテラル x_i，0 であれば負リテラル $\overline{x}_i$ を考え，n 個のリテラルからなる項をつくる．例えば，(110) から項 $x_1 x_2 \overline{x}_3$ をつくる．このようにつくられた項は，対応するベクトルだけに 1 (それ以外のすべてのベクトルに 0) を与える論理式であり，**最小項**と

114   5 論 理 関 数

よばれる. 論理関数 f の真理値表が与えられたならば, f の真ベクトルから上記のように最小項をつくり, それらをすべて論理和で繋げれば, f の論理式表現が得られる. 例えば, 表 5.5 の論理関数 f は, 3 個の真ベクトル (110), (100), (011) をもつ. それらのベクトルから最小項 $x_1x_2\overline{x}_3$, $x_1\overline{x}_2\overline{x}_3$, $\overline{x}_1x_2x_3$ をつくり, それらの論理和をとることにより, f の論理表現

$$f = x_1x_2\overline{x}_3 \vee x_1\overline{x}_2\overline{x}_3 \vee \overline{x}_1x_2x_3 \tag{5.7}$$

ができる. このように, いくつかの異なる項 $t_1, t_2, \ldots, t_m$ の論理和 $t_1 \vee t_2 \vee \cdots \vee t_m$ を, 論理関数の**論理和形 (DNF)** といい[*1], さらに, 各項 t_j が最小項のとき, **論理和標準形**という. 例えば, (5.7) は論理和標準形である.

上記の議論から, 任意の論理関数は, 論理和形で表現可能であることがわかる. 当然論理和形での表現は一意ではない. 例えば, 表 5.5 の論理関数 f は,

$$f = x_1\overline{x}_3 \vee \overline{x}_1x_2x_3 \tag{5.8}$$

とも表現できる.

f の論理和標準形はその真ベクトルから構成された. では f の偽ベクトルから何が構成できるのであろうか. 上記の方法を用いれば, 当然 f の否定 $\overline{f}$ の論理和標準形を得られる. 例えば, 表 5.5 の論理関数 f は, 5 個の偽ベクトル (111), (101), (010), (001), (000) をもつので,

$$\overline{f} = x_1x_2x_3 \vee x_1\overline{x}_2x_3 \vee \overline{x}_1x_2\overline{x}_3 \vee \overline{x}_1\overline{x}_2x_3 \vee \overline{x}_1\overline{x}_2\overline{x}_3 \tag{5.9}$$

となる. この $\overline{f}$ を表す論理式をもう 1 度否定し, (5.3) の (一般的な) De Morgan の法則と 2 重否定則を用いることにより, $f (= \overline{\overline{f}})$ の表現を得る.

$$\begin{aligned}
f &= \overline{x_1x_2x_3 \vee x_1\overline{x}_2x_3 \vee \overline{x}_1x_2\overline{x}_3 \vee \overline{x}_1\overline{x}_2x_3 \vee \overline{x}_1\overline{x}_2\overline{x}_3} \\
&= \overline{x_1x_2x_3} \wedge \overline{x_1\overline{x}_2x_3} \wedge \overline{\overline{x}_1x_2\overline{x}_3} \wedge \overline{\overline{x}_1\overline{x}_2x_3} \wedge \overline{\overline{x}_1\overline{x}_2\overline{x}_3} \\
&= (\overline{x}_1 \vee \overline{x}_2 \vee \overline{x}_3) \wedge (\overline{x}_1 \vee \overline{\overline{x}}_2 \vee \overline{x}_3) \wedge (\overline{\overline{x}}_1 \vee \overline{x}_2 \vee \overline{\overline{x}}_3) \\
&\qquad \wedge (\overline{\overline{x}}_1 \vee \overline{\overline{x}}_2 \vee \overline{x}_3) \wedge (\overline{\overline{x}}_1 \vee \overline{\overline{x}}_2 \vee \overline{\overline{x}}_3) \\
&= (\overline{x}_1 \vee \overline{x}_2 \vee \overline{x}_3) \wedge (\overline{x}_1 \vee x_2 \vee \overline{x}_3) \wedge (x_1 \vee \overline{x}_2 \vee x_3) \\
&\qquad \wedge (x_1 \vee x_2 \vee \overline{x}_3) \wedge (x_1 \vee x_2 \vee x_3). \tag{5.10}
\end{aligned}$$

[*1] disjunctive normal form の頭文字をとり, DNF とよばれる.

5.3 論理関数とその表現　　115

この表現を上記の論理和標準形と同じように説明しよう.

0-1 ベクトル $x \in \{0,1\}^n$ に対して，その要素 x_i の値が 1 であれば負リテラル $\overline{x}_i$，0 であれば正リテラル x_i を考え，n 個のリテラルからなる節をつくる．例えば，(110) から論理和 $\overline{x}_1 \vee \overline{x}_2 \vee x_3$ をつくる．このようにつくられた節は，対応するベクトルだけに 0 (それ以外のすべてのベクトルに 1) を与える論理式であり，**最大節** (あるいは，**最大項**) とよばれる.

論理関数 f の真理値表が与えられたならば，f の偽ベクトルから上記のように最大節をつくり，それらをすべて論理積で繋げれば，f の論理式表現が得られる．例えば，表 5.5 の論理関数 f は，5 個の偽ベクトル (111)，(101)，(010)，(001)，(000) をもつ．それらのベクトルから最大節 $\overline{x}_1 \vee \overline{x}_2 \vee \overline{x}_3$，$\overline{x}_1 \vee x_2 \vee \overline{x}_3$，$x_1 \vee \overline{x}_2 \vee x_3$，$x_1 \vee x_2 \vee \overline{x}_3$，$x_1 \vee x_2 \vee x_3$ をつくり，それらの論理積をとることにより f を表現する (5.10) ができる．いくつかの異なる節 $c_1, c_2, \ldots, c_m$ の論理積 $c_1 \wedge c_2 \wedge \cdots \wedge c_m$ を，論理関数の**論理積形 (CNF)** という[*2]．さらに，各節 c_j が最大節のとき，**論理積標準形**という．例えば，(5.10) は論理積標準形である.

上記の構成法から，任意の論理関数は論理積形でも表現可能である．論理和形と同様に，論理関数の論理積形による表現も一意ではない．なお，De Morgan の法則と 2 重否定則を用いた変換 (5.10) に関しては，論理式，論理関数の双対性の節でその性質などを再度示す.

このように論理関数は論理和形や論理積形で記述できる．また，意味論的にも論理和形や論理積形はわかりやすく，それゆえ，論理関数の表現として幅広く用いられている.

論理関数が論理和形や論理積形で表現可能であるということは，論理関数は，論理和，論理積，否定の 3 種類の演算を用いれば，定義可能であることがわかる．ではこの 3 種類の論理演算すべてが必要か，というとそうではない．De Morgan の法則により，項と節はそれぞれ

$$\ell_1 \wedge \ell_2 \wedge \cdots \wedge \ell_k = \overline{\overline{\ell_1} \vee \overline{\ell_2} \vee \cdots \vee \overline{\ell_k}}, \quad \ell_1 \vee \ell_2 \vee \cdots \vee \ell_k = \overline{\overline{\ell_1} \wedge \overline{\ell_2} \wedge \cdots \wedge \overline{\ell_k}}$$

と記述できるので，論理和と否定，あるいは，論理積と否定だけを用いれば論理関数を表現できる．例えば，論理和形で表現された論理関数

$$f = x_1 \overline{x}_2 \vee x_1 x_3 x_4$$

[*2]　conjunctive normal form の頭文字をとり，CNF とよばれる.

は，

$$f = \overline{x}_1 \vee x_2 \vee \overline{x}_1 \vee \overline{x}_3 \vee \overline{x}_4$$

と表現可能，すなわち，論理和と否定だけで表現可能であり，また，論理積形で
表現された論理関数

$$f = (\overline{x}_1 \vee \overline{x}_2 \vee x_3) \wedge (x_3 \vee x_4) \wedge (x_2 \vee \overline{x}_3)$$

は，

$$f = \overline{\overline{x_1 \wedge x_2 \wedge \overline{x}_3} \wedge \overline{\overline{x}_3 \wedge \overline{x}_4} \wedge \overline{\overline{x}_2 \wedge x_3}}$$

と表現可能，すなわち，論理積と否定だけで表現可能である．なお，論理積と論
理和だけでは，論理変数自身の否定 $\overline{y}$ を表現できず，それゆえ，すべての論理関
数を表現することができない．

次節では，論理積形，あるいは論理和形と展開公式との関係を述べるとともに，
論理和や論理積以外の演算，例えば，排他的論理和 $\oplus$ を用いた表現についても紹
介する．また，5.4 節では，主性や非冗長性などに基づく簡潔な論理積形と論理和
形を議論する．

5.3.2 論理関数の展開公式と論理式表現

本項では，論理関数に対するいくつかの展開公式，および，それらを利用して
得られた論理式表現を紹介する．n 変数論理関数 $f(x) = f(x_1, x_2, \ldots, x_n)$ に対
して，

$$f(x_1, x_2, x_3, \ldots, x_n) = \overline{x}_1 f(0, x_2, x_3, \ldots, x_n) \vee x_1 f(1, x_2, x_3, \ldots, x_n) \quad (5.11)$$

を f の **Shannon（シャノン）展開**という．定義より，$f(x)$ の値は，$x_1 = 0$ のと
きは $f(0, x_2, x_3, \ldots, x_n)$ の値と等しく，$x_1 = 1$ のときは $f(1, x_2, x_3, \ldots, x_n)$ の値
と等しい．この単純な事実を記述したのが Shannon 展開である．なお，この展開
式の正当性は，x_1 に 0 と 1 をそれぞれ代入して，両辺を比較することで確かめら
れる．

ここで，変数 x_1 を固定することにより得られた論理関数 $f(0, x_2, x_3, \ldots, x_n)$ と
$f(1, x_2, x_3, \ldots, x_n)$ に対して，さらに Shannon 展開を適用し，

$$f(x_1, x_2, x_3, \ldots, x_n) = \overline{x}_1 \overline{x}_2 f(0, 0, x_3, \ldots, x_n) \vee \overline{x}_1 x_2 f(0, 1, x_3, \ldots, x_n)$$

$$\vee x_1 \overline{x}_2 f(1, 0, x_3, \ldots, x_n) \vee x_1 x_2 f(1, 1, x_3, \ldots, x_n)$$

を得る．このように Shannon 展開を繰り返し適用することで，f の論理和形

$$f(x_1, x_2, \ldots, x_n) = \bigvee_{\alpha \in \{0,1\}^n} \left(f(\alpha) \wedge \bigwedge_{i:\alpha_i=0} \overline{x}_i \wedge \bigwedge_{i:\alpha_i=1} x_i \right) \tag{5.12}$$

が得られる．ここで，$\alpha \in \{0,1\}^n$ に対して，$f(\alpha)$ は 0 あるいは 1 の定数であり，$\bigwedge_{i:\alpha_i=0} \overline{x}_i \wedge \bigwedge_{i:\alpha_i=1} x_i$ は最小項となる．この式中の $f(\alpha) = 0$ である項は不必要である．すなわち，$f(\alpha) = 1$ である項のみの論理和を考えることで，論理和標準形が得られる：

$$f(x_1, x_2, \ldots, x_n) = \bigvee_{\alpha \in \{0,1\}^n : f(\alpha)=1} \left(\bigwedge_{i:\alpha_i=0} \overline{x}_i \wedge \bigwedge_{i:\alpha_i=1} x_i \right). \tag{5.13}$$

また，Shannon 展開の論理積版は，

$$f(x_1, x_2, \ldots, x_n) = (x_1 \vee f(0, x_2, \ldots, x_n))(\overline{x}_1 \vee f(1, x_2, \ldots, x_n)) \tag{5.14}$$

となる．これは，例えば，$\overline{f}$ の Shannon 展開

$$\overline{f(x_1, x_2, \ldots, x_n)} = \overline{x}_1 \overline{f(0, x_2, \ldots, x_n)} \vee x_1 \overline{f(1, x_2, \ldots, x_n)} \tag{5.15}$$

の否定 $\overline{\overline{f}} (= f)$ に対して，De Morgan の法則と 2 重否定則を施すことで得られる．この論理積版の Shannon 展開を繰り返し適用し，$f(\alpha) = 0$ である節のみの論理積をとることで，論理積標準形

$$f(x_1, x_2, x_3, \ldots, x_n) = \bigwedge_{\alpha \in \{0,1\}^n : f(\alpha)=0} \left(\bigvee_{i:\alpha_i=1} \overline{x}_i \vee \bigvee_{i:\alpha_i=0} x_i \right) \tag{5.16}$$

を得る．

これまで論理和と論理積を用いた展開である Shannon 展開を紹介したが，(5.11) の Shannon 展開において分解されてできた 2 つの関数はそれぞれ $\overline{x}_1$ と x_1 の論理積により得られるので (5.11) の論理和 $\vee$ を排他的論理和 $\oplus$ に置き換えることができる：

$$f = \overline{x}_1 f_{x_1=0} \oplus x_1 f_{x_1=1}. \tag{5.17}$$

ただし，$f_{x_1=0}$ と $f_{x_1=1}$ はそれぞれ論理関数 f において $x_1 = 0$ あるいは 1 と固定することにより得られた $n-1$ 変数論理関数とする．この展開では，x_1 と $\overline{x}_1$

と正負両リテラルが現れる．下記の **Davio (ダビオ) 展開**では各変数の極性は一意になる：

$$f = f_{x_1=0} \oplus x_1(f_{x_1=0} \oplus f_{x_1=1}) \tag{5.18}$$

$$f = \overline{x}_1(f_{x_1=0} \oplus f_{x_1=1}) \oplus f_{x_1=1}. \tag{5.19}$$

(5.18) を**正 Davio 展開**，(5.19) を**負 Davio 展開**という．なお，この展開式の正当性は，x_1 に 0 と 1 をそれぞれ代入して，両辺を比較することで確かめることができる．上述のように正 Davio 展開においては，展開に用いる変数 x_1 は正リテラルでのみ現れる．一方，負 Davio 展開においては，変数 x_1 は負リテラルでのみ現れる．Shannon 展開と同様に，Davio 展開を繰り返し用いることで**環和標準形** (あるいは，**Reed–Muller (リード–マラー) 標準形**) が得られる：

$$f(x_1, x_2, x_3, \ldots, x_n) = \bigoplus_{D \subseteq \{1,2,\ldots,n\}} \left(\alpha_D \wedge \bigwedge_{i \in D} x_i \right) \tag{5.20}$$

$$\text{ただし，} \quad \alpha_D = \bigoplus_{\beta \in \{0,1\}^n : \beta_i = 0 \ (i \notin D)} f(\beta). \tag{5.21}$$

例えば，2 変数の論理関数 $f(x_1, x_2)$ に正 Davio 展開を用いると，

$$f(x_1, x_2) = f(0, x_2) \oplus x_1\big(f(0, x_2) \oplus f(1, x_2)\big) \tag{5.22}$$

を得る．右辺に現れる $f(0, x_2)$ と $f(1, x_2)$ に正 Davio 展開を施すと

$$f(0, x_2) = f(0,0) \oplus x_2\big(f(0,0) \oplus f(0,1)\big)$$

$$f(1, x_2) = f(1,0) \oplus x_2\big(f(1,0) \oplus f(1,1)\big)$$

となる．これらを (5.22) に代入し，分配則などを用いて整理すると，環和標準形を得る：

$$f(x_1, x_2) = f(0,0) \oplus \big(f(0,0) \oplus f(1,0)\big)x_1 \oplus \big(f(0,0) \oplus f(0,1)\big)x_2$$

$$\oplus \big(f(0,0) \oplus f(0,1) \oplus f(1,0) \oplus f(1,1)\big)x_1 x_2. \tag{5.23}$$

具体的な環和標準形の例として，真理値表 5.5 により定義された 3 変数論理関数を考えると，

$$f = x_1 \oplus x_1 x_3 \oplus x_2 x_3 \oplus x_1 x_2 x_3$$

となる.

上記では，正 Davio 展開だけを用いたが，負 Davio 展開だけを用いれば，負リテラルのみからなる論理式が得られる．これらを区別するために，正 Davio 展開だけを用いて得られた環和標準形を**正環和標準形**，負 Davio 展開だけを用いて得られた環和標準形を**負環和標準形**という.

なお，上記では Davio 展開により環和標準形を得たが，例えば，論理和標準形から

$$\overline{y} = 1 \oplus y, \quad y \vee z = y \oplus z \oplus yz$$

などを用いて整理することでも得られる.

この Davio 展開や環和標準形は，有限体 GF(2) 上の関数として論理関数を表現している．一方，論理関数を実数上の通常の演算を用いて

$$f(x_1, x_2, \ldots, x_n) = (1 - x_1)f(0, x_2, \ldots, x_n) + x_1 f(1, x_2, \ldots, x_n) \qquad (5.24)$$

と展開することが可能である．それゆえ，実数上の多項式として表現することができる:

$$f(x_1, x_2, \ldots, x_n) = \sum_{\alpha \in \{0,1\}^n : f(\alpha)=1} \Big(\prod_{i:\alpha_i=0} (1 - x_i) \prod_{i:\alpha_i=1} x_i \Big). \qquad (5.25)$$

例えば，真理値表 5.5 により定義された論理関数は

$$f = x_1 x_2 (1 - x_3) + x_1 (1 - x_2)(1 - x_3) + (1 - x_1) x_2 x_3$$
$$= x_1 - x_1 x_3 + x_2 x_3 - x_1 x_2 x_3$$

と表現される.

なお，論理関数の多項式表現では，各変数 y が 0 あるいは 1 しかとらないので，$y^2 = y$ となる．したがって，多重線形な多項式のみを考えればよい．実際 (5.25) は多重線形な[*3]多項式である．この多項式表現は，論理関数を実数体上に埋め込むことを意味し，離散的な論理関数を連続的に扱うことが可能となる．この埋め込みを利用した，論理関数のさまざまな近似解析法が提案されている.

[*3]　各変数に関して線形である多項式を多重線形な多項式という.

5.3.3 論理回路

本節では論理回路 (組合せ回路) による論理関数の表現について述べる.

まず, 簡単のため否定 (NOT), 論理和 (OR), 論理積 (AND) の 3 種類の論理ゲートを用いる論理回路を考えよう. n 個の変数 $x_1, x_2, \ldots, x_n$ をもつ論理関数に対する**論理回路**とは, 頂点にラベルをもつ有向グラフ $G = (V_i \cup \{v_o\} \cup V_g, E)$ で下記の条件を満たすものである. ここで, V_i は入力や定数を表す頂点の集合, v_o は出力を表す頂点, V_g は論理ゲートを表す頂点の集合である.

(i) 有向閉路をもたない.

(ii) V_i の各頂点の入次数は 0 である. また, V_i の各頂点は $x_1, x_2, \ldots, x_n$ あるいは定数 0, 1 という相異なるラベルをもつ.

(iii) 頂点 v_o の入次数は 1, 出次数は 0 である.

(iv) V_g の各頂点の出次数は 1 以上である. また, V_g の各頂点は NOT, OR, AND のいずれかのラベルをもち, ラベル NOT をもつ頂点の入次数は 1, ラベル OR あるいは AND をもつ頂点の入次数は 2 以上である.

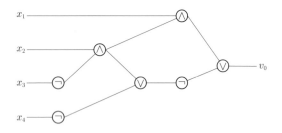

図 **5.2** 論理回路の例.

図 5.2 に論理回路の例を記す. 図において V_i の頂点は左側に, v_o を右側に, また, V_g の頂点を中央に示す. 各有向辺はすべて左から右に向うが, 図中では辺の向きを省略する. 図 5.2 の論理回路は, 論理関数

$$f = x_1(x_2\overline{x}_3) \vee \overline{(x_2\overline{x}_3 \vee \overline{x}_4)} \tag{5.26}$$

を表現する.

なお，論理回路の分野では，否定，論理和，論理積などの論理ゲートを図5.3のように描く．図5.4に，このような記号を用いた図5.2の論理回路を示す．また，論理回路においては，頂点を**ゲート**，辺を**リンク**という．また，頂点の入次数と出次数をそれぞれ**ファンイン**，**ファンアウト**とよぶ．

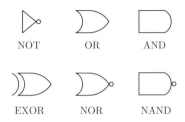

図 **5.3**　論理ゲート．

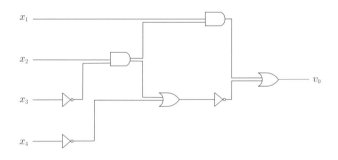

図 **5.4**　図5.2の論理回路の論理ゲートを用いた表現．

論理回路は，論理関数を計算する1つの計算モデルであり，**回路計算量**として，**サイズ**(有向グラフ G の頂点数)，**深さ**(G 中の最長の有向路長) が最も重要である．ここで，論理回路を並列計算モデルとみなすと，深さが計算時間に対応する．

この論理回路と論理式との違いは何であろうか．上記のように否定，論理積，論理和という3種類の論理演算に限定した論理回路と論理式を考えよう．ともに使う演算は同じで一見すると同じように思えるが，そうではない．論理回路においては，例えば，図5.2の $x_2\overline{x}_3$ を計算する AND ゲート g を考えると，ファンアウトが2であり，このゲートで計算された結果は2ヶ所で用いられる．一方，図5.2の論理回路と同値な (5.26) の論理式を見ると，$x_2\overline{x}_3$ が 2 回出現する．このよう

122   5 論 理 関 数

に論理式においては途中の計算結果を2度以上利用できず，その都度記述する必要がある．一方，論理回路においては，途中の計算結果を何度でも利用することが可能である．この違いにより，論理回路の方が論理式より小さな表現が可能であるといえる．

なお，論理回路を議論するとき，各ゲートのファンインやファンアウトを制限することが多い．これは実用的な設計上の制約を扱うため，あるいは，計算能力の差異を探るなど理論的な動機による．

上記では，否定 (NOT)，論理和 (OR)，論理積 (AND) の3種類のゲートを考えたが，それ以外に表 5.4 にある排他的論理和 (EXOR)，否定論理和 (NOR)，否定論理積 (NAND) などをゲートとして用いることもある．図 5.3 には，これらのゲートの記号も示している．

このように論理回路は論理関数を計算する．しかし，これは通常の一様計算とは違い，非一様な計算とよばれる．一様，非一様計算の厳密な定義は与えないが，論理関数を例にとり簡単に説明する．

非一様計算とは，変数の個数 n に依存する計算のことである．例えば，これまで「論理関数 f を論理回路 C が計算する」と述べたが，より正確には，あらかじめ決められた n に対して，「n 変数論理関数 f_n を論理回路 C_n が計算する」ということである．したがって，変数の個数が違う場合については何も論じていない．極端にいえば，f_n を計算する論理回路 C_n を知っていても，f_{n+1} や f_{2n} を計算する論理回路 C_{n+1} や C_{2n} をどのように設計すればよいか，まったくわからない．このように変数の個数 (すなわち，入力長) による計算を非一様計算という．一方，**一様計算**とは変数の個数に依存しない計算である．どんな n に対しても f_n を計算する回路 C_n を構成することを意味する．

もちろん，各 n に対して論理回路 C_n を事前に用意すればよいが，それらは無限個あり，不可能である．また，どんな n が入力長になるかあらかじめわからず，事前にそれだけを準備できない．なお，このような一様な計算 (論理回路ばかりでなく一般に) を通常の計算といい，その計算法をアルゴリズムという．

5.3.4　2 分 決 定 図

本項では，2分決定図，および，その特別な場合である2分決定木と2分決定リストを紹介する．これらは，人工知能や機械学習の分野で，事象の説明や知識

表現としてよく用いられる．また，2 分決定図は，論理関数の簡潔な表現法としても重要である．

2 分決定木 (あるいは，単に**決定木**) とは，頂点と辺にラベルをもつ有向 2 分木 $T = (V, E)$ で下記の条件を満たすものである．ただし，有向 2 分木とは，葉以外のすべての頂点が子を丁度 2 個もつ外向木である．

(i) 各葉は，0 あるいは 1 のラベルをもつ．

(ii) 葉以外の各頂点は変数 x_i のラベルをもつ．

(iii) 各辺は，それが右の子へ向かう辺であるときには 1，左の子へ向かう辺であるときは 0 のラベルをもつ．

なお，2 分有向木は平面に埋め込まれており，それゆえ，(iii) の右，左の子が定義可能である．図 5.5 に 2 分決定木の例を示す．以下では，この例を用いて，2 分決定木がどのような論理関数を記述するのか説明する．

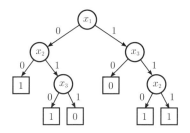

図 **5.5**　2 分決定木の例 (I)．

　根からスタートし，頂点のラベルである変数の 0, 1 に従って，順に子孫へと行き，辿りついた葉のラベルが関数値となる．例えば，図 5.5 の 2 分決定木が表現する論理関数 $f : \{0,1\}^3 \to \{0,1\}$ は，$f(1,0,0) = 0$ である．ベクトル $(1,0,0)$ に対して，根のラベル x_1 は 1 なので，右の子に行く．次に，そのラベル x_3 が 0 なので，左の子に行く．その頂点は葉であり，ラベルが 0 であるので，$f(1,0,0) = 0$ を得る．同様に，根から辿ることにより $f(0,1,0) = 1$ を得る．このように根からラベルが 1 である葉をすべて辿ることで，図 5.5 の 2 分決定木が論理関数

$$f = \overline{x}_1 \overline{x}_2 \vee \overline{x}_1 x_2 \overline{x}_3 \vee x_1 x_3 \overline{x}_2 \vee x_1 x_3 x_2$$

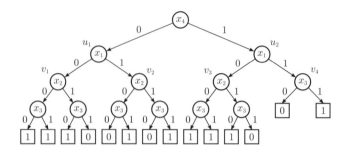

図 5.6　2 分決定木の例 (II).

を表現することがわかる．一般に 2 分決定木は図 5.5 や図 5.6 のように根からの有向路によって，現れる変数の集合あるいは，変数の順序が異なる．

図 5.7 の 2 分決定木は，根から葉へのどんな有向路においても頂点のラベルが x_1, x_2, x_3 と順に現れる．このような決定木は，5.3.2 節で定義した Shannon 展開に対応する．この事実から，任意の論理関数は決定木を用いて表現できる．

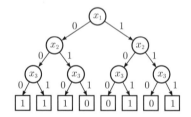

図 5.7　Shannon 展開に対応する 2 分決定木の例.

定理 5.1 任意の論理関数は 2 分決定木で表現可能である．

もちろん，論理関数の決定木による表現は唯一ではなく，論理関数は一般に複数個の決定木で表現できる．例えば，図 5.5 と図 5.7 の 2 つの決定木は同じ論理関数

$$f = \overline{x}_1\overline{x}_2 \vee \overline{x}_1 x_2 \overline{x}_3 \vee x_1 x_3$$

を表現する．

5.3 論理関数とその表現 125

したがって，応用によって，どのような決定木を用いるべきか議論されている．例えば，機械学習などの分野においては，知識の表現として決定木を用いる場合，「オッカムの剃刀」，すなわち，真実は簡潔に表現できるという仮説に基づいて，小さな (頂点数が少ない) 決定木が用いられることがある．

ここで決定木と論理和形，論理積形の関係を見てみよう．決定木中の根から葉までの各有向路は，項に対応する．例えば，図 5.7 の決定木における最も左側にある有向路は，$x_1 = x_2 = x_3 = 0$ であるので，項 $\overline{x}_1\overline{x}_2\overline{x}_3$ に対応する．したがって，論理関数 f を表現する決定木において，根からラベルが 1 である葉までの有向路からできる項の論理和をとることで，論理関数 f の論理和形を得る．同様に，根からラベルが 0 である葉までの有向路からできる項の論理和をとることで，論理関数 $\overline{f}$ の論理和形を得る．

定理 5.2 論理関数 f を表現する 2 分決定木は，f の論理和形と $\overline{f}$ の論理和形 (すなわち f の論理積形) を同時にもつ．

例えば，図 5.7 の 2 分決定木は，

$$f = \overline{x}_1\overline{x}_2\overline{x}_3 \vee \overline{x}_1\overline{x}_2 x_3 \vee \overline{x}_1 x_2\overline{x}_3 \vee x_1\overline{x}_2 x_3 \vee x_1 x_2 x_3$$

$$\overline{f} = \overline{x}_1 x_2 x_3 \vee x_1\overline{x}_2\overline{x}_3 \vee x_1 x_2\overline{x}_3$$

$$(f = (x_1 \vee \overline{x}_2 \vee \overline{x}_3)(\overline{x}_1 \vee x_2 \vee x_3)(\overline{x}_1 \vee \overline{x}_2 \vee x_3))$$

をもつ．

もちろん，根から順に項が形成されているので，2 分決定木が表現する f の論理和形と $\overline{f}$ の論理和形 (すなわち f の論理積形) は互いに独立ではない．したがって，任意の f の論理和形と $\overline{f}$ の論理和形から 2 分決定木が構成できるわけではない．また，定理 5.2 より，2 分決定木の大きさは表現する論理関数の論理和形と論理積形それぞれの大きさに関連する．

これまで 2 分決定木の葉でない各頂点はラベルとして変数をもつと仮定したが，この制限を緩和し，各頂点がラベルとして論理関数をもつとしよう．根から頂点 v のラベルである論理関数 g_v が満たされないか，満たされるかにより，左右に進み，葉に至ることで論理関数が定義できる．このように一般化した 2 分決定木のラベル g の候補としては，例えば，項や 5.10 節で定義する**閾 (しきい) 関数**

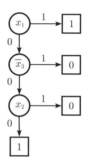

図 5.8　1-決定リストの例.

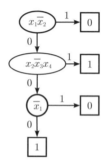

図 5.9　3-決定リストの例.

$$g(x) = \begin{cases} 1 & (\sum_{i=1}^{n} a_i x_i \geq t \text{ のとき}) \\ 0 & (\text{それ以外}) \end{cases}$$

などがある．ただし，$a_1, a_2, \ldots, a_n, t \in \mathbb{R}$ とする．

2分決定木 T において，葉以外の各頂点の少なくとも一方の子が常に葉となるとき，T を **2分決定リスト** (あるいは，単に**決定リスト**) とよぶ．決定リストを考える際は，葉でない各頂点はラベルとして変数だけでなく，項を考えることが多い．特に，長さ (含まれるリテラル数) が k 以下である項がラベルとして許されるとき，決定リストは k-**決定リスト**とよばれる．図 5.8 に 1-決定リスト，図 5.9 に 3-決定リストの例を示す．

決定リストは，if, then, elseif, else を用いた if-then-elseif-else 文

if $g_1 = 1$ then b_1 を出力する

elseif $g_2 = 1$ then b_2 を出力する

...

elseif $g_{r-1} = 1$ then b_{r-1} を出力する

else b_r を出力する

を記述している (図 5.10 参照). ここで, $b_i \in \{0,1\}$ $(i = 1, 2, \ldots, r)$, また, g_i $(i = 1, 2, \ldots, r-1)$ は論理関数である. さきほど述べたように, すべての g_i が長さ k 以下の項であるとき, k-決定リストとよばれる. なお, if-then-elseif-else 文の代わりに, 決定リストを

$$(g_1, b_1), (g_2, b_2), \ldots, (g_{r-1}, b_{r-1}), (g_r (= \top), b_r)$$

と記述することもある. ただし, $\top$ は恒真を表す関数である.

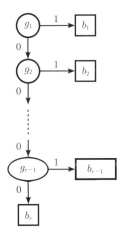

図 **5.10** 一般化された決定リスト.

決定リストの記述能力に関しては, 決定木の場合とは違い, k-決定リストのようにラベルである論理関数に制限があるとき, すべての論理関数を表現することはできない. すなわち, 決定リストにより表現できない論理関数が存在する. もちろん, ラベルとして一般の論理関数が許されるのならば, どんな論理関数 f も

図 5.11 一般の論理関数 f を用いた決定リスト.

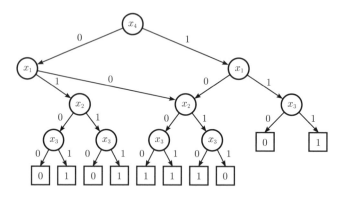

図 5.12 図 5.6 の決定木と等価な 2 分決定図.

表現可能である．例えば，図 5.11 のように根のラベルを f とすればよい．5.11 節では，1-決定リストの記述能力について議論する．

本節の最後に，2 分決定木の一般形である 2 分決定図を紹介する．

まず，図 5.6 の決定木 T を再度見てほしい．決定木 T 中の頂点 v に対して，$T(v)$ を v の子孫 (v 自身を含む) からなる部分決定木を $T(v)$ とする．このとき，$T(v_1)$ と $T(v_3)$ は同じ決定木である．より正確には，頂点や辺自体の名前は違うがラベルや構造が同じであり，同じ論理関数を表現する．このように同じ論理関数を表現する部分決定木を 2 個以上もつことは冗長で無駄であると思われる．したがって，例えば，図 5.12 のように $T(v_1)$ を取り除き，辺 (u_1, v_1) を (u_1, v_3) に置き換えることによってできる有向グラフを考えることが自然である．このように決定木中の同一の部分決定木をまとめることでできるラベル付き有向グラフを **2 分決定図**，あるいは単に **決定図** とよぶ．定義より，2 分決定図には，有向閉路はなく，2 分決定木と同様に葉以外の頂点の出次数は丁度 2 である．ただし，決定木の場合，左右の子を区別したが，決定図の場合は部分木を共有するので，左右という

概念はなくなることに注意されたい．入次数に関しては，2 分決定木と違い，根以外の頂点の入次数は 1 より大きくなり得る．

決定図においては，構造は異なるが，同じ論理関数を表現する部分グラフを同一視することも可能である．例えば，図 5.12 の決定図から図 5.13 の決定図が得られる．また，ラベル 0 である葉，あるいはラベル 1 である葉もそれぞれまとめることができる．図 5.13 の決定図にこれらの簡略化をさらに施すことで，図 5.14 の決定図を得る．このように圧縮することにより得られる決定図は，論理関数の簡潔なデータ構造として重要である．

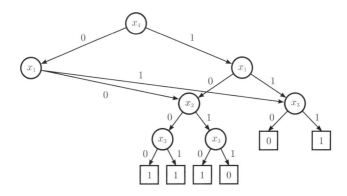

図 **5.13** 図 5.12 の決定図の簡略化．

5.4 簡潔な論理和形と論理積形

本節では論理和形および論理積形の簡潔な表現を考える．簡潔さを定義するために，まず論理式の長さを定義する．

項 t と節 c を以下のように定義する．

$$t = \bigwedge_{i \in P(t)} x_i \wedge \bigwedge_{i \in N(t)} \overline{x}_i, \quad c = \bigvee_{i \in P(c)} x_i \vee \bigvee_{i \in N(c)} \overline{x}_i. \tag{5.27}$$

ただし，$P(t)$ と $N(t)$ はそれぞれ項 t に現れる正リテラル，負リテラルの添え字(インデックス)集合であり，$P(t) \cap N(t) = \emptyset$ を満たす．同様に，$P(c)$ と $N(c)$ はそれぞれ節 c に現れる正リテラル，負リテラルの添え字集合であり，$P(c) \cap N(c) = \emptyset$

130   5 論理関数

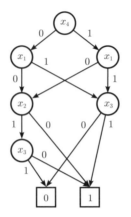

図 5.14 図 5.13 の 2 分決定図の更なる簡略化.

を満たす．項 t や節 c の**長さ** $|t|$, $|c|$ をそれらに現れるリテラル数

$$|t| = |P(t)| + |N(t)|, \quad |c| = |P(c)| + |N(c)|$$

と定義する．ここで，項や節を最初に定義した際にはっきり述べなかったが，長さ 0 の項は恒真 (常に 1)，長さ 0 の節は恒偽 (常に 0) であることに注意されたい．項はそこに現れるすべてのリテラルが満たされるとき 1 をとる．したがって，長さが 0 である項はリテラルをもたないので，自動的に 1 となる．節はそこに現れるリテラルのいずれかが満たされるとき 1 をとるので，長さが 0 である節は自動的に 0 となる．

論理和形 φ と論理積形 ψ

$$\varphi = \bigvee_{t \in \mathcal{T}} t, \quad \psi = \bigwedge_{c \in \mathcal{C}} c \tag{5.28}$$

に対する**長さ**を

$$|\varphi| = \sum_{t \in \mathcal{T}} |t|, \quad |\psi| = \sum_{c \in \mathcal{C}} |c|$$

と定義する．なお，本来の論理式の長さとは，そこに現れる変数および記号 (演算など) の数であり，例えば，$t = x_1 \bar{x}_3 x_4$ においては，変数が x_1, x_3, x_4 と 3 個，また，演算が否定 1 個，論理積 2 個の計 6 個と考えるのが自然であるが，項，節，論理和形，論理積形では上記の定義の高々 3 倍であるので，論理式に現れる変数

の (重複を許した) 総数と定義する. また, 一般の (本質的な) 論理式においても長さを式に現れる変数の (重複を許した) 総数と定義する[*4].

次に論理和形と論理積形の主性を定義する. 2 つの論理関数 f と g が, 任意の 0-1 ベクトル x に対して $f(x) \leq g(x)$ を満たすとき, $f \leq g$ と記す. ただし, $0 < 1$ とする. また, $f \leq g$, かつ, $f \neq g$ のとき, $f < g$ と記す. これらの不等号 $\leq$, $<$, $=$ は論理式どうし, あるいは, 論理式と論理関数においても同様に用いるものとする. 例えば, 論理式 φ と ψ に対して $\varphi \leq \psi$ であるとは, それらが表現する論理関数 f_φ と f_ψ において $f_\varphi \leq f_\psi$ を満たすことを意味する. 論理関数 f に対して, 項 t が $t \leq f$ を満たすとき, t を f の**内項**とよぶ. 定義から, f の論理和形に現れる任意の項は, f の内項である. f の内項 t のどんな真部分項 (t から 1 個以上のリテラルを除いて得られた項) も内項にならないとき, t を f の**主項**という. 例えば, $x_1 x_2 \overline{x}_3$, $x_1 \overline{x}_2 x_3$, $\overline{x}_1 x_2 x_3$, $x_1 x_3$ は, 表 5.5 の論理関数 f の内項であり, そのうち $\overline{x}_1 x_2 x_3$, $x_1 x_3$ は主項である.

ここで, 幾何学的に内項, 主項を説明しよう. (5.27) の項 t (が表す論理関数) の真ベクトル集合 $T(t)$ は, n 次元の超立方体 $\{0,1\}^n$ 中で, $P(t)$ に対応する変数 x_i を 1 に, $N(t)$ に対応する変数 x_i を 0 に固定することにより得られる $n - |t|$ 次元超立方体とみなすことができる. 論理関数 f の内項 t は, f の真ベクトル集合に含まれる超立方体 $T(t)$ であり, 主項は, f の真ベクトル集合に含まれる極大な超立方体である. 主項 t は, 制限する変数集合 (に対応する添え字集合) $P(t) \cup N(t)$ が極小である, それゆえ, 真ベクトル集合としては極大な超立方体となる.

例えば, 表 5.5 の論理関数 f を考えよう. 図 5.1 の Hasse 図において項 $\overline{x}_1 x_2 x_3$ は $T(f)$ 中の 1 点 (0 次元の超立方体) (011) であり, それを真に含むどの超立方体 $T(x_2 x_3) = \{(011),(111)\}$, $T(\overline{x}_1 x_3) = \{(001),(011)\}$, $T(\overline{x}_1 x_2) = \{(010),(011)\}$ も $T(f)$ に含まれないので主項となる. また, $x_1 x_3$ も主項である. なぜならば, $T(x_1 \overline{x}_3) = \{(100),(110)\}$ は $T(f)$ の部分集合であり, それを真に含む 2 つの超立方体 $T(x_1)$, $T(\overline{x}_3)$ は $T(f)$ に含まれないからである. このような主項のみからなる論理和形を**主論理和形**という. さらに, すべての主項からなる論理和形を**完全主論理和形**とよぶ. 幾何学的には, 主論理和形は, 極大な超立方体の和集合としての論理関数の記述であり, 完全主論理和形は, すべての極大な超立方体の和集

[*4] 1 項演算子である否定を何度も用いた論理式, 例えば $\overline{\overline{y}}$ などを考えると本来の長さは変数の総数に比例しない. しかし, 本質的には, y に何度か否定を施して得られた式は y あるいは $\overline{y}$ と同値であるので, その意味では比例すると仮定してよい.

合としての論理関数の記述である．これまでの幾何学的な説明により，下記の定理が簡単にわかる．

定理 5.3 任意の論理関数は主論理和形で表現可能である．特に，完全主論理和形を必ずもつ．

表 5.5 の論理関数 f に対して，(5.7) は主論理和形ではなく，(5.8) は完全主論理和形である．また，(5.8) 以外の主論理和形は存在しない．表 5.5 の論理関数 f の主論理和形は一意であるが，一般には複数個の主論理和形が存在する．

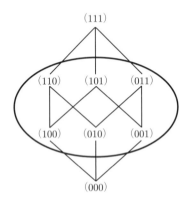

図 **5.15** 例 5.1 で議論される論理関数 f の Hasse 図．

例 5.1 表 5.6 にある真理値表で表現される 3 変数論理関数 f を考える．この論理関数 f の Hasse 図を図 5.15 に記す．このとき，f の内項の集合は

$$\mathcal{T} = \{x_1 x_2 \overline{x}_3, x_1 \overline{x}_2 x_3, x_1 \overline{x}_2 \overline{x}_3, \overline{x}_1 x_2 x_3, \overline{x}_1 x_2 \overline{x}_3, \overline{x}_1 \overline{x}_2 x_3,$$
$$x_1 \overline{x}_2, \overline{x}_1 x_2, x_1 \overline{x}_3, \overline{x}_1 x_3, x_2 \overline{x}_3, \overline{x}_2 x_3\}$$

であり，主項の集合は

$$\mathcal{T}^* = \{x_1 \overline{x}_2, \overline{x}_1 x_2, x_1 \overline{x}_3, \overline{x}_1 x_3, x_2 \overline{x}_3, \overline{x}_2 x_3\}$$

となる．このとき，以下の 3 つの論理和形

$$\varphi_1 = x_1 \overline{x}_2 \vee \overline{x}_1 x_2 \vee x_1 \overline{x}_3 \vee \overline{x}_1 x_3 \vee x_2 \overline{x}_3 \vee \overline{x}_2 x_3 \tag{5.29}$$

5.4 簡潔な論理和形と論理積形　　　133

表 **5.6**　論理関数の真理値表.

x_1	x_2	x_3	f
1	1	1	0
1	1	0	1
1	0	1	1
1	0	0	1
0	1	1	1
0	1	0	1
0	0	1	1
0	0	0	0

$$\varphi_2 = x_1\overline{x}_2 \vee \overline{x}_1 x_2 \vee x_2'\overline{x}_3 \vee \overline{x}_2 x_3 \tag{5.30}$$

$$\varphi_3 = x_1\overline{x}_2 \vee \overline{x}_1 x_3 \vee x_2\overline{x}_3 \tag{5.31}$$

は f の主項のみからなる論理和形であり，すべて f を表現する．すなわち，φ_i $(i=1,2,3)$ はすべて f の主論理和形である．特に，φ_1 は f の完全主論理和形である．このように主論理和表現は一意でない．　　　　　　　　　　　　　　　◁

また，以下の例では，主論理和表現が場合によっては二重指数通り (非常に多数) あり得ることを示す．ただし，その証明は 5.5 節の議論に基づく．

例 5.2　$x_1, x_2, \ldots, x_n, y_1, y_2, \ldots, y_n$ という $2n$ 個の変数もち，以下の論理和形 φ で表現される論理関数 f を考えよう．

$$\varphi = \bigvee_{i=1}^{n} (x_i\overline{y}_i \vee \overline{x}_i y_i) \vee \bigwedge_{i=1}^{n} x_i \tag{5.32}$$

後述の例 5.4 において示すが，論理関数 f の主項は以下の 3 種類となる：

1. $x_i\overline{y}_i$　$(i=1,2,\ldots,n)$.

2. $\overline{x}_i y_i$　$(i=1,2,\ldots,n)$.

3. $\bigwedge_{i=1}^{n} z_i$　$(z_i \in \{x_i, y_i\}, i=1,2,\ldots,n)$.

134   5 論 理 関 数

ここで, 1. 2. の項はすべて元の論理和形 (5.32) に含まれる. 一方, 3. には, 2^n 個の項が存在し, そのうち $\bigwedge_{i=1}^{n} x_i$ だけが (5.32) に含まれる. したがって, 式 (5.32) の φ は主論理和形である. ここで,

$$\mathcal{T} = \{\bigwedge_{i=1}^{n} z_i \mid z_i \in \{x_i, y_i\},\ i = 1, 2, \ldots, n\} \tag{5.33}$$

とし, 部分集合 $\mathcal{S} \subseteq \mathcal{T}$ に対して,

$$\varphi_{\mathcal{S}} = \bigvee_{i=1}^{n} (x_i \overline{y}_i \vee \overline{x}_i y_i) \vee \bigvee_{t \in \mathcal{S}} t \tag{5.34}$$

と定義すると, 任意の空でない $\mathcal{S}$ に対する論理和形 $\varphi_{\mathcal{S}}$ は f を表現する主論理和形となる. また f を表現する任意の主論理和形は非空な $\mathcal{S} \subseteq \mathcal{T}$ を用いて (5.34) と表される (後述の例 5.4 を参照されたい). 特に,

$$\varphi_{\mathcal{T}} = \bigvee_{i=1}^{n} (x_i \overline{y}_i \vee \overline{x}_i y_i) \vee \bigvee_{t \in \mathcal{T}} t \tag{5.35}$$

が f の完全主論理和形である.

ここで, $|\mathcal{T}| = 2^n$ であり, $\mathcal{T}$ の空でない部分集合は $2^{2^n} - 1$ 個存在する. したがって, f は $2^{2^n} - 1$ 通りの主論理和表現をもつ.   ◁

上述のように主項 $t = \bigwedge_{i \in P(t)} x_i \wedge \bigwedge_{i \in N(t)} \overline{x}_i$ とは制限する変数の集合 (に対応する添え字集合) $P(t) \cup N(t)$ が極小であるので, 一般の内項より長さ $|t|$ は短い. したがって, 最短な論理和形はすべて主論理和形であり, 最短性を考慮する場合, 主論理和形に限定してよい.

実際, どんな論理和形 $\varphi = \bigvee_{t \in \mathcal{T}} t$ に対しても, 各項 t から内項という性質を保ちつつ, できるだけ多くのリテラルを除去することにより, 主項 t^* を求めることができる. この主項は, $t \le t^* \le f$ を満たすので, t を t^* に置き換えることにより f の主論理和形 $\varphi^* = \bigvee_{t \in \mathcal{T}} t^*$ を構成できる.

このように論理式の長さを考慮する場合, 主論理和形のみを考えればよいのであるが, どんな主論理和形でも良いかといえばそうではない. これまで主項, すなわち, 項の中のリテラルの冗長性を議論してきたが, 項自体の冗長性を議論する必要がある.

論理和形 $\varphi = \bigvee_{t \in \mathcal{T}} t$ 内のある項 $t^* \in \mathcal{T}$ を取り除いても同じ論理関数を表現するとき, すなわち, $\varphi = \bigvee_{t \in \mathcal{T} - \{t^*\}} t$ であるような $t^* \in \mathcal{T}$ が存在するとき, φ を

冗長な論理和形とよぶ．また，そのような t^* をもたない論理和形を**非冗長な論理和形**という．例えば，表 5.5 の論理関数 f において，(5.7) や (5.8) はともに非冗長な論理和形である．一方，

$$\varphi = x_1 x_2 \overline{x}_3 \vee x_1 \overline{x}_2 \overline{x}_3 \vee x_1 \overline{x}_3 \vee \overline{x}_1 x_2 x_3$$

は同じ論理関数 f を表現するが，冗長な論理和形である．ただ，この φ は主項以外の内項 $x_1 x_2 \overline{x}_3$ と $x_1 \overline{x}_2 \overline{x}_3$ をもつので，主項だけからなる主論理和形ではない．例 5.1 にある論理関数 f においては，式 (5.29) の φ_1 は冗長な主論理和形，式 (5.30) の φ_2 と式 (5.31) の φ_3 は非冗長な主論理和形であることが確認できる．したがって，主論理和形という条件だけでは冗長性はわからず，また非冗長な主論理和形は一般に複数個存在する．定義から明らかに最短な論理和形は非冗長な主論理和形であるので，簡潔な表現を考えるとき，非冗長主論理和形に限定してよい．しかし，例 5.1 の論理関数 f のように非冗長主論理和形は一意ではなく，しかも例 5.2 の論理関数 f のように指数通り (非常に多数) の可能性をもつ．

例 5.2 の論理関数 f を考えよう．この f のどんな主論理和形も非空な $\mathcal{S} \subseteq \mathcal{T}$ を用いて (5.34) の $\varphi_{\mathcal{S}}$ と表されるので，$|\mathcal{S}| = 1$ であるとき非冗長主論理和形となる．したがって，f は 2^n 個の非冗長主論理和形をもつ．

次に，論理関数の論理積形を考えよう．論理積形と論理和形は双対な関係にあるため，論理和形と同様な性質をもつ．

論理関数 f に対して，節 c が $c \geq f$ を満たすとき，c を f の**外節**とよぶ．定義から，f の論理積形に現れる任意の節は，f の外節である．f の外節 c のどんな真部分節 (c から 1 個以上のリテラルを除いて得られた節) も f の外節にならないとき，c を f の**主節**という．すなわち，(5.27) の $P(c) \cup N(c)$ が極小な外節を f の主節という．例えば，$\overline{x}_1 \vee \overline{x}_3$，$x_1 \vee x_2$ は，表 5.5 の論理関数 f の主節である．主節のみからなる論理積形を**主論理積形**，すべての主節からなる論理積形を**完全主論理積形**という．論理積形 $\psi = \bigwedge_{c \in \mathcal{C}} c$ 中のある節 $c^* \in \mathcal{C}$ を取り除いても同じ論理関数を表現するとき，すなわち，$\psi = \bigvee_{c \in \mathcal{C} - \{c^*\}} c$ であるような $c^* \in \mathcal{C}$ が存在するとき，ψ を**冗長な論理積形**とよぶ．また，そのような $c^* \in \mathcal{C}$ をもたない論理積形を**非冗長な論理積形**という．

5.3.1 項で論理積標準形を得たとき，f の論理積形と $\overline{f}$ の論理和形の対応を利用したが，以下では，それをより正確に述べる．

論理積形

$$\psi = \bigwedge_{c \in \mathcal{C}} c, \quad c = \bigvee_{i \in P(c)} x_i \vee \bigvee_{i \in N(c)} \overline{x}_i \tag{5.36}$$

が f を記述するとき，f の否定は $\overline{\psi}$ で表される．この $\overline{\psi}$ に De Morgan の法則と 2 重否定則を用いることにより，$\overline{f}$ が論理和形 ρ で表現されていることに気づく：

$$\rho = \bigvee_{c \in \mathcal{C}} t_c, \quad t_c = \bigwedge_{i \in N(c)} x_i \wedge \bigwedge_{i \in P(c)} \overline{x}_i. \tag{5.37}$$

この逆に，論理関数 f の論理和形

$$\varphi = \bigvee_{t \in \mathcal{T}} t, \quad t = \bigwedge_{i \in P(t)} x_i \wedge \bigwedge_{i \in N(t)} \overline{x}_i \tag{5.38}$$

が与えられたとき，f の否定は $\overline{\varphi}$ で表され，De Morgan の法則と 2 重否定則により，$\overline{f}$ が論理積形

$$\eta = \bigwedge_{t \in \mathcal{T}} c_t, \quad c_t = \bigvee_{i \in N(t)} x_i \vee \bigvee_{i \in P(t)} \overline{x}_i \tag{5.39}$$

で表現される．ここで (5.36) と (5.37) の関係において f の外節と $\overline{f}$ の内項，また，(5.38) と (5.39) の関係において f の内項と $\overline{f}$ の外節はそれぞれ 1 対 1 に対応している．また，それらの関係において主性や非冗長性の概念は保存される．

定理 5.4 (i) 論理関数 f と節 $c = \bigvee_{i \in P(c)} x_i \vee \bigvee_{i \in N(c)} \overline{x}_i$ に対して，$t_c = \bigwedge_{i \in N(c)} x_i \wedge \bigwedge_{i \in P(c)} \overline{x}_i$ が $\overline{f}$ の内項であることは，c が f の外節であるための必要十分条件である．

(ii) 論理関数 f と項 $t = \bigwedge_{i \in P(t)} x_i \wedge \bigwedge_{i \in N(t)} \overline{x}_i$ に対して，$c_t = \bigvee_{i \in N(t)} x_i \vee \bigvee_{i \in P(t)} \overline{x}_i$ が $\overline{f}$ の外節であることは，t が f の内項であるための必要十分条件である．

これらの関係から以下の定理が成立する．

定理 5.5 (i) 論理関数 f の論理積形は $\overline{f}$ の論理和形と 1 対 1 に対応する．また，f の主 (あるいは，非冗長) 論理積形は $\overline{f}$ の主 (あるいは，非冗長) 論理和形と対応する．

(ii) 論理関数 f の論理和形は $\overline{f}$ の論理積形と 1 対 1 に対応する．また，f の主 (あるいは，非冗長) 論理和形は $\overline{f}$ の主 (あるいは，非冗長) 論理積形と対応する．

定理 5.3 と定理 5.5 から以下の定理も得られる.

定理 5.6 任意の論理関数は主論理積形で表現可能である.特に,完全主論理積形を必ずもつ.

5.5 主項と主節の計算法

本節では主項や主節,あるいは,主論理和形や主論理積形をいかに求めるかを考える.入力として,1) 真理値表,2) 論理和形,3) 論理積形が与えられる 3 つの場合を議論する.特に,論理和形から主項を求める合意手続きと論理積形から主節を求める導出手続きを中心に述べる.

まず,真理値表が与えられたら,5.4 節の議論により真ベクトル集合に含まれる極大超立方体,あるいは,偽ベクトル集合に含まれる極大超立方体を求めることにより,主項および主節を簡単に求めることができる.この考え方に基づき,効率的に主論理和形や主論理積形を求めることができる.ただ,例 5.2 にあるように,主論理和形や主論理積形は真理値表のサイズ $O(n2^n)$ に対して指数通りあり得るので,最短な論理和形や論理積形を求めることは簡単ではない.なお,非冗長な主論理和形,あるいは,非冗長な主論理積形のサイズは真理値表のサイズ以下である.例えば,非冗長な主論理和形 $\varphi = \bigvee_{t \in \mathcal{T}} t$ のどの項 t もそれのみで真となるベクトル $v^{(t)}$ をもつ.すなわち,非冗長性より,$t(v^{(t)}) = 1$ かつ t 以外のどんな項 $t' \in \mathcal{T}$ に対しても $t'(v^{(t)}) = 0$ である $v^{(t)}$ が存在する.したがって,非冗長な主論理和形の項数は真ベクトルの数以下である.同様に,非冗長な主論理積形の節数は偽ベクトルの数以下である.

では,論理和形が与えられたとき,主項や主論理和形をどのように求めればいいのであろうか? 5.4 節で述べたように,以下のアルゴリズムを用いることで主論理和形を求めることができる.

アルゴリズム 主論理和形計算
入力:論理関数 f の論理和形 $\varphi = \bigvee_{t \in \mathcal{T}} t$.
出力: f の主論理和形 φ^*.
ステップ 1. 各項 $t\, (= \bigwedge_{i \in P(t)} x_i \wedge \bigwedge_{i \in N(t)} \overline{x}_i) \in \mathcal{T}$ に対して以下の操作を行う:
$$P := P(t), \quad N := N(t).$$
各 $k \in P$ に対して

もし $\bigwedge_{i\in P\setminus\{k\}} x_i \wedge \bigwedge_{i\in N} \overline{x}_i \le \varphi$ ならば, $P := P\setminus\{k\}$ とする.
各 $k \in N$ に対して
もし $\bigwedge_{i\in P} x_i \wedge \bigwedge_{i\in N\setminus\{k\}} \overline{x}_i \le \varphi$ ならば, $N := N\setminus\{k\}$ とする.
$t^* := \bigwedge_{i\in P} x_i \wedge \bigwedge_{i\in N} \overline{x}_i$ とする.

ステップ 2. $\varphi^* = \bigvee_{t\in\mathcal{T}} t^*$ を出力する. ∎

すなわち, φ 中の各項 t から, 内項という性質を保ちつつできるだけ多くのリテラルを除去することにより, 主項 t^* が得る. ただし, アルゴリズムにおいて, 除くべきリテラルを 1 つずつ逐次的に除去し, 同時に除去しないことに注意されたい. その後, 各項 t を得られた主項 t^* で置き換えることで f の主論理和形 $\varphi^* = \bigvee_{t\in\mathcal{T}} t^*$ を得る. 例えば, (5.7) にこの方法を適用すると主論理和形 (5.8) を得る.

ただ, このアルゴリズムは計算量的に簡単ではない. φ の項 t から 1 つリテラルを取り除いてできる項 t' が $t' \le \varphi$ を満たすかどうかを判定する問題は **coNP 完全**とよばれる計算量クラスに属し, 効率的に解くことができないとされている. また, 一般に各項からどの順番でリテラルを除くかによって得られる主論理和形は異なるため, このアルゴリズムは必ずしも最短な論理和形を出力しない. 例えば,

$$f = x_1\overline{x}_2 \vee \overline{x}_1 x_2 \vee x_2\overline{x}_3 \vee \overline{x}_2 x_3 \tag{5.40}$$

$$= x_1\overline{x}_2 \vee x_2\overline{x}_3 \vee x_3\overline{x}_1 \tag{5.41}$$

はともに主論理和形であり, 同じ論理関数を表現する. (5.41) は, (5.40) より短く簡潔な表現といえる (実際, (5.41) が最短な論理和形である). ここで, (5.40) に上記のアルゴリズムを適用してみよう. (5.40) は主論理和形なので何も変化せず, 上記のアルゴリズムが最短な論理和形を求めないことがわかる. さらに, このアルゴリズムの欠点は, もともと論理和形 φ にある項を短くするため, 主項の 1 部しか求められないことである. 以下に示す**合意手続き**はすべての主項を求める.

2 つの項

$$t_1 = \bigwedge_{i\in P(t_1)} x_i \wedge \bigwedge_{i\in N(t_1)} \overline{x}_i, \quad t_2 = \bigwedge_{i\in P(t_2)} x_i \wedge \bigwedge_{i\in N(t_2)} \overline{x}_i \tag{5.42}$$

が

$$\big(P(t_1)\cap N(t_2)\big) \cup \big(N(t_1)\cap P(t_2)\big) = \{j\} \tag{5.43}$$

を満たす j をもつとき，t_1 と t_2 の**合意項** $\mathrm{cons}(t_1, t_2)$ を

$$\mathrm{cons}(t_1, t_2) = \bigwedge_{i \in (P(t_1) \cup P(t_2)) \setminus \{j\}} x_i \wedge \bigwedge_{i \in (N(t_1) \cup N(t_2)) \setminus \{j\}} \overline{x}_i \tag{5.44}$$

と定義する．ここで，項 t_1 と t_2 に対して $j \in \big(P(t_1) \cap N(t_2)\big) \cup \big(N(t_1) \cap P(t_2)\big)$ である x_j を項 t_1 と t_2 の**矛盾変数**とよぶ．条件 (5.43) は，項 t_1 と t_2 が丁度 1 つ矛盾変数をもつことを意味する．例えば，$t_1 = x_1 x_2 x_3 \overline{x}_4 \overline{x}_5$，$t_2 = x_1 \overline{x}_3 \overline{x}_4 x_6 \overline{x}_7$，$t_3 = \overline{x}_3 x_4 \overline{x}_5$ とすると，t_1 と t_2 の矛盾変数は x_3 のみであり，$\mathrm{cons}(t_1, t_2) = x_1 x_2 \overline{x}_4 \overline{x}_5 x_6 \overline{x}_7$，$t_2$ と t_3 の矛盾変数は x_4 のみであり，$\mathrm{cons}(t_2, t_3) = x_1 \overline{x}_3 \overline{x}_5 x_6 \overline{x}_7$ となる．また，項 t_1 と t_3 は矛盾変数を 2 個もつのでそれらの合意項は存在しない．

補題 5.1 項 t_1 と項 t_2 が (5.43) を満たすとき，その合意項は以下の不等式を満たす：

$$\mathrm{cons}(t_1, t_2) \leq t_1 \vee t_2. \tag{5.45}$$

(証明) 一般性を失うことなく，項 t_1 がリテラル x_j をもち，項 t_2 がリテラル $\overline{x}_j$ をもつと仮定する．このとき，項 $\mathrm{cons}(t_1, t_2) \wedge x_j$ は t_1 に含まれるすべてのリテラルを含むので，$\mathrm{cons}(t_1, t_2) \wedge x_j \leq t_1$ を満たす．同様に，項 $\mathrm{cons}(t_1, t_2) \wedge \overline{x}_j$ は t_2 に含まれるすべてのリテラルを含むので，$\mathrm{cons}(t_1, t_2) \wedge \overline{x}_j \leq t_2$ を満たす．したがって，

$$\mathrm{cons}(t_1, t_2) = \big(\mathrm{cons}(t_1, t_2) \wedge x_j\big) \vee \big(\mathrm{cons}(t_1, t_2) \wedge \overline{x}_j\big) \leq t_1 \vee t_2$$

を得る．　■

この補題により，t_1 と t_2 がある論理関数 f の内項であるとき，$\mathrm{cons}(t_1, t_2)$ も内項となる．また，$\mathrm{cons}(t_1, t_2) \not\geq t_1, t_2$ であるので，アルゴリズム「主論理和形計算」とは違い，入力として与えられた項 t を包含する (すなわち，$t^* \geq t$ である) 項 t^* 以外の内項を構成できる．実際，合意操作を何度も施すことによりすべての主項が求められる．

アルゴリズム　合意手続き
入力：論理関数 f の論理和形 $\varphi = \bigvee_{t \in \mathcal{T}} t$.
出力： f のすべての主項.
ステップ 0. $\mathcal{U} := \emptyset$，$\mathcal{V} := \mathcal{T}$ とする.

140   5 論 理 関 数

ステップ1. $\mathcal{V} \neq \mathcal{U}$ である限り以下の操作を繰り返す：

$\mathcal{U} := \mathcal{V}.$

(合意) 任意の2項 $t_1, t_2 \in \mathcal{U}$ に対して, $\mathcal{V} := \mathcal{V} \cup \{\text{cons}(t_1, t_2)\}$.

(簡単化) 各項 $t \in \mathcal{V}$ に対して,

もし $t' > t$ である $t' \in \mathcal{V}$ が存在するならば, $\mathcal{V} := \mathcal{V} \setminus \{t\}$.

ステップ2. $\mathcal{U}$ を出力する. ∎

上記の合意手続きのステップ1 (合意) では, t_1 と t_2 が矛盾変数を丁度1つもたない場合は, $\mathcal{V}$ は更新されないものとする. (簡単化) では, その時点で, 関数 f の主項ではないと判断できる項を取り除く. 以上をまとめると, このアルゴリズムでは手元にある項集合 $\mathcal{U}$ に対して, f の主項にならないものを除去しながら, 新しい項が生成できなくなるまで合意操作を繰り返す.

以下では, 2つの例に合意手続きを適用する.

例 5.3 論理和形

$$\varphi = x_1\overline{x}_2 \vee x_2\overline{x}_3 \vee \overline{x}_1 x_2 x_3 \vee \overline{x}_1 \overline{x}_2 x_3$$

に合意手続きを適用してみよう. ステップ1の第1反復前は,

$$\mathcal{U} = \emptyset$$

$$\mathcal{V} = \{x_1\overline{x}_2, x_2\overline{x}_3, \overline{x}_1 x_2 x_3, \overline{x}_1 \overline{x}_2 x_3\},$$

ステップ1の第1反復後は,

$$\mathcal{U} = \{x_1\overline{x}_2, x_2\overline{x}_3, \overline{x}_1 x_2 x_3, \overline{x}_1 \overline{x}_2 x_3\}$$

$$\mathcal{V} = \{x_1\overline{x}_2, x_2\overline{x}_3, x_1\overline{x}_3, \overline{x}_2 x_3, \overline{x}_1 x_2, \overline{x}_1 x_3\},$$

ステップ1の第2反復後は,

$$\mathcal{U} = \mathcal{V} = \{x_1\overline{x}_2, x_2\overline{x}_3, x_1\overline{x}_3, \overline{x}_2 x_3, \overline{x}_1 x_2, \overline{x}_1 x_3\}$$

となり, アルゴリズムが終了する. 以下の定理 5.7 より, この最終的に得られた $\mathcal{U}$ が φ (より正確には φ が表現する論理関数) の主項の集合となる. ◁

例 5.4 例 5.2 の論理和形

$$\varphi = \bigvee_{i=1}^{n} (x_i\overline{y}_i \vee \overline{x}_i y_i) \vee \bigwedge_{i=1}^{n} x_i$$

に合意手続きを適用してみよう．ステップ 1 の第 1 反復前は

$$\mathcal{U} = \emptyset$$
$$\mathcal{V} = \mathcal{Q} \cup \{\bigwedge_{i=1}^{n} x_i\}$$

となる．ただし，$\mathcal{Q} = \{x_i \overline{y}_i, \overline{x}_i y_i \mid i = 1, 2, \ldots, n\}$ とする．ステップ 1 の第 1 反復後は，

$$\mathcal{U} = \mathcal{Q} \cup \{\bigwedge_{i=1}^{n} x_i\}$$
$$\mathcal{V} = \mathcal{Q} \cup \{\bigwedge_{i \notin W} x_i \wedge \bigwedge_{i \in W} y_i \mid W \subseteq \{1, 2, \ldots, n\}, |W| \leq 1\},$$

一般に，ステップ 1 の第 $k (\leq n)$ 反復後は，

$$\mathcal{U} = \mathcal{Q} \cup \{\bigwedge_{i \notin W} x_i \wedge \bigwedge_{i \in W} y_i \mid W \subseteq \{1, 2, \ldots, n\}, |W| \leq k - 1\}$$
$$\mathcal{V} = \mathcal{Q} \cup \{\bigwedge_{i \notin W} x_i \wedge \bigwedge_{i \in W} y_i \mid W \subseteq \{1, 2, \ldots, n\}, |W| \leq k\},$$

ステップ 1 の第 $n + 1$ 反復後は，

$$\mathcal{U} = \mathcal{V} = \mathcal{Q} \cup \{\bigwedge_{i \notin W} x_i \wedge \bigwedge_{i \in W} y_i \mid W \subseteq \{1, 2, \ldots, n\}\}$$

となる．したがって，$n + 1$ 反復後にアルゴリズムは終了する．以下の定理 5.7 より，この最終的に得られた $\mathcal{U}$ が φ により表現される論理関数 f の主項の集合となる．

次に，f の主論理和形を考えよう．

$$\mathcal{W} \supsetneq \{x_i \overline{y}_i, \overline{x}_i y_i \mid i = 1, 2, \ldots, n\} \tag{5.46}$$

であるどんな $\mathcal{W} (\subseteq \mathcal{U})$ に対して合意手続きを適用しても，同じ主項集合 $\mathcal{U}$ が得られる．しかし，(5.46) を満たさない $\mathcal{W} (\subseteq \mathcal{U})$ に対して合意手続きを適用すると，$\mathcal{U}$ とは異なる集合が得られる．したがって，以下の定理 5.7 より，(5.46) を満たす $\mathcal{W} (\subseteq \mathcal{U})$ に対応する論理和形のみが f の主論理和形となる．また，(5.46) かつ $|\mathcal{W}| = 2n + 1$ である $\mathcal{W} (\subseteq \mathcal{U})$ のみが f に対する非冗長な主論理和形を形成することもわかる． $\lhd$

142 　5　論 理 関 数

定理 5.7 アルゴリズム「合意手続き」はすべての主項を求める.

(証明) f を n 変数論理関数, $\mathcal{U}$ をアルゴリズム「合意手続き」が出力した項の集合とする. このとき, 次の命題が成立することを示す.

f のどんな内項 t に対しても $t^* \geq t$ である項 $t^* \in \mathcal{U}$ が存在する.

仮に, この命題が成立すれば, 命題中の t として f の主項を考えることで, $\mathcal{U}$ が f の主項をすべて含むことがわかる. また, ステップ 1 の簡単化から, $\mathcal{U}$ は f の主項以外は含まないので, 証明が終了する. 以下, この命題を t の長さに関する(逆順の) 帰納法で示す.

$|t| = n$ のとき, $T(t)$ は 1 つの真ベクトル v からなる. 当然, 入力の論理和形 φ は $\varphi(v) = 1$ であるので, $t(v) = 1$ である項 $t \in \mathcal{T}$ が存在する. よって, ステップ 1 の第 1 反復における合意直前の $\mathcal{U}$ はこの項 t を含む. また, 合意と簡単化を続けても, v を真とする項の少なくとも 1 つは存在し続けるので, 命題は成立する.

$|t| = k+1$ である任意の内項 t に対して, $t^* \geq t$ である項 $t^* \in \mathcal{U}$ が存在すると仮定して, 長さが k である内項 t を考える. $h \in \{1, 2, \ldots, n\} \setminus (P(t) \cup N(t))$ を任意に 1 つ固定する. このとき, $t \wedge x_h$, $t \wedge \overline{x}_h$ はともに f の内項であり, 帰納法の仮定より, $t_1 \geq t \wedge x_h$, $t_2 \geq t \wedge \overline{x}_h$ である f の内項 t_1 と t_2 が $\mathcal{U}$ に含まれる. もし, $t_1 \geq t$, あるいは, $t_2 \geq t$ であれば, 命題の証明は終了する. そうでないとすると, t_1 はリテラル x_h をもち, t_2 はリテラル $\overline{x}_h$ をもつ. また, t_1 と t_2 は変数 x_h 以外に矛盾変数をもたないので, $\mathrm{cons}(t_1, t_2)$ が定義できる. したがって, アルゴリズムが出力する $\mathcal{U}$ は $t_3 \geq \mathrm{cons}(t_1, t_2)$ である項 t_3 をもつ. ここで,

$$t_3 \geq \mathrm{cons}(t_1, t_2) \geq t$$

であるので, 命題は証明される. ∎

なお, アルゴリズム「合意手続き」では各反復ごとに簡単化を行ったが, 証明からもわかるように必ずしも必要ない. 簡単化を行わない場合, 最終的に得られた項の集合にすべての主項が含まれる.

2 つの節

$$c_1 = \bigvee_{i \in P(c_1)} x_i \vee \bigvee_{i \in N(c_1)} \overline{x}_i, \quad c_2 = \bigvee_{i \in P(c_2)} x_i \vee \bigvee_{i \in N(c_2)} \overline{x}_i \tag{5.47}$$

が

$$\big(P(c_1) \cap N(c_2)\big) \cup \big(N(c_1) \cap P(c_2)\big) = \{j\} \tag{5.48}$$

を満たす j をもつとき，c_1 と c_2 の**導出節** $\mathrm{resol}(c_1, c_2)$ を

$$\mathrm{resol}(c_1, c_2) = \bigvee_{i \in (P(c_1) \cup P(c_2)) \setminus \{j\}} x_i \vee \bigvee_{i \in (N(c_1) \cup N(c_2)) \setminus \{j\}} \overline{x}_i \tag{5.49}$$

と定義する．また，合意手続きと同様に導出操作を繰り返す**導出手続き**を以下に定義する：

アルゴリズム 導出手続き

入力：論理関数 f の論理積形 $\psi = \bigwedge_{c \in \mathcal{C}} c$

出力： f のすべての主節

ステップ 0. $\mathcal{U} := \emptyset$，$\mathcal{V} := \mathcal{C}$ とする．

ステップ 1. $\mathcal{V} \neq \mathcal{U}$ である限り以下の操作を繰り返す：

$\qquad \mathcal{U} := \mathcal{V}$

$\qquad$ (**導出**) 任意の 2 節 $c_1, c_2 \in \mathcal{U}$ に対して，$\mathcal{V} := \mathcal{V} \cup \{\mathrm{resol}(c_1, c_2)\}$．

$\qquad$ (**簡単化**) 各節 $c \in \mathcal{V}$ に対して，

$\qquad\quad$ もし $c' < c$ である $c' \in \mathcal{V}$ が存在するならば，$\mathcal{V} := \mathcal{V} \setminus \{c\}$．

ステップ 2. $\mathcal{U}$ を出力する． ∎

このとき，5.4 節の議論からわかるように，以下の定理を得る．

定理 5.8 アルゴリズム「導出手続き」は f はすべての主節を求める．

本節の最後に，与えられた論理積形 ψ から ψ が表す論理関数 f の主項や論理和形を求めることを考える．これは，5.4 節の議論から論理和形からそれが表す論理関数の主節や論理積形を求めることと同値である．ただ，論理積形 ψ から f の内項を求めること，より正確には，内項が存在するかどうかを判定する問題は，後述する充足可能性問題そのものである．この問題は，**NP 完全**であり，効率的に計算できないとされている．ただ，充足可能性問題を解くアルゴリズムが存在すれば，それをサブルーティンとして用いることで主項や主論理和形が求められる．

5.6 双対論理式と双対関数

本節では，これまで暗に述べてきた論理式や論理関数の双対性について議論する．なお，本節において論理式は，論理変数や定数 (0 や 1) に否定 $^-$，論理和 $\lor$，および，論理積 $\land$ の演算を施して得られるものに限定する．

論理式 φ 中の演算 $\lor$ と $\land$，さらに，定数 0 と 1 をそれぞれ入れ換えることによって得られる論理式を φ の**双対論理式**といい，φ^d と記す．例えば，

$$\varphi = x_1(\overline{x}_2 \lor x_5 \land 0) \lor \overline{x}_2(\overline{x}_3 \lor x_4(x_5 \lor 1)) \tag{5.50}$$

の双対論理式は

$$\varphi^d = (x_1 \lor \overline{x}_2(x_5 \lor 1))(\overline{x}_2 \lor \overline{x}_3(x_4 \lor x_5 \land 0)) \tag{5.51}$$

となる．また，

$$\varphi = x_1\overline{x}_2 \lor \overline{x}_2\overline{x}_3\overline{x}_4 \lor x_3x_4$$
$$\varphi^d = (x_1 \lor \overline{x}_2)(\overline{x}_2 \lor \overline{x}_3 \lor \overline{x}_4)(x_3 \lor x_4)$$

のように論理和形の双対論理式は論理積形，また，その逆に，論理積形の双対論理式は論理和形になる．定義より，論理式 φ に対して

$$(\varphi^d)^d = \varphi$$

が成立する．次に論理関数に関する双対性を定義する．

論理関数 f に対する**双対関数** f^d は，

$$f^d(x) = \overline{f}(\overline{x}) \tag{5.52}$$

と定義される．ただし，$\overline{x}$ は，論理変数ベクトル $x = (x_1, x_2, \ldots, x_n)$ の補ベクトル $(\overline{x}_1, \overline{x}_2, \ldots, \overline{x}_n)$ を示す．定義より，論理式と同様に任意の論理関数に対して $(f^d)^d = f$ となる．また，De Morgan の法則と 2 重否定則により，論理関数の双対性と論理式の双対性は一致する．

定理 5.9 論理関数 f が論理式 φ で表現されるとき，かつそのときに限り，f の双対関数 f^d は φ^d により表現される．ただし，φ は論理変数や定数に否定，論理和，論理積の演算を施して得られる論理式である．

例えば，論理関数 f が (5.50) の φ で与えられるとき，$f^d(x)$ は $\overline{\varphi}(\overline{x})$ で表現できるので

$$f^d = \overline{\overline{x}_1\left(\overline{\overline{x}}_2 \vee \overline{x}_5 \wedge 0\right) \vee \overline{\overline{x}}_2\left(\overline{\overline{x}}_3 \vee \overline{x}_4\left(\overline{x}_5 \vee 1\right)\right)} \tag{5.53}$$

となり，De Morgan の法則と 2 重否定則，また，$\overline{1} = 0$，$\overline{0} = 1$ であるので，f^d は (5.51) の φ^d で表現できる．

このように，f の論理式が与えられれば，f^d の論理式は簡単に得られる．また，下記の定理が成立する．

定理 5.10 2 つの論理式 φ と ψ に対して，$\varphi = \psi$，すなわち，同じ論理関数を表現するとき，$\varphi^d = \psi^d$ が成立する．ただし，φ, ψ は論理変数や定数に否定，論理和，論理積の演算を施して得られる論理式である．

(証明) φ と ψ がともに同じ関数 f を表現するならば，定理 5.9 より，φ^d と ψ^d はともに f^d を表現する． ∎

この定理を利用すると，さまざまな事柄の説明や証明が半分で済む．その一例として，5.1 節の冪等律，零元，単位元，交換律，結合律，相補律，分配律，吸収律，De Morgan の法則の片方の等式の成立がわかれば，もう片方の等式の成立もわかる．例えば，吸収律 $x \vee (x \wedge y) = x$ と $x \wedge (x \vee y) = x$ のどちらか一方が成立すれば，定理 5.10 より，もう一方も成立する．

$f, g : \{0,1\}^n \to \{0,1\}$ を 2 つの論理関数とする．5.4 節で定義したように，任意のベクトル $v \in \{0,1\}^n$ に対して $f(v) \leq g(v)$ を満たすとき，$f \leq g$ と記す．ただし，$0 < 1$ とする．

論理関数 f が $f \leq f^d$ を満たすとき f を**劣双対**，$f \geq f^d$ を満たすとき f を**優双対**という．また，f が $f = f^d$ を満たすとき，すなわち，劣双対かつ優双対であるとき，**自己双対**という．定義より f が劣双対であるとき，f^d は優双対となる．また，以下の定理が成立する．

定理 5.11 $f : \{0,1\}^n \to \{0,1\}$ を論理関数とする．このとき，以下の (i), (ii), (iii) が成立する．

(i) 任意のベクトル $v \in \{0,1\}^n$ に対して $f(v) = 1$ ならば $f(\overline{v}) = 0$ が成立するとき，かつそのときに限り，f は劣双対である．

146   5 論 理 関 数

(ii) 任意のベクトル $v \in \{0,1\}^n$ に対して $f(v) = 0$ ならば $f(\overline{v}) = 1$ が成立する
とき，かつそのときに限り，f は優双対である．

(iii) 任意のベクトル $v \in \{0,1\}^n$ に対して $f(v) = \overline{f}(\overline{v})$ が成立するとき，かつそ
のときに限り，f は自己双対である．

例 5.5 以下の 2 つの 3 変数論理関数を考えよう．

$$f_1 = x_1 \overline{x}_2 \vee \overline{x}_2 x_3$$

$$f_2 = x_1 x_3 \vee \overline{x}_2 \vee \overline{x}_1 \overline{x}_3.$$

このとき，それぞれの真ベクトル集合は

$$T(f_1) = \{(101), (100), (001)\}$$

$$T(f_2) = \{(111), (101), (100), (010), (001), (000)\}$$

となる．f_1 の真ベクトル $(101), (100), (001)$ それぞれの補ベクトル $(010), (011), (110)$
はすべて偽ベクトルである．したがって，定理 5.11 (i) より f_1 は劣双対となる．
また，f_2 の偽ベクトル $(110), (011)$ それぞれの補ベクトル $(001), (100)$ はすべて f
の真ベクトルである．したがって，定理 5.11 (ii) より f_2 は優双対となる．   ◁

例 5.6 n 変数の中で 1 変数のみに依存する論理関数，すなわち，ある変数 x_i に対し
て，$f = x_i$ あるいは $f = \overline{x}_i$ であるような論理関数 f は $(x_i)^d = x_i$, $(\overline{x}_i)^d = \overline{x}_i$ で
あるので，f は自己双対関数となる．また，多数決関数も自己双対関数となる．ここ
で**多数決関数** $f_n : \{0,1\}^n \to \{0,1\}$ とは，奇数 $n\,(= 2k+1)$ に対して $\lceil n/2 \rceil = k+1$
個以上の変数が 1 であるとき 1 をとり，そうでないとき 0 をとる対称な関数である：

$$f_n = \bigvee_{\substack{S \subseteq \{1,2,\ldots,n\}: \\ |S| = k+1}} \left(\bigwedge_{i \in S} x_i \right).$$

例えば，$n = 3$ に対する多数決関数は，

$$f_3 = x_1 x_2 \vee x_2 x_3 \vee x_3 x_1$$

となる．実際

$$f_3^d = (x_1 \vee x_2)(x_2 \vee x_3)(x_3 \vee x_1)$$

$$= x_1 x_2 \vee x_2 x_3 \vee x_3 x_1 \ = \ f_3$$

となる．   ◁

5.7 単 調 関 数

2つのベクトル $x, y \in \{0,1\}^n$ が $x_i \leq y_i$ $(i = 1, 2, \ldots, n)$ を満たすとき $x \leq y$ と記す。また，$x \leq y$ かつ $x \neq y$ のとき $x < y$ と記す。例えば，$(0101) \leq (0111)$，$(1001) \leq (1111)$ であるが，(0101) と (1001) は，$(0101) \not\leq (1001)$，かつ，$(0101) \not\geq (1001)$ であり，比較不可能である。論理関数 f が $x \leq y$ である任意の 0-1 ベクトル x と y に対して，$f(x) \leq f(y)$ を満たすとき，f を**単調関数** (あるいは，**正関数**) という。例えば，表 5.7 の論理関数は単調である。

単調論理関数は，工学，情報学において重要な関数である。例えば，複数の部品からなるシステム f を考える。このとき，部品 i が正常に作動しているときに $x_i = 1$，故障しているときに $x_i = 0$ とする。また，システム f に対しても正常に作動しているときに $f = 1$，故障しているときに $f = 0$ とする。当然，すべての部品が正常であればシステム全体 f も正常であるし，少々部品が故障してもバックアップなどもあるためシステム f は正常である。このようなシステム f に単調性を仮定することは極めて自然であり，信頼性などの分野では単調論理関数の解析が行われている。

単調性の定義から，例えば，(100) が真ベクトルであることがわかれば，(110)，(101)，(111) も真ベクトルであることがわかる。x が論理関数 f の真ベクトルであり，かつ $y < x$ $(y \leq x$ かつ $y \neq x)$ であるすべてのベクトル y が偽であるとき，x を f の**極小真ベクトル**とよぶ。論理関数 f の極小真ベクトル集合を $\min T(f)$ とすると，単調な論理関数 f は，

$$f(x) = \begin{cases} 1 & (\text{ある } v \in \min T(f) \text{ に対して } x \geq v \text{ のとき}) \\ 0 & (\text{それ以外}) \end{cases}$$

と表現できる。例えば，表 5.7 の単調関数 f は 2 つの極小真ベクトル $(100), (011)$ をもつので，

$$f(x) = \begin{cases} 1 & (x \geq (100) \text{ あるいは}, x \geq (011) \text{ のとき}) \\ 0 & (\text{それ以外}) \end{cases}$$

と表現できる。逆に，x が論理関数 f の偽ベクトルでかつ $y > x$ であるすべてのベクトル y が真であるとき，x を f の**極大偽ベクトル**とよび，論理関数 f の極大偽ベクトル集合を $\max F(f)$ と記す。このとき，単調な論理関数 f は，

148   5 論 理 関 数

表 5.7　単調な論理関数の例.

x_1	x_2	x_3	f
1	1	1	1
1	1	0	1
1	0	1	1
1	0	0	1
0	1	1	1
0	1	0	0
0	0	1	0
0	0	0	0

$$f(x) = \begin{cases} 0 & (\text{ある } v \in \max F(f) \text{ に対して } x \le v \text{ のとき}) \\ 1 & (\text{それ以外}) \end{cases}$$

と表現できる. 表 5.7 の例では, 単調関数 f が 2 つの極大偽ベクトル $(010), (001)$ をもつので,

$$f(x) = \begin{cases} 0 & (x \le (010) \text{ あるいは}, x \le (001) \text{ のとき}) \\ 1 & (\text{それ以外}) \end{cases}$$

と表現できる.

　次に, 単調関数の論理式を考えてみよう. 論理和と論理積からのみでできる論理式を**単調な論理式**, あるいは**正論理式**という. 例えば, $x_1(x_2 \vee x_3) \vee x_2(x_4 \vee x_3 x_5)$ は単調な論理式である. 同様に, 否定を含まない論理和形を**単調な論理和形**, 否定を含まない論理積形を**単調な論理積形**とよぶ.

　表 5.7 の単調関数 f は以下のように単調論理和形と単調論理積形で表現できる.

$$f = x_1 \vee x_2 x_3 \tag{5.54}$$

$$= (x_1 \vee x_2)(x_1 \vee x_3). \tag{5.55}$$

定理 5.12 f を論理関数とする. このとき, 以下の 4 つ命題は同値である.

(i) f が単調である.

(ii) f が単調な論理式で表現可能である.

(iii) f が単調な論理和形で表現可能である.

(iv) f が単調な論理積形で表現可能である.

(証明) (iii) あるいは，(iv) が成立すれば，明らかに (ii) も成立する．逆に，(ii) が成立すれば，分配則 $x \wedge (y \vee z) = xy \vee xz$ などを用いることで，単調な論理和形を得ることができる．同様に，分配則 $x \vee yz = (x \vee y)(x \vee z)$ などを用いることで，単調な論理積形を得ることができる．よって，(ii)，(iii)，(iv) はすべて同値である．

最後に (i) と (iii) が同値であることを示す．(iii) が成立すると，f のどの真ベクトル v に対しても，単調な項 t が存在し，$t \leq f$ (f の内項であり)，かつ，$t(v) = 1$ が成立する．このとき，t の単調性 (負リテラルを含まない) より，

$$t(w) = 1 \quad (w \geq v)$$

が成立する．よって (i) は成立する．逆に，f が単調であると仮定する．任意の極小真ベクトル $v \in \min T(f)$ に対して，単調項

$$t^{(v)} = \bigwedge_{i:v_i=1} x_i \tag{5.56}$$

を定義する．このとき，$t^{(v)}$ の単調性により，ベクトル w が $t^{(v)}(w) = 1$ であることと $w \geq v$ を満たすことは同値である．したがって，単調論理和形

$$\varphi = \bigvee_{v \in \min T(f)} t^{(v)} \tag{5.57}$$

は f を表現する． ■

もう少し詳細に単調論理和形 (5.57) を見てみよう．まず，任意の $v \in \min T(f)$ に対して，項 $t^{(v)}$ は主項である．このことは以下の議論からわかる．任意の $t > t^{(v)}$ である項 t に対して，$w < v$ であるベクトルが存在して，$t(w) = 1$ を満たす．v は極小真ベクトルであることから，t は f の内項ではない．よって，$t^{(v)}$ は極大な内項，すなわち，主項になる．したがって，(5.57) の φ は主論理和形となる．この φ に 5.5 節の合意手続きを用いても，単調な論理和形であることから，φ の項と異なる主項は出力されない．よって，φ は完全主論理和形である．また，φ の各項が極小真ベクトルに対応するので，φ は非冗長である．

以上をまとめると以下の定理を得る．

150   5 論理関数

定理 5.13 f を単調な論理関数とする．このとき，f の極小真ベクトル v は f の主項 $t^{(v)}$ と (5.56) のように 1 対 1 に対応する．また，(5.57) の φ は非冗長な f の完全主論理和形である．

定理より，(5.57) の φ は f の唯一の主論理和形であり，また，最短な論理和形である．例えば，表 5.7 の単調関数 f は，2 つの主項 x_1 と $x_2 x_3$ をもち，それぞれ極小真ベクトル (100) と (011) と対応する．また，(5.54) は非冗長な f の完全主論理和形である．

次に極大偽ベクトルが何に対応するか考えよう．

論理関数 f が $x \le y$ である任意の 0-1 ベクトル x と y に対して，$f(x) \ge f(y)$ を満たすとき，f を**負関数**とよぶ．

後述の定理 5.15 からもわかるが，論理関数 f が正 (単調) であるとき $\bar{f}$ は負となり，$\max F(f)$ は負関数 $\bar{f}$ の極大な真ベクトル集合となる．したがって，正関数に対する極小真ベクトルのときと同様に

$$\varphi = \bigvee_{v \in \max F(f)} (\bigwedge_{i : v_i = 0} \bar{x}_i) \tag{5.58}$$

は $\bar{f}$ の非冗長な f の完全主論理和形である．

この事実と定理 5.4 や 5.5 を組み合わせることにより，以下の定理を得る．

定理 5.14 f を単調な論理関数とする．このとき，f の極大偽ベクトル v は f の主節

$$c^{(v)} = \bigvee_{i : v_i = 0} x_i \tag{5.59}$$

と 1 対 1 に対応する．また，

$$\psi = \bigwedge_{v \in \max F(f)} c^{(v)} \tag{5.60}$$

は非冗長な f の完全主論理積形である．

この定理より，(5.60) は ψ は f の唯一の主論理積形であり，それゆえ，f の最短な論理積形である．例えば，表 5.7 の単調関数 f は，2 つの主節 $(x_1 \vee x_2)$ と $(x_1 \vee x_3)$ をもち，それぞれ極大偽ベクトル (001) と (010) に対応する．また，式 (5.55) は表 5.7 の単調関数の唯一の主論理積形である．

次に単調関数における双対性を述べる．

5.7 単調関数　　151

定理 5.15 論理関数 f が単調であるとき，かつそのときに限り，f^d は単調である．

(証明) 定理 5.12 より f が単調であるとき，単調な論理和形をもつ．定理 5.9 より，f^d は単調な論理積形で表現可能である．ここで再び定理 5.12 を用いることにより，f^d が単調となる．逆も同様に示すことができる．　　∎

定理 5.16 単調な論理関数 f の任意の内項 t_1 と t_2 が $P(t_1) \cap P(t_2) \neq \emptyset$ を満たすことは，f が劣双対であるための必要十分条件である．

(証明) 定理 5.11 (i) より，φ が $P(t_1) \cap P(t_2) = \emptyset$ である項 t_1 と t_2 をもつことと $f(v) = f(\overline{v}) = 1$ であるベクトル v が存在することが同値であることを示せば十分である．

　f の内項 t_1 と t_2 が $P(t_1) \cap P(t_2) = \emptyset$ を満たすと仮定する．f の単調性から $t_1' = \bigwedge_{i \in P(t_1)} x_i$ と $t_2' = \bigwedge_{i \in P(t_2)} x_i$ も f の内項である．ここで，ベクトル v を $v_i = 1 \ (i \in P(t_1))$，$v_i = 0 \ (i \notin P(t_1))$ と定義すると，$t_1'(v) = t_2'(\overline{v}) = 1$ となる．したがって，ベクトル v は $f(v) = f(\overline{v}) = 1$ を満たす．

　逆に，ベクトル v が $f(v) = f(\overline{v}) = 1$ 満たすと仮定すると，f は $t_1(v) = 1$ である内項 t_1 と $t_2(\overline{v}) = 1$ である内項 t_2 をもつ．これらの項 t_1 と t_2 は明らかに $P(t_1) \cap P(t_2) = \emptyset$ を満たす．　　∎

　この定理より以下の系を得る．

系 5.1 単調な論理関数 f の任意の主項 t_1 と t_2 に対して $P(t_1) \cap P(t_2) \neq \emptyset$ であることは，f が劣双対であるための必要十分条件である．

　また，定理 5.16 より単調論理関数が論理和形 $\varphi = \bigvee_{i=1}^{m} t_i$ で与えられている場合は，劣双対かどうかは効率的に検証することができる．しかし，優双対性や自己双対性に関してはそのような計算の効率性につながる特徴付けは知られていない．以下では，単調な自己双対関数の例を示す．なお，例 5.6 で示した多数決関数は単調な自己双対関数である．

例 5.7 単調な論理関数

$$f = x_1 x_2 x_3 \vee x_3 x_4 x_5 \vee x_1 x_5 x_6 \vee x_1 x_4 x_7 \vee x_2 x_5 x_7 \vee x_3 x_6 x_7 \vee x_2 x_4 x_6 \quad (5.61)$$

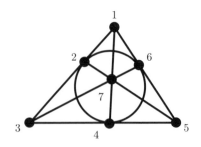

図 5.16　単調な論理関数に対応する有限幾何.

を考える．図 5.16 にこの関数に対応する有限幾何を示す．図中の線分あるいは円がそれぞれ項に対応する．外側の三角形の 3 辺は項 $x_1x_2x_3$, $x_3x_4x_5$, $x_1x_5x_6$ に，また，円は項 $x_2x_4x_6$ に，円の中心を通る 3 つの線分は項 $x_1x_4x_7$, $x_2x_5x_7$, $x_3x_6x_7$ に対応する．この一見すると複雑な関数 f が自己双対である．読者のかたは確認してほしい．　◁

なお，本節で紹介した単調論理関数は，無向グラフを一般化した**超**グラフとみなすことができる．なお，超グラフは 7.2 節を参照されたい．

この節の最後に，正 (単調) 関数と負関数の拡張であるユネイト関数の定義を与える．

3 つのベクトル $x, y, b \in \{0,1\}^n$ が $x_i \oplus b_i \leq y_i \oplus b_i$ $(i = 1, 2, \ldots, n)$ を満たすとき $x \leq_b y$ と記す．例えば，$b = (0011)$ とするとき，$(0011) \leq_b (0101)$, $(0001) \not\leq_b (0111)$ である．2 つのベクトル $u, v \in \{0,1\}^n$ に対して，ベクトル $u \oplus v \in \{0,1\}^n$ を

$$u \oplus v = (u_1 \oplus v_1, u_2 \oplus v_2, \ldots, u_n \oplus v_n). \tag{5.62}$$

と定義すると，$x \leq_b y$ と $x \oplus b \leq y \oplus b$ とは同値である．

f を n 変数論理関数とする．このとき，あるベクトル $b \in \{0,1\}^n$ が存在して，$x \leq_b y$ を満たす任意の 2 つベクトル $x, y \in \{0,1\}^n$ に対して，$f(x) \leq f(y)$ を満たすとき，f を**ユネイト関数**という[*5]．定義より，$b = \mathbf{0}$ であるユネイト関数は正関数であり，$b = \mathbf{1}$ であるユネイト関数は負関数である．f がユネイト関数であれ

[*5] ユネイト関数を単調関数ということもある．

ば，正関数において成り立つ性質，例えば，f を表現する主論理和形や主論理積形の一意性などが成立する．

5.8 Horn 関 数

高々1個の正リテラルを含む節を **Horn (ホーン) 節** とよぶ．特に，丁度1個の正リテラルをもつ節を**真 Horn 節** (あるいは，**確定 Horn 節**) という．

例えば，$x_1 \lor \overline{x}_2 \lor \overline{x}_3$ は真 Horn 節，$\overline{x}_1 \lor \overline{x}_3$ は負節であり，ともに Horn 節となる．一方，$x_1 \lor x_2 \lor \overline{x}_3$ は Horn 節でない．Horn 節のみからなる論理積形を **Horn 論理積形**といい，Horn 論理積形で表現可能な論理関数を **Horn 関数** という．同様に，真 Horn 節のみからなる論理積形を**真 Horn 論理積形**といい，真 Horn 論理積形で表現可能な論理関数を**真 Horn 関数**という．

例えば，

$$f = (\overline{x}_1 \lor \overline{x}_2 \lor x_3)(\overline{x}_2 \lor \overline{x}_4 \lor x_1)(\overline{x}_4 \lor x_1)$$

$$g = (x_1 \lor \overline{x}_2 \lor \overline{x}_3)(\overline{x}_2 \lor \overline{x}_4)(\overline{x}_4 \lor x_1)$$

のうち，f は真 Horn 関数である．一方，g は上記から Horn 関数であることがわかるが，真 Horn 関数であるかどうかはすぐにはわからない．下記の定理 5.17 と $(\overline{x}_2 \lor \overline{x}_4)$ が g の主節となることから，g が真 Horn 関数でないことがわかる．なお，$(\overline{x}_2 \lor \overline{x}_4)$ が主節であるかどうかは，5.5 節の導出手続きを右辺の論理積形に用いても何も変化がないことからもわかる．

Horn 節はいくつかの命題変数が真のとき，他の変数も真になることを示す自然な論理的ルールを表現している．このような規則は **Horn 規則**とよばれる．例えば，Horn 節

$$\overline{x}_1 \lor \overline{x}_2 \lor \cdots \lor \overline{x}_k \lor x_0$$

は，Horn 規則

$$x_1 \land x_2 \land \cdots \land x_k \to x_0$$

と同値である．ただし，$\to$ は含意を意味する．このように，Horn 関数は自然な論理的なルールの集合として表されるものである．また，8.6 節で述べる充足可能性問題が Horn 論理積形に対して効率的に解けるため，人工知能や論理プログラミングなどの分野で幅広く用いられている．

154   5 論 理 関 数

Horn 論理積形の定義において「高々1個」という制約条件を「0個」と厳しくすると負リテラルのみからなる論理積形 (負論理積形) を得る．負論理積形は負関数を表現するので，Horn 関数は，単調 (正) 論理関数と同等な負関数を拡張したものである．

Horn 関数の主節に関しては以下の定理を得る．

定理 5.17 (i) 論理関数 f の主節がすべて Horn 節であることは，f が Horn 関数であるための必要十分条件である．

(ii) 論理関数 f の主節がすべて真 Horn 節であることは，f が真 Horn 関数であるための必要十分条件である．

(証明) (i)：定理 5.6 から任意の論理関数 f は主論理積形で表現可能である．よって，主節がすべて Horn 節であるとき，f は Horn 論理積形をもつので，f は Horn 関数となる．

逆に，f が Horn 関数であるとき，定義より，f は Horn 論理積形 ψ で表現可能である．この ψ に 5.5 節の導出手続きを適用すると，Horn 節しか導かれない．したがって，すべての主節は Horn 節となる．

(ii)：定理 5.6 から任意の論理関数 f は主論理積形で表現可能である．よって，主節がすべて真 Horn 節であるとき，f は真 Horn 論理積形をもつので，f は真 Horn 関数となる．

逆に，f が真 Horn 関数であるとき，要素がすべて 1 であるベクトル $\mathbf{1}$ は f の真ベクトルである．一方，f が主節として真 Horn でない節 c をもつとすると，f が Horn なので，(i) より，c は負節となる．しかし，この c は $c(\mathbf{1}) = 0$ を満たす．すなわち，$\mathbf{1}$ は f の偽ベクトルとなり，矛盾する．したがって，主節はすべて真 Horn 節である． ∎

上記の (ii) の証明では，ベクトル $\mathbf{1}$ を用いた真 Horn 関数の特徴付けを用いている．なお，(i) と同様に導出手続きを用いても証明できる．

定理 5.18 Horn 関数 f が $f(\mathbf{1}) = 1$ を満たすことは，f が真 Horn 関数であるための必要十分条件である．

次に，Horn 関数の真ベクトル集合を用いた特徴付けを考えよう．2 つのベクトル $x, y \in \{0,1\}^n$ から新しいベクトルを生成する演算 $\wedge$ を

$$x \wedge y = (x_1 \wedge y_1, x_2 \wedge y_2, \ldots, x_n \wedge y_n)$$

と定義する．例えば，$(0011) \wedge (0110) = (0010)$ となる．また，定義より，任意のベクトル x に対して，$x \wedge x = x$ となる．ベクトル集合 $X \subseteq \{0,1\}^n$ が任意の $x, y \in X$ に対して $x \wedge y \in X$ であるとき，X は $\wedge$ に関して閉じているという．

定理 5.19 論理関数 f に対して，以下の 2 つは同値である．

(i) f が Horn 関数である．

(ii) 真ベクトル集合 $T(f) = \{x \in \{0,1\}^n \mid f(x) = 1\}$ が $\wedge$ に関して閉じている．

(証明) まず，Horn 論理関数 f の 2 つの真ベクトル $u, v \in T(f)$ に対して $w = u \wedge v$ が f の偽ベクトルになると仮定して矛盾を導く．このとき $f(w) = 0$ なので，ある Horn 節 $c = \bigvee_{i \in P(c)} x_i \vee \bigvee_{i \in N(c)} \overline{x}_i$ が存在して，

$$c(u) = c(v) = 1, \quad c(w) = 0$$

が成立する．ただし，$|P(c)| \leq 1$ である．もし，$u_i = 0$ あるいは $v_i = 0$ を満たす $i \in N(c)$ が存在すると，$w_i = 0$ となり，$c(w) = 1$ で矛盾する．したがって，$u_i = 0$ あるいは $v_i = 0$ を満たす $i \in N(c)$ は存在しない．しかし，$c(u) = c(v) = 1$ であるので，$u_i = v_i = 1$ である $i \in P(c)$ が存在する．$w_i = 1$ であるので，$c(w) = 1$ となり，再び矛盾する．

逆に，f が Horn 関数でないとすると，定理 5.17 から，f は Horn でない主節 $c = \bigvee_{i \in P(c)} x_i \vee \bigvee_{i \in N(c)} \overline{x}_i$ をもつ．ただし，$|P(c)| \geq 2$ である．このとき，相異なるインデックス $i_1, i_2 \in P(c)$ に対して，2 つの節

$$c_1 = \bigvee_{i \in P(c) \setminus \{i_1\}} x_i \vee \bigvee_{i \in N(c)} \overline{x}_i$$
$$c_2 = \bigvee_{i \in P(c) \setminus \{i_2\}} x_i \vee \bigvee_{i \in N(c)} \overline{x}_i$$

を定義する．このとき，c が f の主節であることから，$c(u) = c(v) = 1$, $c_1(u) = 0$, $c_2(v) = 0$ であるような f の真ベクトル u と v が存在する．このことから，

$$u_i = v_i = 1 \ (i \in N(c)), \quad u_i = 0 \ (i \in P(c) \setminus \{i_1\}), \quad v_i = 0 \ (i \in P(c) \setminus \{i_2\})$$

となり，$c(u \wedge v) = 0$ を得る．したがって，$f(u \wedge v) = 0$ なので，$T(f)$ が $\wedge$ に関して閉じていない． ■

156   5 論 理 関 数

この定理より，Horn 関数は，∩ で閉じた有限集合族 $\mathcal{F} \subseteq 2^A$ そのものであり，定理 4.9, 5.18 より真 Horn 関数は有限束に対応していることがわかる．また，定理 5.19 からも Horn 関数が負関数の自然な拡張であることがわかる．

本節の最後に，Horn 論理積形ならびに，Horn 関数の拡張について述べる．

n 変数論理式 φ とベクトル $v \in \{0, 1\}^n$ に対して，論理式 φ^v を以下のように定義する．

$v_i = 1$ であるすべての i に対して φ 中の x_i を $\overline{x}_i$ に，$\overline{x}_i$ を x_i に置き換える．

例えば，$\varphi = (\overline{x}_1 \vee x_2)x_3 \vee (x_1 \vee x_3 \vee x_4)$，$\psi = (\overline{x}_1 \vee x_2)(x_2 \vee x_3 \vee \overline{x}_4)(x_1 \vee \overline{x}_3 \vee x_4)$，$v = (1100)$ のとき，$\varphi^v = (x_1 \vee \overline{x}_2)x_3 \vee (\overline{x}_1 \vee \overline{x}_3 \vee x_4)$，$\psi^v = (x_1 \vee \overline{x}_2)(\overline{x}_2 \vee x_3 \vee \overline{x}_4)(\overline{x}_1 \vee \overline{x}_3 \vee x_4)$ となる．今後，φ^v を「v に基づく極性変換を φ に施すことにより得られた論理式」とよぶ．定義より，$\varphi^v(x)$ は $\varphi(x \oplus v)$ と同値である．ただし，ベクトル $x \oplus v$ は (5.62) で定義される．

φ を n 変数論理積形とする．このとき，あるベクトル $v \in \{0, 1\}^n$ が存在して，φ^v が Horn 論理積形となるとき，φ を **Horn 変換可能な論理積形**という．また，論理関数 f が Horn 変換可能な論理積形で表現できるとき，f を **Horn 変換可能**であるという．本節では証明などは与えないが，φ が Horn 変換可能な論理積形であるとき，φ^v が Horn 論理積形となるベクトル v を効率的に求めることができ，それゆえ，充足可能性問題も効率的に解ける．このような性質から，Horn 変換可能な論理関数はさまざまな応用をもつ．

5.9 2 次 関 数

長さが k 以下である節からなる論理積形を k-**論理積形** (あるいは，k-CNF, k 次 CNF) といい，k-論理積形で記述できる論理関数を k **次関数**という．本節では 2 次関数を扱う．

定理 5.20 論理関数 f のすべての主節の長さが 2 以下であることは，f が 2 次であるための必要十分条件である．

(証明) 定理 5.6 から任意の論理関数 f は主論理積形で表現可能である．よって，すべての主節の長さが 2 以下のとき，f は 2 次となる．

逆に，論理関数 f が 2 次であるとき，定義より，f は 2-CNF ψ で表現可能である．この ψ を 5.5 節の導出手続きに適用すると，長さが 3 以上の節は導かれない．導出手続きはすべての主節を求めるので，主節の長さは 2 以下となる．■

補題 5.2 f を 2 次論理関数，v を f の真ベクトルとする．このとき $f(x \oplus v)$ は Horn 関数である．

(証明) f を表現する 2 次論理積形 φ に対して，φ^v が Horn 論理積形であることを示す．

定義より，φ のどの節 c も $c(v) = 1$ となる．したがって，c^v の少なくとも 1 つのリテラルは負である．一方，c^v は長さが 2 以下であるので，c^v は Horn になる．したがって，φ^v は Horn 論理積形となる．■

この補題により以下の系が簡単に得られる．

系 5.2 任意の 2 次論理関数は Horn 変換可能である．

(証明) 2 次論理関数 f が真ベクトルをもてば，補題 5.2 より Horn 変換可能である．そうでなければ，f は恒偽であるので，恒偽を表す空節 $\perp$ (すなわち，$P(c) = N(c) = \emptyset$ である節 c) を用いて，$f = \perp$ と表現できる．したがって，f は Horn 関数であり，Horn 変換可能である．■

定理 5.21 f を論理関数とする．このとき，$f(v) = 1$ である任意のベクトル v に対して $f(x \oplus v)$ が Horn 関数であることは，f が 2 次であるための必要十分条件である．

(証明) 必要性は補題 5.2 により示されるので，十分性のみを示す．

論理関数 f が 2 次でないと仮定する．このとき定理 5.20 より，f は長さが 3 以上の主節 c をもつ．c に含まれる 3 つの相異なるリテラルを ℓ_1, ℓ_2, ℓ_3 とする．このとき c は主節であることから，c 中でリテラル ℓ_i のみを満たす (すなわち，c から ℓ_i を取り除くことにより得られる節は満たさない) f の真ベクトル $v^{(i)}$ が存在する．ここで論理関数 $g(x) = f(x \oplus v^{(1)})$ を考える．$g(v^{(2)} \oplus v^{(1)}) = f(v^{(2)}) = 1$,

158   5 論 理 関 数

$g(v^{(3)} \oplus v^{(1)}) = f(v^{(3)}) = 1$ である. しかし, $w = (v^{(2)} \oplus v^{(1)}) \wedge (v^{(3)} \oplus v^{(1)})$ とすると,

$$c^{v^{(1)}}(w) = 0$$

となり, $g(w) = 0$ を得る. 定理 5.19 より, $g(x) = f(x \oplus v^{(1)})$ は Horn 関数ではなく, 十分性が示された. ∎

上記の証明がすこしわかり難いので, 例を用いて確認しよう.

$$c = x_1 \vee x_2 \vee \overline{x}_3 \vee x_4 \vee \overline{x}_5$$

を長さが 3 以上の f の主節とする. また, c 中の 3 つのリテラル $\ell_1 = x_1$, $\ell_2 = x_2$, $\ell_3 = \overline{x}_3$ を選び, $v^{(1)} = (1010100)$, $v^{(2)} = (0110101)$, $v^{(3)} = (0000110)$ を f の真ベクトルとする. このとき, 各ベクトル $v^{(i)}$ は c 中のリテラルの内で, ℓ_i のみを満たす. 例えば, $v^{(1)}$ は $\ell_1 = x_1$ を満たすが, c 中のそれ以外のリテラル x_2, $\overline{x}_3$, x_4, $\overline{x}_5$ は満たさない. ここで $g(x) = f(x \oplus v^{(1)})$ と定義すると, 証明のように $g(v^{(2)} \oplus v^{(1)}) = g(v^{(3)} \oplus v^{(1)}) = 1$ であり,

$v^{(2)} \oplus v^{(1)} = (1100001)$, $v^{(3)} \oplus v^{(1)} = (1010010)$, $c^{v^{(1)}} = \overline{x}_1 \vee x_2 \vee x_3 \vee x_4 \vee x_5$

となる. また,

$$w = (v^{(2)} \oplus v^{(1)}) \wedge (v^{(3)} \oplus v^{(1)}) = (1000000)$$

であり, $c^{v^{(1)}}(w) = 0$ が成立する. したがって, $g(w) = 0$ なので, $g(x) = f(x \oplus v^{(1)})$ が Horn 関数でないことが確認できる.

定理 5.21 による 2 次関数の特徴付けは, 次の多数決演算を用いて言い換えることができる.

3 つのベクトル $x, y, z \in \{0,1\}^n$ から**多数決ベクトル** $\mathrm{maj}(x,y,z) \in \{0,1\}^n$ を

$$\mathrm{maj}(x,y,z)_i = x_i y_i \vee y_i z_i \vee z_i x_i \qquad (i = 1, 2, \ldots, n)$$

と定義する. すなわち, $\mathrm{maj}(x,y,z)$ は各要素 i ごとに多数決 (x_i, y_i, z_i のうち 2 個以上が 1 であれば 1, そうでなければ 0) をとることにより構成されるベクトルである. 例えば, $x = (0011)$, $y = (0111)$, $z = (0010)$ のとき, $\mathrm{maj}(x,y,z) = (0011)$ となる. また, 定義より, 任意の 2 つのベクトル x と y に対して, $\mathrm{maj}(x,x,y) = x$ となる. ベクトル集合 $X \subseteq \{0,1\}^n$ が任意の $x, y, z \in X$ に対して $\mathrm{maj}(x,y,z) \in X$ であるとき, X は多数決 maj に関して閉じているという.

5.10 閾関数と 2-単調関数　159

定理 5.22 論理関数 f に対して，以下の 2 つは同値である．

(i) f が 2 次である．

(ii) 真ベクトル集合 $T(f)$ が多数決に関して閉じている．

(証明) f を 2 次論理関数とする．もし f が恒偽であれば，$T(f)$ は空であるので，明らかに $T(f)$ が多数決に関して閉じている．したがって，f を恒偽でないとする．このとき，$v^{(1)}$, $v^{(2)}$, $v^{(3)}$ を f の真ベクトルとすると，定理 5.21 より，$g(x) = f(x \oplus v^{(1)})$ は Horn 関数である．ここで，$g(v^{(2)} \oplus v^{(1)}) = f(v^{(2)}) = 1$, $g(v^{(3)} \oplus v^{(1)}) = f(v^{(3)}) = 1$ であるので，定理 5.19 より，

$$w = (v^{(2)} \oplus v^{(1)}) \wedge (v^{(3)} \oplus v^{(1)})$$

は $g(w) = 1$ を満たす．すなわち，

$$w \oplus v^{(1)} = \left((v^{(2)} \oplus v^{(1)}) \wedge (v^{(3)} \oplus v^{(1)}) \right) \oplus v^{(1)} \tag{5.63}$$

は f の真ベクトルとなる．ここで，命題変数 α, β, γ に対する論理式 $((\beta \oplus \alpha) \wedge (\gamma \oplus \alpha)) \oplus \alpha$ の真理値表を表 5.8 に記す．この表から $((\beta \oplus \alpha) \wedge (\gamma \oplus \alpha)) \oplus \alpha = \mathrm{maj}(\alpha, \beta, \gamma)$ であることがわかる．すなわち，(5.63) 中のベクトルは $\mathrm{maj}(v^{(1)}, v^{(2)}, v^{(3)})$ であり，

$$f(\mathrm{maj}(v^{(1)}, v^{(2)}, v^{(3)})) = 1$$

となる．したがって，$T(f)$ が多数決に関して閉じている．

逆に，$T(f)$ が多数決に関して閉じていると仮定する．このとき，f の真ベクトル $v^{(1)}$, $v^{(2)}$, $v^{(3)}$ に対して，$\mathrm{maj}(v^{(1)}, v^{(2)}, v^{(3)}) = ((v^{(2)} \oplus v^{(1)}) \wedge (v^{(3)} \oplus v^{(1)})) \oplus v^{(1)}$ であることから，$g(x) = f(x \oplus v^{(1)})$ の真ベクトル集合が $\wedge$ に関して閉じていることがわかる．定理 5.19 より，g は Horn 関数である．$v^{(1)}$ は f の真ベクトルから任意にとることができるので，定理 5.21 より f は 2 次関数となる．■

5.10　閾関数と 2-単調関数

論理関数 $f : \{0, 1\}^n \to \{0, 1\}$ が線形不等式で表現されるとき，より正確には，$n + 1$ 個の実数 $a_1, a_2, \ldots, a_n, t \in \mathbb{R}$ が存在して，

$$f(x) = \begin{cases} 1 & (\sum_{i=1}^{n} a_i x_i \geq t \text{ のとき}) \\ 0 & (\text{それ以外}) \end{cases} \tag{5.64}$$

160   5 論 理 関 数

表 5.8　$((\beta \oplus \alpha) \wedge (\gamma \oplus \alpha)) \oplus \alpha$ の真理値表.

α	β	γ	$((\beta \oplus \alpha) \wedge (\gamma \oplus \alpha)) \oplus \alpha$
1	1	1	1
1	1	0	1
1	0	1	1
1	0	0	0
0	1	1	1
0	1	0	0
0	0	1	0
0	0	0	0

を満たすとき，f を閾 (しきい) 関数とよぶ.

閾関数は 5.3.4 項でも述べたように，閾決定木 (すなわち，頂点ラベルとして閾関数をもつ決定木) に利用される. また，ニューラルネットワークは閾関数の拡張を頂点のラベルとしてもつ有向グラフである. このように，閾関数は人工知能や学習分野に幅広い応用をもつ. また，ゲーム理論における投票システムなどにも用いられる.

閾関数の具体例を考えよう. 表 5.9 に示す関数 f は閾関数である. 実際，

$$f(x) = \begin{cases} 1 & (x_1 - 2x_2 + 2x_3 \geq 1 \text{ のとき}) \\ 0 & (\text{それ以外}) \end{cases} \tag{5.65}$$

は f を表現する. なお，(5.65) の不等式 $x_1 - 2x_2 + 2x_3 \geq 1$ は一意ではなく，例えば，$2x_1 - 3x_2 + 2x_3 \geq 1$ に置き換え可能である. また，定義より閾関数はユネイト関数である. (5.64) の不等式 $\sum_{i=1}^{n} a_i x_i \geq t$ から

$$b_i = \begin{cases} 1 & (a_i < 0 \text{ のとき}) \\ 0 & (\text{それ以外}) \end{cases} \tag{5.66}$$

とベクトル $b \in \{0,1\}^n$ を定義すると，$x \leq_b y$ である任意のベクトル x と y に対して $f(x) \leq f(y)$ が成立する. したがって，閾関数は主論理和形が一意であることなどがわかる. さらに，閾関数は以下に示す 2-単調な論理関数となる.

5.10 閾関数と 2-単調関数 　　161

表 **5.9**　閾論理関数の例.

x_1	x_2	x_3	f
1	1	1	1
1	1	0	0
1	0	1	1
1	0	0	1
0	1	1	0
0	1	0	0
0	0	1	1
0	0	0	0

添え字集合 $I \subseteq \{1, 2, \ldots, n\}$ に対するベクトル $a \in \{0,1\}^I$ が与えられたとき,

$$A = \{x_i = a_i \mid i \in I\} \tag{5.67}$$

を命題変数 $x_i\,(i \in I)$ への**割当て**, あるいは, 単に, **部分割当て**とよぶ. 特に, $|I| = k$ である A を k-**部分割当て**という. 例えば,

$$A = \{x_1 = 1, x_2 = 1, x_4 = 0\} \tag{5.68}$$

は 3-部分割当てである. この A の**否定部分割当て** $\overline{A}$ を

$$\overline{A} = \{x_i = \overline{a}_i \mid i \in I\}$$

と定義する. 論理関数 f と (5.67) の部分割当て A に対して, f_A を f に部分割当て A を施すことにより得られる論理関数とする. 例えば, $f = x_1 x_2 x_3 \vee \overline{x}_1 x_2 \overline{x}_4 x_5 \vee x_1 \overline{x}_4 \overline{x}_5 x_6$, (5.68) の部分割当て A に対して, $f_A = x_3 \vee \overline{x}_5 x_6$ となる.

　k を正整数とする. 論理関数 f が $p \leq k$ である任意の p-部分割当て A に対して,

$$f_A \geq f_{\overline{A}}, \text{ あるいは, } f_A \leq f_{\overline{A}}$$

が成立するとき, f を k-**単調関数**という. 定義より, k-単調な関数は $(k-1)$-単調である. 例えば, 1-単調な関数 f は, 任意の変数 x_i に対して

$$f_{\{x_i = 1\}} \geq f_{\{x_i = 0\}}, \text{ あるいは, } f_{\{x_i = 1\}} \leq f_{\{x_i = 0\}}$$

が満たされることなので，1-単調性とユネイト性が同値である．このことは，以下のように示される．

まず，関数 f が 1-単調のとき，$f_{\{x_i=1\}} \geq f_{\{x_i=0\}}$ ならば $b_i = 0$，$f_{\{x_i=1\}} \leq f_{\{x_i=0\}}$ ならば $b_i = 1$ とベクトル $b \in \{0,1\}^n$ を定義する．f の 1-単調性より，$x \leq_b y$ である任意のベクトル x と y に対して $f(x) \leq f(y)$ が成立し，f はユネイトとなる．

逆に，あるベクトル b が存在して，$x \leq_b y$ である任意のベクトル x と y に対して $f(x) \leq f(y)$ が成立するとき，

$$
\begin{aligned}
f_{\{x_i=1\}} \geq f_{\{x_i=0\}} \qquad (b_i = 0 \text{ のとき}) \\
f_{\{x_i=1\}} \leq f_{\{x_i=0\}} \qquad (b_i = 1 \text{ のとき})
\end{aligned}
\tag{5.69}
$$

が成立し，f は 1-単調となる．

定理 5.23 論理関数 f が 1-単調であることと f がユネイトであることは同値である．

次に，2-単調論理関数 f を考えよう．定義より，1-単調，すなわち，ユネイトであるので，ユネイト性を示すベクトル b を用いて各変数の極性を変更した正関数 $g(x) = f(x \oplus b)$ を用いて議論しよう．なお，5.7 節で定義した単調性と本節の k-単調性と混同させないように，本節では，5.7 節の単調関数を正関数とよぶ．k-単調性は変数の極性変換に関して不変であるので，g も 2-単調となる．まず，g は正関数であることから，各変数 x_i に対して

$$
f_{\{x_i=1\}} \geq f_{\{x_i=0\}}
\tag{5.70}
$$

が成立する．また，2-部分割当て A に関しては，(5.70) より，任意の i, j に対して

$$
f_{\{x_i=1, x_j=1\}} \geq f_{\{x_i=0, x_j=0\}}
\tag{5.71}
$$

は成立するので以下の補題が成立する．

補題 5.3 f を正論理関数とする．このとき，任意の $i, j \in \{1, 2, \ldots, n\}$ に対して，

$$
f_{\{x_i=1, x_j=0\}} \geq f_{\{x_i=0, x_j=1\}}, \text{ あるいは，} f_{\{x_i=1, x_j=0\}} \leq f_{\{x_i=0, x_j=1\}}
\tag{5.72}
$$

が成立することと f が 2-単調であることは同値である．

では，ここで (5.64) を満たす閾関数 f が 2-単調であることを示そう．閾関数の定義の後で議論したように，(5.66) であるベクトル b を用いて極性変換してできた $g(x) = f(x \oplus b)$ は正関数である．このとき，$g(x)$ は

$$\sum_{i:a_i \geq 0} a_i x_i + \sum_{i:a_i < 0} a_i (1 - x_i) \geq t,$$

すなわち，

$$\sum_{i:a_i \geq 0} a_i x_i - \sum_{i:a_i < 0} a_i x_i \geq t - \sum_{i:a_i < 0} a_i \tag{5.73}$$

を満たすときに 1，そうでないとき，0 となる正閾関数となる．なお，(5.73) の不等式のすべての係数が非負であることに注意してほしい．ここで，改めて不等式 (5.73) を

$$\sum_{i=1}^{n} \alpha_i x_i \geq \theta \tag{5.74}$$

と書き換えよう．すなわち，$a_i \geq 0$ のとき $\alpha_i = a_i$，$a_i < 0$ のとき $\alpha_i = -a_i$，また，$\theta = t - \sum_{i:a_i < 0} a_i$ と定義する．このとき，

$$\begin{aligned} g_{\{x_i=1, x_j=0\}} &\geq g_{\{x_i=0, x_j=1\}} \quad (\alpha_i \geq \alpha_j \text{のとき}) \\ g_{\{x_i=1, x_j=0\}} &\leq g_{\{x_i=0, x_j=1\}} \quad (\alpha_i < \alpha_j \text{のとき}) \end{aligned} \tag{5.75}$$

が成立する．直観的には，大きな重み α_i をもつ変数 x_i を $x_i = 1$ とする方が小さな重み α_j をもつ変数 x_j を $x_j = 1$ とするより，不等式 (5.74) を満たしやすいことを意味する．補題 5.3 より，g は 2-単調となり，それゆえ，極性変換する前の関数 f も 2-単調となる．

定理 5.24 閾論理関数 f は 2-単調である．

なお，上記のように正関数 g を介さず，閾関数 f を示す不等式における係数の正負，また，絶対値の大きさで直接的に 1-，2-部分割当てにより制限した f の大小関係を議論できる．例えば，表 5.9 の閾関数 f は，$b = (010)$ に対するユネイト関数であるので，

$$f_{\{x_1=1\}} \geq f_{\{x_1=0\}}, \quad f_{\{x_2=0\}} \geq f_{\{x_2=1\}}, \quad f_{\{x_3=1\}} \geq f_{\{x_3=0\}}$$

となる．よって，$f_{\{x_1=1, x_2=0\}} \geq f_{\{x_1=0, x_2=1\}}$，$f_{\{x_1=1, x_3=1\}} \geq f_{\{x_1=0, x_3=0\}}$，$f_{\{x_2=0, x_3=1\}} \geq f_{\{x_2=1, x_3=0\}}$ が成り立つ．それ以外の 2-部分割当ては，(5.65)

164   5 論理関数

中の不等式の係数の絶対値から $f_{\{x_1=0,x_2=0\}} \geq f_{\{x_1=1,x_2=1\}}$, $f_{\{x_1=0,x_3=1\}} \geq f_{\{x_1=1,x_3=0\}}$, $f_{\{x_2=0,x_3=0\}} = f_{\{x_2=1,x_3=1\}}$ が成立する.

2-単調論理関数の定義は, 1-, 2-部分割当てを考えなくてはならず, 一見すると複雑なように思えるが, 変数の極性変換により正関数とし, また, なお変数の順序付けを変更することで, 以下のわかりやすい正則関数となる.

論理関数 f が正関数であり, かつ $x_i = 0$, $x_j = 1$, $i < j$ である任意のベクトル x と $i,j \in \{1,2,\ldots,n\}$ に対して,

$$f(x + e^{(i)} - e^{(j)}) \geq f(x) \tag{5.76}$$

を満たすとき, f を **正則関数** という. ただし, $e^{(i)}$ は, 第 i 成分が 1 でそれ以外の成分がすべて 0 である **単位ベクトル** を示す.

定理 5.25 正則な論理関数 f は 2-単調である.

(証明) 補題 5.3 から導かれる. ∎

本節の最後に, 2-単調関数の主項と主節の個数の関係について述べる.

補題 5.4 $f : \{0,1\}^n \to \{0,1\}$ を正則関数とする.

(i) f が恒偽でないとき, 任意の $v \in \max F(f)$ に対して以下の条件を満たす $w \in \min T(f)$ と $j \in \{1,2,\ldots,n\}$ が存在する.

$$w - e^{(j)} 以上である極大偽ベクトルは v のみである. \tag{5.77}$$

(ii) f が恒真でないとき, 任意の $v \in \min T(f)$ に対して以下の条件を満たす $w \in \max F(f)$ と $j \in \{1,2,\ldots,n\}$ が存在する.

$$w + e^{(j)} 以下である極小真ベクトルは v のみである. \tag{5.78}$$

(証明) (i): 任意の $v \in \max F(f)$ に対して $j = \max\{i \mid v_i = 0\}$ とする. f が恒偽でないので, j は必ず存在する. このとき, $v + e^{(j)}$ は真ベクトルである. f は正関数なので, $w \leq v + e^{(j)}$ である極小真ベクトル w が存在する. この w と j が (5.77) を満たすことを示す. まず, w と v の関係をみよう.

$$w_i = v_i \qquad (i < j) \tag{5.79}$$

$$w_j = 1 \ (> v_j = 0) \tag{5.80}$$

$$w_i \le v_i \ (= 1) \qquad (i > j) \tag{5.81}$$

が成立する.

(5.81) は $w \le v + e^{(j)}$ より明らかに成立する. (5.80) が成立しなければ, $w \le v$ となる. f は正関数なので, v も真ベクトルとなり矛盾する. よって, (5.80) が成立する. また, (5.79) が成立しないと仮定すると, 定義より, $w_i \le v_i \ (i < j)$ なので, $w_i = 0$ かつ $v_i = 1$ である $i \ (< j)$ が存在する. このとき, w が真ベクトルなので, (5.80) と正則性 (5.76) から $w + e^{(i)} - e^{(j)}$ も真ベクトルとなる. $v \ge w + e^{(i)} - e^{(j)}$ より, v も真ベクトルとなり矛盾する.

次に, $u \ge w - e^{(j)}$ である $u \in \max F(f)$ と w の関係を考えよう. このとき,

$$u_i = w_i \qquad (i < j) \tag{5.82}$$

$$u_j = 0 \ (< w_j = 1) \tag{5.83}$$

$$u_i \ge w_i \qquad (i > j) \tag{5.84}$$

が成立する.

(5.84) は $u \ge w - e^{(j)}$ より明らかに成立する. (5.83) が成立しなければ, $u \ge w$ となり, w が偽ベクトルとなり矛盾する. また, (5.82) が成立しないと仮定すると, $u_i = 1$ かつ $w_i = 0$ かつ $i \ (< j)$ が存在する. w が真ベクトルなので, (5.83) と正則性 (5.76) から $w + e^{(i)} - e^{(j)}$ が真ベクトルとなる. $u \ge w + e^{(i)} - e^{(j)}$ より, u も真ベクトルとなり矛盾する.

ここで, (5.79)〜(5.84) より,

$$u_i = v_i \qquad (i \le j)$$

$$u_i \le v_i \ (= 1) \qquad (i > j)$$

となる. u は極大偽ベクトルであることから, $u = v$ を得る. したがって, (5.77) が成立する.

(ii) についても同様に示すことができる. ∎

定理 5.26 $f : \{0, 1\}^n \to \{0, 1\}$ を恒真, 恒偽でない正則な論理関数とする. このとき, 以下の不等式が成立する:

$$\frac{1}{n} |\max F(f)| \ \le \ |\min T(f)| \ \le n |\max F(f)|,$$

166   5 論 理 関 数

すなわち，$\frac{1}{n}|\min T(f)| \leq |\max F(f)| \leq n|\min T(f)|.$

(**証明**) 補題 5.4 (i) より，$|\max F(f)| \leq n|\min T(f)|$, 補題 5.4 (ii) より，$|\min T(f)| \leq n|\max F(f)|$ となり証明される． ■

なお，恒真である論理関数 f は，$|\min T(f)| = 1$, $|\max F(f)| = 0$ であり，恒偽である論理関数 f は，$|\min T(f)| = 0$, $|\max F(f)| = 1$ である．

系 5.3 $f : \{0,1\}^n \to \{0,1\}$ を恒真，恒偽でない 2-単調論理関数とする．このとき，f は唯一な主論理和形 $\varphi = \bigvee_{t \in \mathcal{T}} t$ と主論理積形 $\psi = \bigwedge_{c \in \mathcal{C}} c$ をもち，以下の不等式が成立する：

$$\frac{1}{n}|\mathcal{C}| \leq |\mathcal{T}| \leq n|\mathcal{C}|,$$
$$\text{すなわち，} \frac{1}{n}|\mathcal{T}| \leq |\mathcal{C}| \leq n|\mathcal{T}|.$$

(**証明**) 2-単調関数は 1-単調であるので，定理 5.23 より，f はユネイト関数である．5.7 節の最後の議論より，正関数が満たす性質 (定理 5.13, 5.14) はユネイト関数においても (変数の極性変換は考慮する必要があるが) 成立するので，この系が証明される． ■

5.11   1-決定リスト

本節では，これまでに紹介した 1-決定リスト，Horn 関数，閾関数，2-単調関数の関係性に関して紹介する．

5.3.4 項で定義したように，1-決定リストは，以下の if-then-elseif-else 文

$$\textbf{if } \ell_1 = 1 \textbf{ then } b_1 を出力する$$

$$\textbf{elseif } \ell_2 = 1 \textbf{ then } b_2 を出力する$$

$$\cdots$$

$$\textbf{elseif } \ell_{r-1} = 1 \textbf{ then } b_{r-1} を出力する$$

$$\textbf{else } b_r を出力する$$

で記述できる論理関数である．ただし，ℓ_i はリテラル，$b_i \in \{0,1\}$ である．ここで，1-決定リストにおいて，各 ℓ_i がすべて負リテラルになるように変数の極性を変更する．例えば，以下の 1-決定リストを考える．

$$\textbf{if } \overline{x}_1 = 1 \textbf{ then } 1 \text{ を出力する}$$

$$\textbf{elseif } \overline{x}_2 = 1 \textbf{ then } 1 \text{ を出力する}$$

$$\textbf{elseif } \overline{x}_3 = 1 \textbf{ then } 0 \text{ を出力する}$$

$$\textbf{elseif } \overline{x}_4 = 1 \textbf{ then } 0 \text{ を出力する}$$

$$\textbf{elseif } \overline{x}_5 = 1 \textbf{ then } 1 \text{ を出力する}$$

$$\textbf{elseif } \overline{x}_6 = 1 \textbf{ then } 0 \text{ を出力する}$$

$$\textbf{elseif } \overline{x}_7 = 1 \textbf{ then } 0 \text{ を出力する}$$

$$\textbf{elseif } \overline{x}_8 = 1 \textbf{ then } 1 \text{ を出力する}$$

$$\textbf{else } 0 \text{ を出力する}$$

この決定リストは，

$$f = \overline{x}_1 \vee \overline{x}_2 \vee x_3 x_4 (\overline{x}_5 \vee x_6 x_7 \overline{x}_8) \tag{5.85}$$

$$= (\overline{x}_1 \vee \overline{x}_2 \vee x_3)(\overline{x}_1 \vee \overline{x}_2 \vee x_4)(\overline{x}_1 \vee \overline{x}_2 \vee \overline{x}_5 \vee x_6)$$

$$(\overline{x}_1 \vee \overline{x}_2 \vee \overline{x}_5 \vee x_7)(\overline{x}_1 \vee \overline{x}_2 \vee \overline{x}_5 \vee x_8) \tag{5.86}$$

と記述できる．(5.85) は決定リストをそのまま論理式として記したものであり，(5.86) は (5.85) を展開して得た Horn 論理積形となる．定義から，1-決定リストは各変数が高々1 個しか含まれない (論理和，論理積，否定から成る) 論理式で表現できる．このような論理式を**単読論理式**という．また，(5.85) に De Morgan の法則を用いることにより，f の否定は，

$$\overline{f} = x_1 x_2 (\overline{x}_3 \vee \overline{x}_4 \vee x_5 (\overline{x}_6 \vee \overline{x}_7 \vee x_8)) \tag{5.87}$$

$$= x_1 x_2 (\overline{x}_3 \vee \overline{x}_4 \vee x_5)(\overline{x}_3 \vee \overline{x}_4 \vee \overline{x}_6 \vee \overline{x}_7 \vee x_8) \tag{5.88}$$

となる．ここで，(5.88) は Horn 論理積形である．したがって，論理関数 f とその否定 $\overline{f}$ がともに Horn 論理積形で記述できる．このような関数 f は **2 重 Horn 関数**とよばれる．さらに，(5.85) が単調 (正) 関数になるように変数の極性変換すると，

$$g = x_1 \vee x_2 \vee x_3 x_4 (x_5 \vee x_6 x_7 x_8)$$

$$= x_1 \lor x_2 \lor x_3 x_4 x_5 \lor x_3 x_4 x_6 x_7 x_8 \tag{5.89}$$

となる．(5.89) の論理和形は，正則関数を表す．このことは，g が以下の不等式を用いて表現される閾関数であることからもわかる．

$$f(x) = \begin{cases} 1 & (11x_1 + 11x_2 + 4x_3 + 4x_4 + 3x_5 + x_6 + x_7 + x_8 \geq 11 \text{ のとき}) \\ 0 & (\text{それ以外}). \end{cases}$$
$$\tag{5.90}$$

以上の性質は，一般の 1-決定リストに対して成立する性質であり，これらの関係をさらに整理すると以下の定理を得る．

定理 5.27 f を論理関数とする．このとき以下の (i)〜(iv) は同値である．

(i) f は 1-決定リストで記述できる．
(ii) f は変数の極性を変更することで，2 重 Horn 関数となる．
(iii) f は閾関数であり，単読論理式で表現できる．
(iv) f は 2-単調であり，単読論理式で表現できる．

5.12　真ベクトルの個数計算

論理関数 f の真ベクトル (あるいは，偽ベクトル) の個数を計算することは基本的な問題であり，さまざまな応用において登場する．例えば，システム (論理関数) f の信頼性計算，例えば，各変数 x_i が独立に確率 p_i で 1 をとるとき，$f = 1$ である確率を計算することは信頼性分野などで頻出する．ここで，すべての p_i が 1/2 のとき，$f = 1$ である確率が真ベクトルの個数に対応する．本節では，応用上重要であり，また，説明を簡単にするため，特に，単調関数の単調論理和形が与えられたときの計算法を 2 つ紹介する．なお，単調関数以外でも同様な手法が適用できる．

単調関数 $f : \{0,1\}^n \to \{0,1\}$ の単調論理和形

$$\varphi = \bigvee_{t \in \mathcal{T}} t, \qquad \text{ただし，} t = \bigwedge_{i \in P(t)} x_i$$

が与えられたとき，その真ベクトルの個数は，

$$|T(f)| = \sum_{k=1}^{|\mathcal{T}|} (-1)^{(k-1)} \sum_{\mathcal{S} \subseteq \mathcal{T} : |\mathcal{S}| = k} 2^{n - |\bigcup_{t \in \mathcal{S}} P(t)|} \tag{5.91}$$

と計算できる．これは，有限集合 $A_1, A_2, \ldots, A_m$ からなる族 $\mathcal{A}$ に対する**包除原理**

$$| \bigcup_{A \in \mathcal{A}} A| = \sum_{k=1}^{m} (-1)^{(k-1)} \sum_{\mathcal{B} \subseteq \mathcal{A}:|\mathcal{B}|=k} | \bigcap_{A \in \mathcal{B}} A| \tag{5.92}$$

を利用している．例えば，$m = 3$，すなわち，$\mathcal{A} = \{A_1, A_2, A_3\}$ のとき，

$$|A_1 \cup A_2 \cup A_3| = |A_1| + |A_2| + |A_3| - |A_1 \cap A_2| - |A_2 \cap A_3| - |A_3 \cap A_1| + |A_1 \cap A_2 \cap A_3|$$

となる．包除原理に関しては，組合せ論的数え上げとして 6.4.3 項で議論する．

f の真ベクトルの個数だけでなく，さきほど述べた $f = 1$ の確率は，(5.91) の考え方を用いることで，

$$\mathrm{Prob}[f(x) = 1] = \sum_{k=1}^{|\mathcal{T}|} (-1)^{(k-1)} \sum_{\mathcal{S} \subseteq \mathcal{T}:|\mathcal{S}|=k} \mathrm{Prob}[\bigwedge_{t \in \mathcal{S}} t = 1] \tag{5.93}$$

であり，特に，各変数 x_i が独立に確率 p_i で 1 となる場合は，

$$\mathrm{Prob}[f(x) = 1] = \sum_{k=1}^{|\mathcal{T}|} (-1)^{(k-1)} \sum_{\mathcal{S} \subseteq \mathcal{T}:|\mathcal{S}|=k} \prod_{i \in \bigcup_{t \in \mathcal{S}} P(t)} p_i \tag{5.94}$$

で求められる．

例 5.8 論理和形 $\varphi = x_1 x_2 \vee x_2 x_3 x_4 \vee x_4 x_5$ で表現される論理関数 $f : \{0,1\}^5 \to \{0,1\}$ に対して，(5.94) を用いると，

$$\mathrm{Prob}[f(x) = 1] = p_1 p_2 + p_2 p_3 p_4 + p_4 p_5 - p_1 p_2 p_3 p_4$$
$$- p_2 p_3 p_4 p_5 - p_1 p_2 p_4 p_5 + p_1 p_2 p_3 p_4 p_5 \tag{5.95}$$

となる． ◁

なお，式 (5.93) からもわかるように，包除原理に基づく方法は単調論理和形以外にも拡張可能である．

もう 1 つの方法は論理和形 $\varphi = \bigvee_{t \in \mathcal{T}} t$ が与えられたとき，$\mathcal{T}$ の項を $t_1, t_2, \ldots, t_{|\mathcal{T}|}$ と並べ，

$$\mathrm{Prob}[f(x) = 1] = \sum_{k=1}^{|\mathcal{T}|} \mathrm{Prob}[\bigwedge_{i=1}^{k-1} \bar{t}_i \wedge t_k = 1] \tag{5.96}$$

170   5 論 理 関 数

とする方法である．これは $T(f)$ を互いに共通部分をもたない領域，具体的には，各 k に対して，t_k を満たすが，それ以前の項 $t_1, t_2, \ldots, t_{k-1}$ を満たさない領域に分割する方法である．すなわち，$g_k = \bigwedge_{i=1}^{k-1} \overline{t}_i \wedge t_k \ (k = 1, 2, \ldots, |T|)$ とするときに，

$$f = \bigvee_{k=1}^{|T|} g_i \tag{5.97}$$

$$g_i \wedge g_j = \bot \qquad (i \neq j) \tag{5.98}$$

が成立する．ここで，$\bot$ は恒偽を表す．

例 5.9 例 5.8 の論理和形 φ の項を $t_1 = x_1 x_2, t_2 = x_2 x_3 x_4, t_3 = x_4 x_5$ と並べると，

$$\overline{t}_1 \wedge t_2 = (\overline{x}_1 \vee \overline{x}_2) x_2 x_3 x_4 = \overline{x}_1 x_2 x_3 x_4$$

$$\overline{t}_1 \wedge \overline{t}_2 \wedge t_3 = (\overline{x}_1 \vee \overline{x}_2)(\overline{x}_2 \vee \overline{x}_3 \vee \overline{x}_4) x_4 x_5 = \overline{x}_2 x_4 x_5 \vee \overline{x}_1 \overline{x}_3 x_4 x_5$$

となり，(5.96) は，

$$\mathrm{Prob}[f(x) = 1] = \mathrm{Prob}[x_1 x_2 = 1] + \mathrm{Prob}[\overline{x}_1 x_2 x_3 x_4 = 1]$$
$$+ \mathrm{Prob}[\overline{x}_2 x_4 x_5 \vee \overline{x}_1 \overline{x}_3 x_4 x_5 = 1] \tag{5.99}$$

となる．

　包除原理に基づく方法 (5.93) の右辺の Prob の中身はすべて項であり，したがって，それぞれの項が 1 となる確率は (5.94) のように容易に計算できる．もちろん，$2^{|T|}$ 個の和をとる必要があり，指数時間必要となる．一方，(5.96) の右辺の Prob は，もともとの論理和形 φ の項数 $|T|$ しかない．しかし，Prob の中身である g_k は，(5.99) の $\overline{x}_2 x_4 x_5 \vee \overline{x}_1 \overline{x}_3 x_4 x_5$ のように，一般に項ではなく，$\mathrm{Prob}[g_k = 1]$ 自体を効率的に計算できそうにない．(5.96) の考え方を再帰的に用いることで，Prob の中身をすべて項にすることはできる．例えば，$\overline{x}_2 x_4 x_5 \vee \overline{x}_1 \overline{x}_3 x_4 x_5 = \overline{x}_2 x_4 x_5 \vee \overline{x}_1 x_2 \overline{x}_3 x_4 x_5$ とし，

$$\mathrm{Prob}[f(x) = 1] = \mathrm{Prob}[x_1 x_2 = 1] + \mathrm{Prob}[\overline{x}_1 x_2 x_3 x_4 = 1]$$
$$+ \mathrm{Prob}[\overline{x}_2 x_4 x_5 = 1] + \mathrm{Prob}[\overline{x}_1 x_2 \overline{x}_3 x_4 x_5 = 1]$$

$$\tag{5.100}$$

とすることができるが，結果として，指数個の確率 Prob の和になり，この方法でも，一般的には効率的な計算法でない．　　　　　　　　　　　　　　　　　　◁

論理和形 $\varphi = \bigvee_{t \in \mathcal{T}} t$ が相異なる 2 項 $t, t' \in \mathcal{T}$ に対して，$t \wedge t' = \bot$ を満たすとき，φ を**直交論理和形**とよぶ．例えば，2 分決定木から得られる論理和形は直交論理和形である．それは以下の議論からわかる．

2 分決定木から得られる論理和形 φ 中の各項は決定木中の根から葉への有向路に対応する．したがって，相異なる 2 項 t と t' に対応する 2 つの有向路が初めて分岐する頂点のラベルを x_i とすると，t あるいは t' のいずれか一方はリテラル x_i を含み，もう一方はリテラル $\overline{x}_i$ を含む．よって，$t \wedge t' = \bot$ となり，φ は直交論理和形となる．

直交論理和形 $\varphi = \bigvee_{t \in \mathcal{T}} t$ においては，$\mathcal{T}$ の項をどの順序で並べても $t_1, t_2 \ldots, t_{|\mathcal{T}|}$，

$$t_k = \bigwedge_{i=1}^{k-1} \overline{t}_i \wedge\ t_k \quad (k = 1, 2, \ldots, |\mathcal{T}|)$$

となる．よって，(5.96) に基づく確率，あるいは真ベクトルの個数などは効率的に計算可能である．したがって，2 分決定木として与えられた論理関数の確率なども効率的に求められる．

次に，正則関数 f の主論理和形 $\varphi = \bigvee_{t \in \mathcal{T}} t$，$t = \bigwedge_{i \in P(t)} x_i$ を考えよう．単調項 t に対して項 t^* を以下のように定義する：

$$t^* = t \wedge \bigwedge_{i \notin P(t) : i < \max\limits_{j \in P(t)} j} \overline{x}_i. \tag{5.101}$$

例えば，$t = x_1 x_4 x_6$ のとき，$t^* = x_1 \overline{x}_2 \overline{x}_3 x_4 \overline{x}_5 x_6$ となる．$\mathcal{T}$ は，極小真ベクトルに対応する主項の集合より，任意の相異なる 2 つの主項 $t, t' \in \mathcal{T}$ に対して，$P(t) \setminus P(t'), P(t') \setminus P(t) \neq \emptyset$ が成立する．このとき，主項を辞書式順に $t_1 <_{\mathrm{Lex}} t_2 <_{\mathrm{Lex}} \cdots <_{\mathrm{Lex}} t_{|\mathcal{T}|}$ と並べる．ここで，

$$\min_{i \in P(t) \setminus P(t')} i\ <\ \min_{i \in P(t') \setminus P(t)} i$$

を満たすとき，t は t' より**辞書式順**で小さいといい，$t <_{\mathrm{Lex}} t'$ と記す．例えば，$t = x_1 x_2 x_4$，$t' = x_1 x_3 x_5 x_7$，$t'' = x_1 x_6$ に対して $t <_{\mathrm{Lex}} t' <_{\mathrm{Lex}} t''$ となる．このとき以下の補題が成立する．

補題 5.5 正則関数 f の主項を辞書式順に $t_1 <_{\mathrm{Lex}} t_2 <_{\mathrm{Lex}} \cdots <_{\mathrm{Lex}} t_{|\mathcal{T}|}$ と並べる．このとき，

172   5 論 理 関 数

$$t_k^* = \bigwedge_{i=1}^{k-1} \bar{t}_i \wedge t_k \qquad (k = 1, 2, \ldots, |\mathcal{T}|)$$

が成立する.

(証明) f の主項 t_k に関して, $j_{\max} = \max\limits_{j \in P(t_k)} j$ と定義し, $i < j_{\max}$ かつ $i \notin P(t_k)$ である任意の i を考えよう. f の正則性より, $P(t) = (P(t_k) \setminus \{j_{\max}\}) \cup \{i\}$ である単調項 t は f の内項になる. よって, $t_h \geq t$ である f の主項 t_h が存在する. この主項 t_h は以下の条件を満たす.

(i) $i \in P(t_h)$ を満たす.

(ii) $r < i$ かつ $r \in P(t_k)$ ならば, $r \in P(t_h)$ を満たす.

(i) でないとすると, $t_h > t_k$ となり, t_k が主項であることに矛盾する. また, (ii) でない, すなわち, $r < i$ かつ $r \in P(t_k) \setminus P(t_h)$ である r が存在すると, f の正則性から, $P(t') = (P(t_h) \setminus \{i\}) \cup \{r\}$ である単調項 t' は f の内項となり, $t' > t_k$ が成立し, 再び t_k が主項であることに矛盾する. したがって, (i), (ii) はともに成立する.

(i), (ii) より, $t_h <_{\mathrm{Lex}} t_k$ であり, $\bar{t}_h \wedge t_k = \bar{x}_i \wedge t_k$ が成立する. したがって, $t_k^* \geq \bigwedge_{i=1}^{k-1} \bar{t}_i \wedge t_k$ となる. また, どんな $t <_{\mathrm{Lex}} t_k$ である主項 t も $i < j_{\max}$ かつ $i \in P(t) \setminus P(t_k)$ である i をもつので, $t_k^* = \bigwedge_{i=1}^{k-1} \bar{t}_i \wedge t_k$ が成立する. ∎

定理 5.28 正則関数 f の主項集合 $\mathcal{T}$ に対して, $\varphi^* = \bigvee_{t \in \mathcal{T}} t^*$ は f を表現する直交論理和形である.

(証明) 補題 5.5 より導かれる. ∎

以上から, 正則関数 f の主論理和形 φ が与えられた場合, 項を辞書式順に並べ, (5.96) を利用することで, $f = 1$ の確率などを効率的に計算できる. なお, f が単調関数であることを事前に知っていれば, f の任意の論理和形から主論理和形を効率的に計算できることに注意されたい.

また, 上記では論理関数 f の論理和形が与えられたときの確率計算などを考察した. 論理積形が与えられたときも, 5.4 節の議論より, $\bar{f}$ の論理和形が与えられたことと同値であるので, $\bar{f} = 1$ の確率, すなわち, $f = 1$ の確率も計算可能であ

る．また，論理関数の確率計算は，信頼性分野のみならず，例えば，ゲーム理論における **Shapley–Shubik** (シャープレイ–シュービック) 指数，**Banzhaf** (バンザフ) 指数という投票指数などの計算にも適用可能である．

6 組合せ論的数え上げ

本章では，古典的な組合せ論，特に，数え上げについて解説する．

6.1 順列と組合せ

有限個の要素の一部を順序をつけて一列に並べることを**順列**という．相異なる n 個の要素から k 個 $(0 \leq k \leq n)$ とり，一列に並べる順列の総数は，

$$P(n,k) = \frac{n!}{(n-k)!} = \prod_{i=0}^{k-1}(n-i) = n(n-1)\cdots(n-k+1) \tag{6.1}$$

となる．ここで，$0! = 1$ と定義されることに注意されたい．(6.1) で，$k = n$，すなわち，相異なる n 個をすべて一列に並べる順列の総数は，$P(n,n) = n!$ となる．さらに，相異なる n 個の要素から k 個 $(0 \leq k \leq n)$ 選ぶことを**組合せ**といい，その総数は，

$$\binom{n}{k} = \frac{n!}{k!(n-k)!} \tag{6.2}$$

となる．式 (6.2) からもわかるように，相異なる n 個の要素から k 個選ぶ総数と $n-k$ 個選ぶ総数が等しい．これは k 個選ぶことと $n-k$ 個 (の捨てるものを) 選ぶことが対応するからである．また，6.3 節で述べるように，(6.2) の組合せの総数は 2 項係数ともよばれる．順列，組合せの総数 $P(n,k)$，$\binom{n}{k}$ はそれぞれ $_nP_k$，$_nC_k$ と記述されることもある．

次に重複を許した順列，組合せを考えよう．m 種類からなる n 個の要素の順列，より正確には，第 1 種類 d_1 個，第 2 種類 d_2 個，$\ldots$，第 m 種類 d_m 個の要素が与えられたとする．ただし，$n = \sum_{i=1}^{m} d_i$ とする．このとき，これらの要素を並べることを**重複順列**という．例えば，第 1 種類 2 個，第 2 種類 1 個からなるとき，その重複順列は，$(1,1,2),(1,2,1),(2,1,1)$ と 3 通り存在する．一般に，重複順列の総数は，

$$\binom{n}{d_1, d_2, \ldots, d_m} = \frac{n!}{d_1! d_2! \cdots d_m!} \tag{6.3}$$

– 175 –

176   6 組合せ論的数え上げ

となる. 例えば, 上記の例 (第 1 種類 2 個, 第 2 種類 1 個からなるとき) においては, (6.3) より $\binom{3}{2,1} = \frac{3!}{2!1!} = 3$ となる.

式 (6.3) が重複順列の総数を表すことは, 以下のようにしてわかる. まず, 相異なる n 個の要素を並べ方として, $P(n,n) = n!$ 通り存在する. そのうち, 第 1 種類の d_1 個は区別する必要はない. すなわち, 本来 d_1 個が相異なると仮定したときの並べ方 $d_1!$ 通りを 1 通りとみなしてよく, このことは, 本来の $n!$ を $d_1!$ で割ることを意味する. 同様に, 第 2 種類の d_2 個, $\ldots$, 第 m 種類の d_m 個を区別する必要はない. したがって, (6.3) が重複順列の総数を表す. $m = 2$ のとき, 重複順列は, 相異なる n 個から d_1 個選ぶ組合せに対応する. なお, 各 d_i が十分大きいとき, すなわち, どの種類も十分たくさんあるとき, その中から r 個要素を並べる重複順列の総数は, m^r となる.

次に, m 種類の要素の中から重複を許して n 個とる**重複組合せ**の総数を考えよう. なお, 重複順列とは違い, 重複組合せにおいては重複の回数に制限はない. 例えば, 2 種類の要素 a, b から 3 個選ぶとき, その重複組合せは,

$$\{a,a,a\}, \{a,a,b\}, \{a,b,b\}, \{b,b,b\} \tag{6.4}$$

と 4 通り存在する. これらを以下のように解釈しよう:

$$\circ \circ \circ |, \ \circ \circ | \circ, \ \circ | \circ \circ, \ | \circ \circ \circ . \tag{6.5}$$

ここで, ○は, a あるいは b であり, | の以前は a, 以降は b とする. 例えば, ○○|○ は $\{a,a,b\}$ に対応する. また, ○○○| は, | の後に○がなく, b をもたず, $\{a,a,a\}$ に対応する. このような解釈を与えると, (6.4) と (6.5) は同じ重複組合せを表す. すなわち, 重複組合せは, もともと選ぶ n 個の○と種類数 -1 個の | を重複を考えて並べる重複順列とみなすことができる. 上の例では, $n = 3$ 個の○と $m - 1 = 1$ 個の | の重複順列である. 以上のことより,

$$\binom{n+m-1}{n, m-1} = \binom{n+m-1}{n} \tag{6.6}$$

は m 種類の要素から重複を許して n 個とる重複組合せの総数を表す.

有限写像の総数

本節で学んだ順列, 組合せの総数は, 有限写像の総数に関連付けられる.

2つの集合 A と B に対して, f を A から B への**写像**, すなわち, $f: A \to B$ とする. f の像 $\mathrm{Im} f = \{f(a) \mid a \in A\}$ が B と等しいとき, f を**全射**という. また, 任意の相異なる $a_1, a_2 \in A$ に対して, $f(a_1) \neq f(a_2)$ を満たすとき, f を**単射**といい, 全射かつ単射である写像を**全単射**という. 2つの集合 A, B がともに有限であると仮定する. 上記の定義から明らかに, f が全射であれば, $|A| \geq |B|$, 単射であれば, $|A| \leq |B|$, 全単射であれば, $|A| = |B|$ が成立する. このような有限写像は, 図 6.1 にあるように, 2 部グラフを用いて記述すると理解しやすい場合がある. 例えば, 図 6.1 (i) において, どの頂点 $b \in B$ も次数が 1 以上であることから, この写像は全射を表している. また, (ii) において, どの頂点 $b \in B$ も次数が 1 以下であることから, この写像は単射を表している.

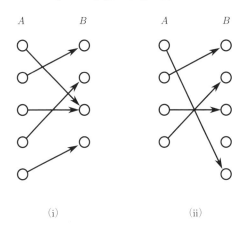

図 **6.1**　(i) 全射と (ii) 単射.

$n = |A|$, $m = |B|$ として, これらの性質を満たす写像の個数を考えよう. まず, 写像 $f: A \to B$ は, 十分たくさんある m 種類の要素の中から n 個を並べる重複順列に対応する. よって, 写像の個数は m^n となる. 単射 $f: A \to B$ は, 上記に述べたように $n \leq m$ を満たし, m 個の中から重複を許さないで n 個とり, 並べる順列に対応する. したがって, その総数は $P(m, n)$ となる. 全単射 $f: A \to B$ は, 上記に述べたように $n = m$ を満たし, 相異なる n 個を一列に並べる順列に対応するので, その個数は $P(n, n) = n!$ となる. 最後に, 全射 $f: A \to B$ を考えよう. まず, $n \geq m$ を満たす. また, 全射は n 個の要素を m 個の非空な (ラベル付

き) 部分集合に分割することを意味する．これは，6.2 節で述べる**第 2 種 Stirling (スターリング) 数**に関連しており，その総数は，

$$\sum_{i=0}^{m}(-1)^{m-i}\binom{m}{i}i^n \tag{6.7}$$

となる．その証明などは 6.2 節を参照されたい．

6.2 Stirling 数と Bell 数

前節で説明した順列，組合せに関連して，本節では，2 種類の Stirling 数と Bell (ベル) 数について述べる．まず，第 1 種 Stirling 数を定義する．

相異なる n 個の中から m 個とり並べる総数 $P(n,m) = n(n-1)\cdots(n-m+1)$ の n を変数 x に置き換える．これにより得られる m 次の多項式 $q(x) = x(x-1)\cdots(x-m+1)$ を展開し整理した際に得られる x^k の係数を**第 1 種 Stirling 数** $s(m,k)$ とよぶ．すなわち，

$$\begin{aligned} q(x) &= x(x-1)\cdots(x-m+1) \\ &= \sum_{k=0}^{m} s(m,k)x^k \end{aligned} \tag{6.8}$$

が成立する．この第 1 種 Stirling 数 $s : \mathbb{Z}_+^2 \to \mathbb{Z}$ は以下の漸化式を満たす．

$$s(m+1,k) = s(m,k-1) - m \cdot s(m,k) \quad (k>0) \tag{6.9}$$

$$s(0,0) = 1 \tag{6.10}$$

$$s(m,0) = 0 \quad (m>0) \tag{6.11}$$

$$s(0,k) = 0 \quad (k>0). \tag{6.12}$$

この漸化式から $m < k$ のとき $s(m,k) = 0$ となり，本質的に，$m \geq k \geq 0$ のときだけ $s(m,k)$ を定義する．表 6.1 に $0 \leq k \leq m \leq 5$ である m, k に対する $s(m,k)$ の値を示す．

この Stirling 数の絶対値 $|s(m,k)|$ は**符号なし第 1 種 Stirling 数**とよばれ，$\begin{bmatrix} m \\ k \end{bmatrix}$ と記述される．では，この Stirling 数はどのような意味があるのだろうか？ $\begin{bmatrix} m \\ k \end{bmatrix}$

表 **6.1** $0 \leq k \leq m \leq 5$ である m, k に対する第1種 Stirling 数 $s(m,k)$ の値.

	$k=0$	$k=1$	$k=2$	$k=3$	$k=4$	$k=5$
$m=0$	1					
$m=1$	0	1				
$m=2$	0	-1	1			
$m=3$	0	2	-3	1		
$m=4$	0	-6	11	-6	1	
$m=5$	0	24	-50	35	-10	1

は相異なる m 個の要素を k 個の巡回列に分割する組合せの総数を与える．ここで n 個の要素からなる**巡回列**とは，n 個の要素を円の周上に順番に並べることである．図 6.2 に 1,2,3,4 と 4 つの要素からなる巡回列の例を与える．(i) は，12 時 (一番上) から時計回りに数字を記すと，$(2,1,4,3)$ となる．同様に，(ii) と (iii) はそれぞれ $(4,3,2,1)$ と $(2,3,1,4)$ となる．(ii) は (i) を 180 度回転することによって得られるので，同じ巡回列を表す．一方，(iii) は (i) の回転によって得られないので，異なる巡回列を表す．

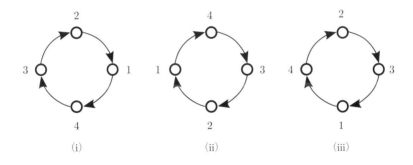

図 **6.2** 巡回列の例．

符号なし第1種 Stirling 数の意味を組合せ的に確認してみよう．まず，$s(m,k)$ の漸化式 (6.9)〜(6.12) から下記の漸化式

$$\begin{bmatrix} m+1 \\ k \end{bmatrix} = \begin{bmatrix} m \\ k-1 \end{bmatrix} + m \begin{bmatrix} m \\ k \end{bmatrix} \tag{6.13}$$

$$\begin{bmatrix} 0 \\ 0 \end{bmatrix} = 1 \tag{6.14}$$

$$\begin{bmatrix} m \\ 0 \end{bmatrix} = 0 \quad (m > 0) \tag{6.15}$$

$$\begin{bmatrix} 0 \\ k \end{bmatrix} = 0 \quad (k > 0) \tag{6.16}$$

を得る．ここで，$1 < k \le m$ のとき，$s(m, k-1)$ と $s(m, k)$ の符号が違うことに注意されたい．また，(6.13) は，以下のように帰納的に解釈できる．

$m+1$ 個の要素の中から任意に 1 つの要素を選ぶ．$m+1$ 個の要素を k 個の巡回列に分割するとき，選んだ要素以外が $k-1$ 個に分割される場合と k 個に分割される場合の 2 通り考えられる．前者の場合，選んだ要素はただ 1 つからなる巡回列を形成するので，その総数は，m 個の要素から $k-1$ 個の巡回列をつくる総数 $\begin{bmatrix} m \\ k-1 \end{bmatrix}$ となる．一方，後者の場合は選んだ要素は単独で巡回列をつくらず，どこかの巡回列に含まれる．このとき，選んだ要素がどの要素の後に現れるかによって異なる巡回列を形成するので，後者の総数は m 個の要素から k 個の巡回列をつくる総数を m 倍した $m \begin{bmatrix} m \\ k \end{bmatrix}$ となり，(6.13) を得る．

初期条件の式 (6.14), (6.16) は一見わかり難い．ただ，$s(m, k)$ のときと同様に，$m < k$ のとき $\begin{bmatrix} m \\ k \end{bmatrix} = 0$ となる．さらに，この事実と (6.13) より，任意の非負整数 m に対して，

$$\begin{bmatrix} m \\ m \end{bmatrix} = 1 \tag{6.17}$$

を得る．したがって，初期条件として，(6.14), (6.15), (6.16) の代わりに，$m \ge k \ge 0$ として (6.15) と (6.17) を用いればよい．(6.17) は，m 個の要素から m 個の巡回列への分割は，それぞれ要素が 1 つである巡回列への分解となり，その総数は 1 となる．

6.2 Stirling 数と Bell 数　　181

以上をまとめると，$\begin{bmatrix} m \\ k \end{bmatrix}$ は相異なる m 個の要素を k 個の巡回列に分割する組合せの総数を与えることがわかる.

次に第 2 種 Stirling 数を考えよう. **第 2 種 Stirling 数** $S(m,k)$ とは，相異なる m 個のものを k 個の非空な部分集合に分割する総数を示す. ここで，k 個の部分集合はラベル付けされておらず，区別されない. ラベル付けして区別すると，6.1 節で述べた m 個の要素から k 個の要素への全射の総数となる. このことは，全射の総数が $k!\,S(m,k)$ であることを意味する. なお，第 2 種 Stirling 数 $S(m,k)$ は $\begin{Bmatrix} m \\ k \end{Bmatrix}$ と記されることもある.

この $S(m,k)$ は以下の漸化式を満たす.

$$S(m+1,k) = S(m,k-1) + k \cdot S(m,k) \tag{6.18}$$

$$S(0,0) = 1 \tag{6.19}$$

$$S(m,0) = 0 \quad (m > 0) \tag{6.20}$$

$$S(0,k) = 0 \quad (k > 0) \tag{6.21}$$

漸化式 (6.18) は，以下のように帰納的に解釈できる.

$m+1$ 個の要素の中から任意に 1 つの要素を選ぶ. $m+1$ 個の要素が k 個に分割されるとき，選んだ要素以外が $k-1$ 個に分割される場合と k 個に分割される場合の 2 通り考えられる. 前者の場合，選んだ要素はただ 1 つからなる部分集合となるので，その総数は m 個を $k-1$ 個に分割する総数 $S(m,k-1)$ となる. 一方，後者の場合，すなわち，k 個に分割される場合は，選んだ要素が k 個のいずれかに含まれるので，その総数は m 個を k 個に分割する総数 $S(m,k)$ を k 倍したものとなる. したがって，(6.18) を得る.

この漸化式から，$m < k$ のとき $S(m,k) = 0$ となり，本質的に，$m \geq k \geq 0$ のときだけ $S(m,k)$ を定義する. 表 6.2 に $0 \leq k \leq m \leq 5$ である m,k に対する $S(m,k)$ の値を示す.

この第 2 種 Stirling 数の一般項は

$$S(m,k) = \frac{1}{k!} \sum_{i=0}^{k} (-1)^{k-i} \binom{k}{i} i^m \tag{6.22}$$

となる. これを説明するために，6.1 節で述べた写像の総数を利用する. 任意の正

182   6   組合せ論的数え上げ

表 6.2 $0 \le k \le m \le 5$ である m, k に対する第 2 種 Stirling 数 $S(m, k)$ の値.

	$k = 0$	$k = 1$	$k = 2$	$k = 3$	$k = 4$	$k = 5$
$m = 0$	1					
$m = 1$	0	1				
$m = 2$	0	1	1			
$m = 3$	0	1	3	1		
$m = 4$	0	1	7	6	1	
$m = 5$	0	1	15	25	10	1

整数 i と m が $i \ge m$ を満たすと仮定する. このとき, 要素数 m の集合 A から要素数 i の集合 B への写像の総数は 6.1 節で述べたように i^m 個となる. 一方, この写像の総数は, まず A を $k = 0, 1, \ldots, m$ 個の非空な部分集合に分割し, それらの部分集合を B 中の k 個の (ラベル付き) 要素に割り当てた総数と等しい, すなわち,

$$i^m = \sum_{k=0}^{m} S(m, k) P(i, k) \left(= \sum_{k=0}^{m} S(m, k) i(i-1) \cdots (i-k+1) \right) \quad (6.23)$$

となる. 式 (6.23) の右辺, 左辺ともに i に関して m 次多項式となる. ここで $i \ge m$ である任意の整数 i で (6.23) が成立するので, (6.23) は恒等式, すなわち, 任意の i に対して (6.23) が満たされる. この式を利用することで, 式 (6.22) を示すことができる. なお, この証明は 6.4 節で紹介する 2 項反転公式を用いればすぐに理解できる.

最後に, 第 2 種 Stirling 数に関連する Bell (ベル) 数を紹介する. **Bell 数** B_m とは, 相異なる m 個の要素を非空な部分集合に分割する総数, すなわち,

$$B_m = \sum_{k=0}^{m} S(m, k) \left(= \sum_{k=0}^{+\infty} S(m, k) \right) \quad (6.24)$$

を示す. Bell 数は以下の漸化式

$$B_{m+1} = \sum_{k=0}^{m} \binom{m}{k} B_k \quad (6.25)$$

$$B_0 = 1 \quad (6.26)$$

を満たす．これは以下のように帰納的に説明できる．

$m+1$ 個の要素から任意に 1 つ要素を選ぶ．選んだ要素を含む部分集合 C 以外に含まれる要素数を k とする．部分集合 C は選んだ要素以外の m 個から $m-k$ 個を選ぶ組合せで決まる．残りの k 個の要素は，C 以外の (非空な) 部分集合に分割される．以上をまとめると，

$$B_{m+1} = \sum_{k=0}^{m} \binom{m}{m-k} B_k \tag{6.27}$$

となる．ここで，$\binom{m}{k} = \binom{m}{m-k}$ より，(6.25) を得る．また，B_m の一般項は (6.22) と (6.24) などを用いて整理すると，

$$B_m = \frac{1}{e} \sum_{k=0}^{+\infty} \frac{k^m}{k!} \tag{6.28}$$

となる．ただし，e は自然対数の底であり，$e = \sum_{k=0}^{+\infty} \frac{1}{k!}$ であることに注意されたい．なお，この一般項の証明は本書では省略するが，それほど容易ではない．

6.3 母 関 数

数列 $a_0, a_1, \ldots, a_k, \ldots$ に対してそれを係数としてもつ (形式的) 冪級数

$$g(x) = a_0 + a_1 x + \cdots + a_k x^k + \cdots \tag{6.29}$$

を数列 $a_0, a_1, \ldots, a_k, \ldots$ の**母関数**という．この $g(x)$ は数列の第 k 成分 a_k に x^k を掛け，それらを足し合わせることによってできる．定義から，明らかに，数列とその母関数は 1 対 1 に対応する．数列の第 k 成分 a_k に掛けられる関数 x^k を母関数 (6.29) の**指標関数**という．あとで述べるが，別の指標関数を用いることで違うタイプの母関数を定義することができる．上記の母関数の定義では，無限列を用いたが，有限列 $a_0, a_1, \ldots, a_k$ に対しても，$a_{k+i} = 0 \ (i \geq 1)$ とすることで，母関数を考えることができる．

2 項係数 $\binom{n}{k} \ (k = 0, 1, \ldots, n)$ に対する母関数

$$(1+x)^n = \sum_{k=0}^{n} \binom{n}{k} x^k \tag{6.30}$$

が最も有名である．左辺の $(1+x)^n$ を展開するとき，1 あるいは x を n 回選ぶわけであるが，x を丁度 k 回とる組合せ $\binom{n}{k}$ が x^k の係数になることを意味する恒

184   6 組合せ論的数え上げ

等式である．(6.30) は，**2 項定理**

$$(a+b)^n = \sum_{k=0}^{n} \binom{n}{k} a^{n-k} b^k \tag{6.31}$$

の特殊形といえる．式 (6.30) のような恒等式を得ると，数列，この場合，2 項係数に関するさまざまな関係式を求めることができる．例えば，x に 1 あるいは -1 を代入することで，

$$2^n = \sum_{k=0}^{n} \binom{n}{k} \tag{6.32}$$

$$0 = \sum_{k=0}^{n} \binom{n}{k} (-1)^k \tag{6.33}$$

を得る．

指標関数として x^k の代わりに $\frac{x^k}{k!}$ を用いる母関数

$$g(x) = a_0 + a_1 \frac{x}{1!} + \cdots + a_k \frac{x^k}{k!} + \cdots \tag{6.34}$$

を**指数型母関数**という．なお，この指数型母関数 $g(x)$ を x に関して k 回微分し，その後 $x = 0$ を代入すれば，a_k を得られることに注意されたい．順列の総数 $P(n,k)$ は $P(n,k) = k! \binom{n}{k}$ であるので，(6.30) より，$P(n,k)$ に対する指数型母関数は

$$(1+x)^n = \sum_{k=0}^{n} P(n,k) \frac{x^k}{k!} \tag{6.35}$$

を満たす．証明は省略するが，前節で与えた Stirling 数，Bell 数に関しては以下の恒等式が成立する：

$$\frac{(\log(1+x))^m}{m!} = \sum_{k=0}^{+\infty} s(k,m) \frac{x^k}{k!} \tag{6.36}$$

$$\frac{(e^x - 1)^m}{m!} = \sum_{k=0}^{+\infty} S(k,m) \frac{x^k}{k!} \tag{6.37}$$

$$e^{e^x - 1} = \sum_{k=0}^{+\infty} B_k \frac{x^k}{k!}. \tag{6.38}$$

6.4 反 転 公 式

本節では，2つの数列に対する反転公式を述べる．具体的には，2項反転公式，Stirling の反転公式，Möbius (メビウス) の反転公式を紹介する．また，Möbius の反転公式を利用して，ふるいの公式と包除原理を説明する．

6.4.1 2項反転公式と Stirling の反転公式

まず，本項では，**2項反転公式**を紹介する．

定理 6.1 (2項反転公式) 2つの数列 a_i, b_i $(i = 0, 1, \ldots, n)$ に対して以下の2つの式が成立することは同値である：

$$a_i = \sum_{j=0}^{i} \binom{i}{j} b_j \tag{6.39}$$

$$b_i = \sum_{j=0}^{i} (-1)^{i-j} \binom{i}{j} a_j. \tag{6.40}$$

この定理を証明する前に，その応用を考えよう．例えば，この定理により，第2種 Stirling 数の一般項 (6.22) を導くことができる．
(6.23) より，

$$i^m = \sum_{j=0}^{m} S(m, j) i(i-1) \cdots (i-j+1) \tag{6.41}$$

$$= \sum_{j=0}^{i} \binom{i}{j} j! S(m, j) \tag{6.42}$$

を得る．(6.41) の右辺で $j \geq i+1$ のとき，$S(m, j) i(i-1) \cdots (i-j+1) = 0$ となることに注意されたい．したがって，定理 6.1 を用いて，式 (6.42) を反転することで，第2種 Stirling 数の一般項

$$S(m, i) = \frac{1}{i!} \sum_{j=0}^{i} (-1)^{i-j} \binom{i}{j} j^m \tag{6.43}$$

を得る．
では，この2項反転定理を系として導く，2つの数列に対する反転公式を証明しよう．

186   6 組合せ論的数え上げ

定理 6.2 x に関する i 次多項式 $p_i(x)$ と $q_i(x)$ $(i = 0, 1, \ldots, n)$ に対して，定数 $c(i,j)$ と $d(i,j)$ $(j = 0, 1, \ldots, i)$ が存在して，2 つの恒等式

$$p_i(x) = \sum_{j=0}^{i} c(i,j)q_j(x) \tag{6.44}$$

$$q_i(x) = \sum_{j=0}^{i} d(i,j)p_j(x) \tag{6.45}$$

が成り立つとする．このとき，2 つの数列 a_i, b_i $(i = 0, 1, \ldots, n)$ に対して以下の 2 つの式は同値である．

$$a_i = \sum_{j=0}^{i} c(i,j)b_j \tag{6.46}$$

$$b_i = \sum_{j=0}^{i} d(i,j)a_j \tag{6.47}$$

この反転公式は線形代数における逆変換に他ならない．$n+1$ 次正方行列 $C = [c_{ij}]_{i,j=0,1,\ldots,n}$ を (6.44) の $c(i,j)$ を用いて，

$$c_{ij} = \begin{cases} c(i,j) & (i \geq j \text{ のとき}) \\ 0 & (\text{それ以外}) \end{cases}$$

と定義する．ここで，$C = [c_{ij}]_{i,j=0,1,\ldots,n}$ は，行列 C の第 i, j 成分が c_{ij} である ことを意味する．例えば，$n = 3$ のとき，

$$C = \begin{bmatrix} c(0,0) & 0 & 0 & 0 \\ c(1,0) & c(1,1) & 0 & 0 \\ c(2,0) & c(2,1) & c(2,2) & 0 \\ c(3,0) & c(3,1) & c(3,2) & c(3,3) \end{bmatrix}$$

になる．同様に，$n+1$ 次正方行列 $D = [d_{ij}]_{i,j=0,1,\ldots,n}$ を (6.45) の $d(i,j)$ を用いて，

$$d_{ij} = \begin{cases} d(i,j) & (i \geq j \text{ のとき}) \\ 0 & (\text{それ以外}) \end{cases}$$

と定義する．

このとき, $p_i(x)$ と $q_i(x)$ は i 次多項式より, C と D ともに対角成分が非零である下三角行列となる. $\mathbf{p}(x)$, $\mathbf{q}(x)$ をそれぞれ第 i 成分が $p_i(x)$, $q_i(x)$ である $n+1$ 次元の多項式ベクトルとする. このとき, 恒等式 (6.44) と (6.45) はそれぞれ

$$\mathbf{p}(x) = C\mathbf{q}(x) \tag{6.48}$$

$$\mathbf{q}(x) = D\mathbf{p}(x) \tag{6.49}$$

となり,

$$\mathbf{q}(x) = DC\mathbf{q}(x) \tag{6.50}$$

を得る. ここで, $\mathbf{q}(x)$ は第 i 成分が i 次多項式である多項式ベクトルなので, DC は単位行列, また, D は C の逆行列となる. このことを理解すれば, 定理 6.2 は容易に理解できる.

この定理の系として, すでに紹介した 2 項反転公式が成立する.

まず, 2 項定理 (6.31) より,

$$x^i = (1 + (x-1))^i = \sum_{j=0}^{i} \binom{i}{j}(x-1)^j \tag{6.51}$$

$$(x-1)^i = \sum_{j=0}^{i} (-1)^{i-j}\binom{i}{j}x^j \tag{6.52}$$

が成立する. $p_i(x) = x^i$, $q_i(x) = (x-1)^i$, $c(i,j) = \binom{i}{j}$, $d(i,j) = (-1)^{i-j}\binom{i}{j}$ とおくと, 式 (6.44), (6.45) が満たされる. したがって, 定理 6.1 が成立する.

本項の最後に Stirling の反転公式を与える.

Stirling 数 $s(m,k)$ と $S(m,k)$ に関して, (6.8) と (6.23) より, $i = 0, 1, \ldots$ に関して

$$x(x-1)\cdots(x-i+1) = \sum_{j=0}^{i} s(i,j)x^j \tag{6.53}$$

$$x^i = \sum_{j=0}^{i} S(i,j)x(x-1)\cdots(x-j+1) \tag{6.54}$$

が成立する. ただし, $i = 0$ のとき, $x(x-1)\cdots(x-i+1)$ は 1 を意味する. また, (6.23) は, その後に議論したように, i に対する恒等式であり, i を変数 x に置き換えてよいことに注意されたい.

188   6 組合せ論的数え上げ

系 6.1 (Stirling の反転公式) 2 つの数列 a_i, b_i $(i = 1, 2, \ldots, n)$ に対して以下の 2 つの式が成立することは同値である.

$$a_i = \sum_{j=1}^{i} s(i,j) b_j \tag{6.55}$$

$$b_i = \sum_{j=1}^{i} S(i,j) a_j \tag{6.56}$$

このように第 1 種と第 2 種 Stirling 数は綺麗な関係をもつ. この系は **Stirling の反転公式** とよばれる.

6.4.2 Möbius の反転公式

本項では, これまで議論した (非負整数集合に関する) 反転公式を, 最小要素をもつ局所有限な半順序集合 (X, R) に関する反転公式に拡張する. その後, その系として Möbius の反転公式を与える.

3.3 節で述べたように, 反射律 ($\forall i \in X$: $(i,i) \in R$), 推移律 ($\forall i, j, k \in X$: $(i, j), (j, k) \in R \Rightarrow (i, k) \in R$), 反対称律 ($\forall i, j \in X$: $(i, j), (j, i) \in R \Rightarrow i = j$) を満たす 2 項関係 (X, R) を半順序集合という. 半順序集合 (X, R) において, すべての閉区間

$$[\ell, u] = \{i \in X \mid (\ell, i), (i, u) \in R\}$$

が有限集合であるとき, (X, R) を **局所有限** という. $i \in X$ が任意の要素 $j \in X$ に対して $(i, j) \in R$ であるとき, i を R に対する最小要素という.

最小要素 0 をもつ局所有限な半順序集合 (X, R) と以下の条件 (i) と (ii) を満たす関数 $f: X^2 \to \mathbb{R}$ を考える.

(i) $i = j$ ならば, $f(i, j) \neq 0$.

(ii) $(i, j) \notin R$ ならば, $f(i, j) = 0$.

要素 $t \in X$ に対して R の意味で t 以下である要素を $k_0, k_1, \ldots, k_n$ とする. すなわち, 要素 k_i $(i = 0, 1, \ldots, n)$ は, $(k_i, t) \in R$ を満たす. これらの要素を, $(k_i, k_j) \in R$ であれば $i \leq j$ を満たすように $k_0 (= 0), k_1, \ldots, k_n (= t)$ と並べる. このとき, 第 $i, j (= 0, 1, \ldots, n)$ 成分が $f(k_i, k_j)$ である $(n+1) \times (n+1)$ 行列を $M_{f,t}$ とすると,

条件 (i) と (ii) より，$M_{f,t}$ は逆行列 $M_{f,t}^{-1}$ をもつ．さらに，条件 (i) と (ii) を満たし，かつ，$M_{g,t} = M_{f,t}^{-1}$ であるような関数 $g : X^2 \to \mathbb{R}$ が存在する．したがって，任意の関数 $a, b : X \to \mathbb{R}$ に対して，以下の2つの式が成立することは同値である．

$$a(i) = \sum_{j \in X} f(j, i) b(j) \tag{6.57}$$

$$b(i) = \sum_{j \in X} g(j, i) a(j). \tag{6.58}$$

このように，最小要素をもつ局所有限な半順序集合において反転公式が成立する．

最小要素をもつ局所有限な半順序集合 (X, R) に対して関数 $\mu : X^2 \to \mathbb{R}$ を以下のように再帰的に定義する：

$$\mu(i,j) = \begin{cases} 1 & (i = j \text{ のとき}) \\ -\displaystyle\sum_{k \in [i,j] : k \neq j} \mu(i,k) & (i \neq j \text{ かつ } (i,j) \in R \text{ のとき}) \\ 0 & ((i,j) \notin R \text{ のとき}). \end{cases} \tag{6.59}$$

この関数 μ は (X, R) 上の **Möbius (メビウス) 関数**とよばれる．この関数は定義より明らかに前節の条件 (i) $\mu(i,i) \neq 0$ と (ii) $(i,j) \notin R$ ならば $\mu(i,j) = 0$ を満たす．上記で議論した行列 $M_{\mu,t}$ の逆行列 $M_{\zeta,t}$ をつくる関数 ζ は以下のように定義される：

$$\zeta(i,j) = \begin{cases} 1 & ((i,j) \in R \text{ のとき}) \\ 0 & ((i,j) \notin R \text{ のとき}). \end{cases} \tag{6.60}$$

関数 ζ は **Riemann (リーマン) のゼータ関数**とよばれる．任意の $t \in X$ に対して，$M_{\zeta,t}$ が $M_{\mu,t}$ の逆行列になることは，任意の相異なる $i, j \in X$ が $(i,j) \in R$ を満たすとき，

$$\sum_{k \in [i,j]} \mu(i,k) = 0$$

が成立することに気づけば，容易にわかる．

したがって，本項の最初に議論した，拡張された反転公式の系として **Möbius の反転公式**を得る．

定理 6.3 最小要素をもつ局所有限な半順序集合 (X, R) 上の Möbius 関数を μ，Riemann のゼータ関数を ζ とする．任意の2つの関数 $a, b : X \to \mathbb{R}$ に対して，以

下の 2 つの式が成立することは同値である.

$$a(i) = \sum_{j \in X} \mu(j, i) b(j) \tag{6.61}$$

$$b(i) = \sum_{j \in X} \zeta(j, i) a(j). \tag{6.62}$$

6.4.3 ふるいの公式と包除原理

本項では, Möbius の反転公式を利用して, ふるいの公式と包除原理を説明する.

加法的集合関数 m をもつ集合 V を考える. $m : 2^V \to \mathbb{R}$ は, 互いに素 (すなわち, $U \cap W = \emptyset$) である任意の $U, W \in V$ に対して

$$m(U) + m(W) = m(U \cup W) \tag{6.63}$$

を満たすとき**加法的**とよばれる. 定義より, $m(\emptyset) = 0$ となる. V の n 個の部分集合 $A_1, A_2, \ldots, A_n$ に対して, その添え字集合を $I = \{1, 2, \ldots, n\}$ とする. このとき, I の部分集合間の包含に基づく 2 項関係 $(2^I, R_\subseteq)$ を定義する. すなわち, $R_\subseteq = \{(J, K) \in 2^I \times 2^I \mid J \subseteq K\}$ とする. 定義より $(2^I, R_\subseteq)$ は局所有限半順序集合である. この上の Möbius 関数は

$$\mu(J, K) = \begin{cases} (-1)^{|K-J|} & (J \subseteq K \text{ のとき}) \\ 0 & (\text{それ以外}) \end{cases} \tag{6.64}$$

となる. 2 つの関数 $a, b : 2^I \to \mathbb{R}$ を

$$a(J) = m\Big(\bigcap_{i \in I-J} A_i \Big) \tag{6.65}$$

$$b(J) = m\Big(\bigcap_{i \in I-J} A_i - \bigcup_{i \in J} A_i \Big) \tag{6.66}$$

とする. ここで, $\bigcap_{i \in \emptyset} A_i = \bigcup_{i \in I} A_i$ と定義されることに注意されたい. 定義より, $a(I) = m\big(\bigcup_{i \in I} A_i\big)$, $b(I) = m(\emptyset) = 0$ であり,

$$a(K) = \sum_{J \subseteq K} b(J) \tag{6.67}$$

が成立する. したがって, (6.64) より, Möbius の反転公式 (定理 6.3) を用いて,

$$b(I) = \sum_{J \subseteq I} (-1)^{|I-J|} a(J)$$

$$= m\left(\bigcup_{i \in I} A_i\right) + \sum_{J \subsetneq I} (-1)^{|I-J|} m\left(\bigcap_{i \in I-J} A_i\right)$$

を得る．ここで，左辺は $b(I) = 0$ であるので，ふるいの公式とよばれる以下の恒等式が成立する：

$$m\left(\bigcup_{i \in I} A_i\right) = \sum_{J \subseteq I : J \neq \emptyset} (-1)^{|J|-1} m\left(\bigcap_{i \in J} A_i\right). \tag{6.68}$$

さらに，加法的関数 m を $m(U) = |U|$ と置くと，次の包除原理を得る：

$$\left|\bigcup_{i \in I} A_i\right| = \sum_{J \subseteq I : J \neq \emptyset} (-1)^{|J|-1} \left|\bigcap_{i \in J} A_i\right|. \tag{6.69}$$

この包除原理は 5.12 節においても論理関数の真ベクトルの個数などを議論する際に扱った．

なお，式 (6.63) で定義される加法的集合関数 $m : 2^V \to \mathbb{R}$ は，$m(\emptyset) = 0$ であるモジュラ関数と同値である．ただし，**モジュラ関数**とは

$$m(U) + m(W) = m(U \cup W) + m(U \cap W) \quad (\forall U, \forall W \subseteq V) \tag{6.70}$$

を満たす集合関数であり，定義より，

$$m(U) = (-|U| + 1)m(\emptyset) + \sum_{i \in U} m(\{i\}) \quad (\forall U \subseteq V) \tag{6.71}$$

と記述できる関数である．離散最適化では，式 (6.70) を不等式

$$m(U) + m(W) \geq m(U \cup W) + m(U \cap W) \quad (\forall U, \forall W \subseteq V) \tag{6.72}$$

に変更して定義される**劣モジュラ関数**は重要な役割を果たす．なお，逆向きの不等式を満たす集合関数は**優モジュラ関数**とよばれる．

7 グラフ：発展

　本章では，2章の発展として，交差グラフとよばれるグラフの部分クラスとグラフを拡張した超グラフについて解説する．これまで無向グラフの辺は (v,w) のように丸括弧で記述してきたが，本章では，記述が容易になるので，辺を中括弧を用いて $\{v,w\}$ と記述する．

7.1　交差グラフ

　本節では，まず，線グラフ，その拡張である交差グラフの定義を与える．次に，交差グラフの特殊な場合である，区間グラフ，弦グラフを紹介する．

7.1.1　線グラフと交差グラフ

　$G = (V,E)$ を無向グラフとする．ただし，$E \subseteq \binom{V}{2}$ とする．このグラフ G から新たなグラフ $L(G) = (V(L), E(L))$ を以下のように構成する．

　G の辺 e が $L(G)$ の頂点となる．また，2つの $e, e' \in E$ に対して，$e \cap e' \neq \emptyset$ のとき，かつ，そのときに限り，辺 $\{e, e'\}$ を引く．すなわち，線グラフ $L(G)$ の頂点集合と辺集合は

$$V(L) = E \tag{7.1}$$

$$E(L) = \left\{ \{e, e'\} \in \binom{E}{2} \,\middle|\, e \cap e' \neq \emptyset \right\} \tag{7.2}$$

となる．このグラフ $L(G)$ は G の**線グラフ**とよばれる．例えば，図 7.1 に無向グラフ G とその線グラフ $L(G)$ を示す．定義より，線グラフは**クロー**とよばれる完全2部グラフ $K_{1,3}$ を誘導部分グラフとして含まない．図 7.2 にクローを図示する．このことは以下の議論からわかる．

　辺 $e = \{v, w\}$ と共通部分をもつどんな辺 $e' \in E$ も v あるいは w をもつ．線グラフの定義より，v をもつ辺集合 $E_v (\subseteq E)$，w をもつ辺集合 $E_w (\subseteq E)$ はそれぞれ線グラフ中でクリーク (誘導部分グラフが完全グラフ) を形成する．したがって，

– 193 –

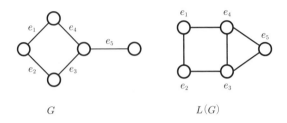

図 **7.1** 無向グラフ G とその線グラフ $L(G)$.

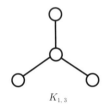

図 **7.2** クロー $K_{1,3}$.

どんな線グラフもクロー $K_{1,3}$ を誘導部分グラフとして含まない．ただ，逆は必ずしも成り立たない．例えば，図 7.3 の無向グラフ G はクローを誘導部分グラフとして含まないが，どんなグラフの線グラフとしても表現できない．

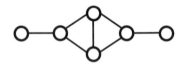

図 **7.3** 誘導部分グラフとしてクローを含まないが，線グラフでないグラフ G.

次に，この線グラフの概念を拡張しよう．各頂点が集合を表し，それらの頂点 u, v に対応する集合が共通部分をもつとき，かつ，そのときに限り，辺 $e = \{u, v\}$ をもつグラフを **交差グラフ** という．線グラフは，各頂点が要素数が 2 である集合に対応する交差グラフである．

以下では，交差グラフの例として，区間グラフと弦グラフを紹介する．

7.1.2 区間グラフ

2つの実数 $\ell, u \in \mathbb{R}$ が $\ell \leq u$ を満たすとき，閉区間 $[\ell, u]$ を

$$[\ell, u] = \{x \in \mathbb{R} \mid \ell \leq x \leq u\}$$

と定義する．n 個の閉区間 $I_j = [\ell_j, u_j]$ $(j = 1, 2, \ldots, n)$ に対する交差グラフ $G = (V, E)$ は

$$V = \{I_j \mid j = 1, 2, \ldots, n\} \tag{7.3}$$

$$E = \left\{\{I_j, I_k\} \in \binom{V}{2} \,\middle|\, I_j \cap I_k \neq \emptyset\right\} \tag{7.4}$$

と定義される．このような区間に対する交差グラフ，すなわち，区間表現をもつグラフを**区間グラフ**という．図 7.4 (i) の閉区間の集合に対する区間グラフを図 7.4 (ii) に記す．ここで，図 7.4 (i) において横方向が区間を表す実数の大きさを示すものとする．なお，見やすくするために，各区間を縦方向にずらして表示している．

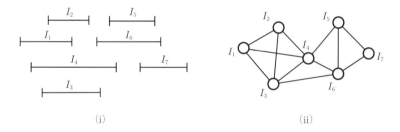

図 **7.4** (i) 閉区間の集合と (ii) 対応する区間グラフ.

開始時間と終了時間が与えられた仕事を区間とみなすとき，区間グラフは仕事の集合の重複を表す．このことからわかるように，区間グラフはスケジューリング問題などさまざまな応用をもつ．

この区間グラフ $G = (V, E)$ の性質を考えよう．まず，記法の混乱を避けるため，区間 $I_j = [\ell_j, u_j]$ に対応する頂点を $j \in V$ とする．$\{j, k\} \notin E$ であるとき，定義より，区間 I_j が区間 I_k の右側 $(\ell_j > u_k)$ あるいは左側 $(u_j < \ell_k)$ に存在する．このとき，

$$R_{\preceq} = \left\{(j, k) \in V^2 \,\middle|\, u_j < \ell_k \text{ あるいは } j = k\right\} \tag{7.5}$$

196   7 グラフ：発展

と定義すると，$(V, R_{\preceq})$ は半順序集合となる．すなわち，G の補グラフ $\overline{G}$ をうまく有向化することで半順序集合を得る．このようなグラフ $\overline{G}$ は**比較可能**グラフとよばれる．

　また，定義から，G は長さ 4 以上の閉路を誘導部分グラフとしてもたない．G が閉路 $C = 0, 1, \ldots, k (= 0)$ $(k \geq 4)$ を誘導部分グラフとしてもつと仮定する．ただし，$j = 0, 1, \ldots, k$ は頂点とする．頂点 0 と頂点 2 は隣接しない．さきほどの議論より，一般性を失うことなく，区間 I_2 は区間 I_0 の右側に存在すると仮定する．頂点 1 は頂点 0 と 2 と隣接する．一方，頂点 3 は頂点 2 と隣接するが，頂点 1 とは隣接しない．したがって，区間 I_3 は I_1 の右側に存在し，区間 I_j $(j = 0, 1, 2, 3)$ は図 7.5 (i) に示す位置関係になる．この議論を繰り返すことで，区間 I_j $(j = 0, 1, \ldots, k)$ は図 7.5 (ii) と (iii) にように表現できる．ただし，(ii) は k が奇数のとき，また，(iii) は k が偶数のときに対応する．しかし，どちらの場合も $I_0 = I_k$ に矛盾する．

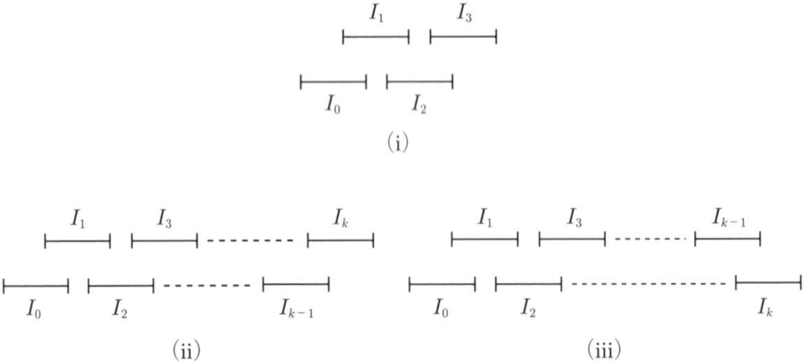

図 7.5　区間グラフが長さ 4 以上の閉路を誘導部分グラフとしてもたないことを説明する図.

　次に区間グラフ $G = (V, E)$ をクリークにより特徴付けよう．頂点集合 $W \subseteq V$ が，クリーク (すなわち，$G[W]$ が完全) であり，どんな $U \supsetneq W$ もクリークにならないとき，W は**極大クリーク**とよばれる．極大クリークをすべて並べた列 $W_1, W_2, \ldots, W_p$ が

(CP) 任意の頂点 $j \in V$ に対して，j を含む極大クリークが連続して現れる

を満たすとき，その列を G の**クリーク路**とよぶ．例えば，図 7.4 (ii) の区間グラフは次の 4 個の極大クリークをもつ：

$$W_1 = \{I_1, I_2, I_3, I_4\}, W_2 = \{I_3, I_4, I_6\}, W_3 = \{I_4, I_5, I_6\}, W_4 = \{I_5, I_6, I_7\}.$$

この順序はクリーク路を与える.

実際, I_1, I_2 は W_1 のみに現れる. また, I_4 は W_1, W_2, W_3 と連続的に現れる. このように, どの区間 (頂点) I_j も連続的に出現する.

これらの性質により以下のように区間グラフが特徴付けられる.

定理 7.1 グラフ $G = (V, E)$ に対して, 以下の (i), (ii), (iii) は同値である.

(i) G は区間グラフである.

(ii) G は長さ 4 の閉路 C_4 を誘導部分グラフとしてもたず, その補グラフ $\overline{G}$ が比較可能グラフとなる.

(iii) G はクリーク路をもつ.

この証明の準備として, まず次の補題を示す.

補題 7.1 定理 7.1 の (ii) を満たすグラフ $G = (V, E)$ に対して, G の任意の相異なる 2 つの極大クリーク S と T は以下の (I) と (II) を満たす.

(I) $\{s, t\} \notin E$ である頂点 $s \in S$, $t \in T$ が存在する.

(II) (I) を満たすすべての頂点対 $s \in S$, $t \in T$ は, $\overline{G}$ の比較可能性を示す半順序 $R_{\preceq}$ において同じ向きで現れる.

(II) は, $s, s' \in S$, $t, t' \in T$ が $\{s, t\}, \{s', t'\} \notin E$ であるとき, $(s, t), (s', t') \in R_{\preceq}$, あるいは, $(t, s), (t', s') \in R_{\preceq}$ であり, $(s, t), (t', s') \in R_{\preceq}$ でないことを意味する.

(証明) S と T は極大クリークなので (I) は明らかに成立する.

(II) に関しては, $s, s' \in S$, $t, t' \in T$, $(s, t), (t', s') \in R_{\preceq}$ として矛盾を導く. まず, $s \neq s'$ である. そうでないならば, $R_{\preceq}$ の半順序性から $(t', t) \in R_{\preceq}$ となり, T がクリークであることに矛盾する. 同様に, $t \neq t'$ である. 次に, $\{s, t'\} \notin E$, $\{s', t\} \notin E$ のいずれか一方は必ず成立することがわかる. そうでないとすると, G が C_4 を誘導部分グラフとしてもつことになり矛盾する. 一般性を失うことなく, $\{s, t'\} \notin E$ とする. $(s, t') \in R_{\preceq}$ ならば, $R_{\preceq}$ の半順序性から $(s, s') \in R_{\preceq}$ となり, S がクリークであることに矛盾する. $(t', s) \in R_{\preceq}$ ならば, $R_{\preceq}$ の半順序性

198　　7　グラフ：発展

から $(t', t) \in R_{\preceq}$ となり，T がクリークであることに矛盾する．したがって，(II) は成立する．∎

定理 7.1 の証明: この定理の前の議論から (i) $\implies$ (ii) は成立する.

(ii) $\implies$ (iii)：$R_{\preceq}$ を利用して，極大クリークの集合 $\mathcal{W}$ の 2 項関係 $R_{\leq}$ を定義する：

$$R_{\leq} = \{(W_1, W_2) \in \mathcal{W}^2 \mid W_1 = W_2$$
$$\text{あるいは } \exists w_1 \in W_1, \exists w_2 \in W_2 : (w_1, w_2) \in R_{\preceq}\}.$$

補題 7.1 より，任意の相異なる 2 つ極大クリーク W_1 と W_2 に対して，$(W_1, W_2) \in R_{\leq}$ と $(W_2, W_1) \in R_{\leq}$ のいずれか一方のみが成立する.

以降は，この 2 項関係 $R_{\leq}$ が全順序であり，クリーク路を与えることを示す.

まず，$R_{\leq}$ が推移律を満たすことでその全順序性を示す．相異なる 3 つの極大クリーク W_1, W_2, W_3 が $(W_1, W_2), (W_2, W_3) \in R_{\leq}$ を満たすものとする．定義より，$w_1 \in W_1$，$w_2, w_2' \in W_2$，$w_3 \in W_3$ が存在し，$(w_1, w_2), (w_2', w_3) \in R_{\preceq}$ を満たす．$w_2 = w_2'$ であれば，$R_{\preceq}$ の推移律から $(w_1, w_3) \in R_{\preceq}$，すなわち，$(W_1, W_3) \in R_{\leq}$ を得る．よって，$w_2 \neq w_2'$ である場合を考える．このとき，$\{w_1, w_2'\}, \{w_2, w_3\} \in E$ となる（さもなければ，$R_{\preceq}$ の推移律から $R_{\leq}$ の推移律が証明できる）．G が C_4 を誘導部分グラフとして含まないので，$\{w_2, w_2'\} \in E$ より $\{w_1, w_3\} \notin E$ を得る．$(w_3, w_1) \in R_{\preceq}$ ならば，$(w_2', w_3) \in R_{\preceq}$ より，$(w_2', w_1) \in R_{\preceq}$ となる．一方，$(w_1, w_2) \in R_{\preceq}$ なので，補題 7.1 に矛盾する．したがって，$(w_1, w_3) \in R_{\preceq}$ となり，$R_{\leq}$ の推移律は成立する.

最後に，$R_{\leq}$ がクリーク路を与えることを示す．頂点 $j \in V$ と 3 つの極大クリーク W_1, W_2, W_3 が $(W_1, W_2), (W_2, W_3) \in R_{\leq}$，$j \in W_1 \cap W_3$，$j \notin W_2$ を満たすと仮定し，矛盾を導く．W_2 の極大性から $\{k, j\} \notin E$ であるような $k \in W_2$ が存在する．$(k, j) \in R_{\preceq}$ ならば $(W_1, W_2) \in R_{\leq}$ に矛盾する．また，$(j, k) \in R_{\preceq}$ ならば $(W_2, W_3) \in R_{\leq}$ に矛盾する．したがって，上記の仮定は成立せず，$R_{\leq}$ がクリーク路を与える.

(iii) $\implies$ (i)：極大クリーク列 $W_1, W_2, \ldots, W_p$ がクリーク路を与えるとする．このとき，任意の頂点 $j \in V$ に対して，$\ell_j = \min\{q \mid j \in W_q\}$，$u_j = \max\{q \mid j \in W_q\}$ と定義し，区間

$$I_j = [\ell_j, u_j]$$

を与える．このとき，$I_j \cap I_k \neq \emptyset$ であることは頂点 j と k をともに含むクリークが存在することと同値である．すなわち，

$$I_j \cap I_k \neq \emptyset \Longleftrightarrow (j,k) \in E$$

となり，G が区間表現をもつことを意味する． ∎

なお，定理 7.1 の (ii) は，本節初めの議論より，

(ii′) G は長さ 4 以上の閉路を誘導部分グラフをもたず，その補グラフ $\overline{G}$ が比較可能グラフとなる．

に置き換えてもよい．

7.1.3 弦グラフ

グラフ $G = (V, E)$ が長さが 4 以上の閉路を誘導部分グラフとしてもたないとき，G は**弦グラフ**とよばれる．弦グラフは**三角化グラフ**ともよばれる．定義より，弦グラフとは，長さが 4 以上のどんな閉路 $C = v_0, v_1, \ldots, v_k (= v_0)$ $(k \geq 4)$ も $i \neq j-1, j, j+1 \pmod{k}$ であるような辺 (v_i, v_j) を必ず 1 本以上もつ．このような辺を閉路 C に対する**弦**という．例えば，図 7.6 に示すグラフ G において，辺 $e_1, e_4, e_9, e_8, e_6, e_2$ でつくられる長さ 6 の閉路は 3 つの弦 e_3, e_5, e_7 をもつ．また，辺 e_1, e_4, e_5, e_2 でつくられる長さ 4 の閉路は弦 e_3 をもつ．このように図 7.6 に示すグラフ G は長さが 4 以上のどんな閉路も弦をもつので，弦グラフとなる．また，前節の議論 (ii′) より，区間グラフは弦グラフとなる．しかしながら，逆は成立しない．

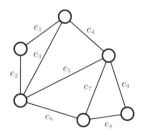

図 **7.6** 弦グラフ G．

無向木 $T = (W, F)$ 中の部分木 T_j $(j = 1, 2, \ldots, p)$ に対する交差グラフを考えよう．例えば，図 7.7 に示す無向木 T とその部分木 $T_j = (V_j, E_j)$ $(j = 1, 2, 3, 4, 5)$ を考える．ただし，各部分木は以下の頂点集合をもつ．

$$V_1 = \{1, 2, 3, 8\}, V_2 = \{2, 3, 4, 5, 8\}, V_3 = \{2, 8, 9, 10\}, \\ V_4 = \{3, 4, 6, 7\}, V_5 = \{8, 10, 11, 12\}. \tag{7.6}$$

図 7.8 にその交差グラフを図示する．

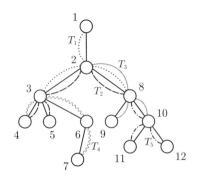

図 **7.7** 無向木中の部分木 T_j $(j = 1, 2, 3, 4, 5)$.

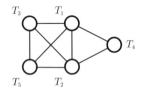

図 **7.8** 図 7.7 に示す部分木に対する交差グラフ．

前節の区間グラフと同様な議論により，部分木に対する交差グラフは弦グラフとなる．本書では証明を与えないが，実は逆，すなわち，任意の弦グラフは部分木表現をもつことも知られている．なお，次節で正確な定義を与えるが，部分木の族は**超木**とよばれる．

本節の最後に，弦グラフのグラフ論的な特徴付けを行う．

G のすべての頂点の列 $v_1, v_2, \ldots, v_n$ が以下の性質を満たすとき，**完全消去順**と

7.1 交差グラフ   201

よぶ.

(PE) 任意の頂点 $v_j \in V$ に対して,$k > j$ である v_j の隣接頂点 v_k の集合はクリークをなす.

例えば,図 7.8 のグラフの頂点を T_5, T_3, T_4, T_1, T_2 と並べると完全消去順を得る.なお,文献によっては,上記の逆順を完全消去順とよぶことがある.頂点 $v \in V$ の近傍

$$N(v) = \{w \in V \mid \{v, w\} \in E\}$$

がクリークであるとき v は**単体的頂点**とよばれる.例えば,図 7.8 のグラフの頂点 T_3, T_4, T_5 は単体的である.定義より,v が単体的であることと $N(v) \cup \{v\}$ がクリークとなることは同値である.(PE) より,完全消去順の第 k 番目の頂点 v_k は部分グラフ $G[V_{\geq k}]$ において単体的頂点でなくてはならない.ただし,$V_{\geq k} = \{v_i \mid i \geq k\}$ とする.特に,第 1 番目の頂点 v_1 は G の単体的頂点となる.

以下では,完全消去順,あるいは,分離点集合の性質で弦グラフを特徴付ける.

定理 7.2 グラフ $G = (V, E)$ に対して,以下の 3 つ条件は同値である.

(i) G は弦グラフである.

(ii) G が完全消去順をもつ.

(iii) 任意の頂点集合 $W \subseteq V$ と任意の相異なる 2 つの頂点 $s, t \in W$ に対して,誘導部分グラフ $G[W]$ の極小な s-t 分離点集合はすべてクリークとなる.

(iii) において,$s, t \in W$ が $\{s, t\} \in E$ を満たせば,s-t 分離点集合は存在しない.したがって,(iii) の条件を考える際,そのような s, t は除外してよいことを意味する.

(証明) (ii) $\Rightarrow$ (i) $\Rightarrow$ (iii) $\Rightarrow$ (ii) の順で証明を与える.

(ii) $\Rightarrow$ (i):C を長さが 4 以上の閉路とする.このとき,完全消去順で初めて現れる C 中の頂点を v とすると,完全消去順の定義より,C 中で v に隣接する 2 つの頂点 u, w は隣接する.したがって,C は弦をもつ.

(i) $\Rightarrow$ (iii):弦グラフの定義から,弦グラフの誘導部分グラフはすべて弦グラフになるので,弦グラフ G の任意の 2 つの頂点 $s, t \in V$ に対して,G の極小な s-t 分離点集合がすべてクリークとなることを示せば十分である.

202   7 グラフ：発展

U を極小な s-t 分離点集合とし，S を $G[V \setminus U]$ の s を含む連結成分，T を $G[V \setminus U]$ の t を含む連結成分とする．$|U| \leq 1$ ならば明らかに成立する．$|U| \geq 2$ のとき，U 内の相異なる 2 点を u, v とすると，U の極小性から $G[S \cup \{u, v\}]$ は u-v 路をもつので，その中で (辺数に関して) 最短な u-v 路を 1 つ選び，P_s とする．同様に，$G[T \cup \{u, v\}]$ における最短 u-v 路を 1 つ選び，P_t とする．$\{u, v\} \notin E$ とすると，P_s と P_t を繋げることで，弦をもたない閉路が存在することになり矛盾する．したがって，U はクリークとなる．

(iii) $\Rightarrow$ (ii)：G が完全グラフのときは明らかに成立する．特に，G の頂点数 n が 1 であるときも成立する．以降では，帰納法を用いて，$n \geq 2$ のとき，(iii) が満たされるならば，

$$完全でないグラフ G は隣接しない 2 つの単体的頂点をもつ \qquad (7.7)$$

ことを示す．(iii) は誘導部分グラフの性質であるので，(7.7) を示すことができれば，G のすべての誘導部分グラフで (7.7) を示すことになり，完全消去順の存在性が証明できる．

まず，$n = 2$ のとき明らかに成立する．$n = k (\geq 2)$ のとき成立していると仮定して，$n = k + 1$ のときを考える．隣接しない 2 つの頂点 $s, t \in V$ に対する G の極小な s-t 分離点集合 U をとる．S を $G[V \setminus U]$ の s を含む連結成分，T を $G[V \setminus U]$ の t を含む連結成分とする．$|S| + |U| \leq k$ なので，帰納法の仮定から $G[S \cup U]$ が完全でないならば，隣接しない 2 つの単体的頂点をもつ．(iii) より，U はクリークなので，少なくとも 1 つの単体的頂点 v は S に含まれる．そうでないときも，$G[S \cup U]$ が完全なので，S 内に単体的頂点 v をもつ．このように，$G[S \cup U]$ の単体的頂点 v が S に含まれるならば，U が分離頂点集合なので，v は G の単体的頂点となる．

同様の議論を T に用いることで，T 内に G の単体的頂点 w が存在することがわかる．v と w は隣接しないので，(ii) が証明される． ∎

7.2 超 グ ラ フ

無向グラフ $G = (V, E)$ の辺集合 E は $\binom{V}{2}$ の部分集合である．これを集合族 $\mathcal{E} \subseteq 2^V$ と拡張した $\mathcal{H} = (V, \mathcal{E})$ を**超**グラフ，あるいは，**ハイパーグラフ**という．

また，$E \in \mathcal{E}$ を**超辺**あるいは，**ハイパー辺**という．定義から明らかに，超グラフは，集合族，あるいは，2部グラフと同一視することができる．ここで，頂点集合がV_1とV_2と分割される2部グラフ$G = (V_1 \cup V_2, E)$においては，例えば，

$$\mathcal{E} = \{N(v) \subseteq V_2 \mid v \in V_1\}$$

と定義すると，超グラフを得る．本書では，超グラフと集合族をあまり区別せず記述する．

超グラフ$\mathcal{H} = (V, \mathcal{E})$の相異なる2つの超辺$E_1, E_2 \in \mathcal{E}$が，$E_1 \not\subseteq E_2$かつ$E_1 \not\supseteq E_2$を満たすとき，$\mathcal{H}$は**Sperner (シュペルナー) 超グラフ**，**単純超グラフ**，あるいは**クラッタ**とよばれる．また，$\mathcal{H} = (V, \mathcal{E})$が Sperner (シュペルナー) 超グラフであるとき，$\mathcal{E}$を**Sperner 族**とよぶ．

超グラフ$\mathcal{H} = (V, \mathcal{E})$に対して，$T \subseteq V$が，どの$E \in \mathcal{E}$に対しても$T \cap E \neq \emptyset$を満たすとき，$T$を$\mathcal{E}$ (あるいは，$\mathcal{H}$) の**横断**という．$\mathcal{E}$のすべての極小な横断からなる集合を$Tr(\mathcal{E})$と記す．例えば，$\mathcal{E} = \{\{1,2\}, \{2,3,4\}, \{1,4\}\}$に対しては，$Tr(\mathcal{E}) = \{\{1,2\}, \{1,3\}, \{1,4\}, \{2,4\}\}$となる．$\mathcal{E}$が Sperner 族であるとき，

$$Tr(Tr(\mathcal{E})) = \mathcal{E} \tag{7.8}$$

が成立する．

Sperner 超グラフは単調論理関数と1対1に対応する．式 (7.8) の性質は，単調論理関数の双対性に関連する．具体的には，

$$f = \bigwedge_{E \in \mathcal{E}} \left(\bigvee_{i \in E} x_i \right) \tag{7.9}$$

$$= \bigvee_{T \in Tr(\mathcal{E})} \left(\bigwedge_{i \in T} x_i \right) \tag{7.10}$$

という関係をもつ．すなわち，Sperner 超グラフが主論理積形 (極大偽ベクトル集合) に対応するとき，その極小横断な集合は主論理和形 (極小真ベクトル集合) に対応する．このことは，論理積形を展開し，主項以外を取り除くことにより，主論理和形が得られることからわかる．

本節の最後に 7.1.3 項で述べた超グラフによる弦グラフの特徴付けを示す．木$T = (V, E)$に対して，$V_i \subseteq V$ $(i = 1, 2, \ldots, k)$が部分木$T[V_i]$を与えるとする．このとき，超グラフ$\mathcal{T} = (V, \{V_i \mid i = 1, 2, \ldots, k\})$を$T$に**由来する超木**，あるいは単に**超木**とよぶ．例えば，式 (7.6) で定義される超グラフ$\mathcal{H} = (\{i \in \mathbb{Z} \mid$

$1 \leq i \leq 12\}, \{V_j \mid j = 1, 2, 3, 4, 5\}$) は,図 7.7 で与えられる部分木の集合 T_j ($j = 1, 2, 3, 4, 5$) に対応するので,$\mathcal{H}$ は超木となる.

図 7.9 (i) の超グラフ $\mathcal{H}$ は超木とならない.なぜならば,7.1.3 項で述べたように超木の交差グラフは弦グラフであり,したがって,長さ 4 以上の閉路を誘導部分グラフとしてもたないからである.一方,図 7.9 (i) の超グラフに対する交差グラフは長さ 4 の閉路になり,$\mathcal{H}$ は超木でない (図 7.9 (ii) 参照).

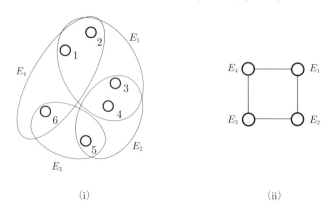

図 **7.9** (i) 超グラフと (ii) その交差グラフ.

本書では証明を与えないが,この性質の逆も成立する.

定理 7.3 グラフ $G = (V, E)$ に対して,以下の 2 つの条件は同値である.

(i) G は弦グラフである.

(ii) G は超木の交差グラフである.

次に,超木の特徴付けをしよう.まず,交差グラフが弦グラフになる超グラフは,必ずしも超木にはならないことに気づいてほしい.例えば,長さ 3 の閉路 C_3 の交差グラフ $L(C_3)$ は長さ 3 の閉路となる (図 7.10).当然,$L(C_3)$ は弦グラフであるが,C_3 は超木ではない.

このことからもわかるように,超木は Helly (ヘリー) 性を満たす.ただし,超グラフ $\mathcal{H} = (V, \mathcal{E})$ が以下の条件を満たすとき,$\mathcal{H}$ は **Helly 性**を満たすという.

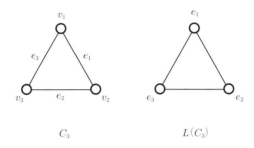

図 **7.10** 長さ 3 の閉路 C_3 とその交差グラフ $L(C_3)$.

$\mathcal{F} \subseteq \mathcal{E}$ が $E \cap E' \neq \emptyset$ $(\forall E, E' \in \mathcal{F})$ を満たすとき，$\bigcap_{E \in \mathcal{F}} E \neq \emptyset$ が成立する．

この Helly 性を付け加えることで超木の特徴付けが可能となる．

定理 7.4 超グラフ $\mathcal{H} = (V, \mathcal{E})$ が超木であることと $\mathcal{H}$ が以下の (i) と (ii) の両方を満たすことは同値である．

(i) $\mathcal{H}$ の交差グラフは弦グラフである．

(ii) $\mathcal{H}$ が Helly 性を満たす．

8 離散最適化

本章では，離散最適化の基礎となる最短路，最小木，最大マッチング，最大流問題に対する構造的性質やアルゴリズム論的側面を紹介する．また，充足可能性問題などを例にとり，クラス NP に関連する計算量の概念を紹介する．

8.1 最適化問題

最適化問題は，集合 X と関数 $f : X \to \mathbb{R}$ に対して，

$$\text{minimize} \quad f(x) \tag{8.1}$$

$$\text{subject to} \quad x \in X \tag{8.2}$$

と記述される．ここで，(8.2) は「$x \in X$ という条件の下で」を意味する．また，(8.1) は「$f(x)$ を最小化せよ」を意味する．以上まとめて，(8.1) と (8.2) は「$x \in X$ という条件の下で $f(x)$ を最小化せよ」という最適化問題を記述している．「subject to」後に記された $x \in X$ は最適化問題の**制約条件**，「minimize」後に記された $f(x)$ は最適化問題の**目的関数**とよばれる．制約条件を満たす x，すなわち，$x \in X$ である x を**実行可能解** (あるいは**許容解**) といい，関数値 $f(x)$ を最小にする実行可能解 $x \in X$ を**最適解**という．$\max f = -\min(-f)$ より，最大化も最小化も本質的な違いはない．

最適化問題のなかで，特に，X が整数格子点 $\mathbb{Z}^n$，有限集合 V の部分集合族 2^V，あるいは，全順序の集合など離散的な場合，**離散最適化問題**とよばれる．ベクトル $c \in \mathbb{R}^n$，$b \in \mathbb{R}^m$ と行列 $A \in \mathbb{R}^{m \times n}$ に対して

$$\text{minimize} \quad c^T x \tag{8.3}$$

$$\text{subject to} \quad Ax = b \tag{8.4}$$

$$x \in \mathbb{Z}_+^n \tag{8.5}$$

と記述される問題を (線形) **整数計画問題**という．また，(8.5) を $x \in \mathbb{R}_+^n$ と置き換えてできる

– 207 –

$$\text{minimize} \quad c^T x$$
$$\text{subject to} \quad Ax = b$$
$$x \in \mathbb{R}_+^n$$

は**線形計画問題**とよばれる．この線形計画問題は，整数計画問題の**緩和問題**とよばれる．線形計画問題は，理論と応用の両面において非常に重要な最適化問題であるが，本章では扱わない．[11, 22] を参考にされたい．以降の節では，グラフなどに由来する離散最適化問題を紹介する．

8.2 最 短 路

連結な無向グラフ $G = (V, E)$，各辺の長さを示す非負の関数 $\ell : E \to \mathbb{R}_+$，ならびに，始点 $s \in V$ と終点 $t \in V$ が与えられるとき，最短 s-t 路

$$P : e_1 = (v_0, v_1), e_2 = (v_1, v_2), \ldots, e_k = (v_{k-1}, v_k) \tag{8.6}$$

を求める問題を考える．ただし，$v_0 = s$，$v_k = t$ であり，路 P の長さは

$$\ell(P) = \sum_{i=1}^{k} \ell(e_k)$$

と定義される．最短路を考える際，自己閉路は不要であるので，グラフ G は自己閉路をもたないと仮定する．2.6 節で述べたように，$d(v, w)$ を最短 v-w 路長とすると，

$$d(v, v) = 0 \quad (v \in V) \tag{8.7}$$

$$d(v, w) \le d(v, u) + \ell(u, w) \quad ((u, w) \in E) \tag{8.8}$$

が成立し，さらに，

任意の相異なる 2 頂点 $v, w \in V$ に対して，$d(v, w) = d(v, u) + \ell(u, w)$ である辺 $(u, w) \in E$ が存在する． (8.9)

式 (8.9) は，図 8.1 に示すように (太線で描かれた) 最短 v-u 路に辺 (u, w) を加えて，最短 v-w 路が得られることを示す．定義より，そのような u は一般に複数存在する．また，$u = v$ が成立する可能性があることに注意されたい．

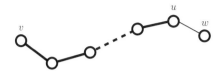

図 **8.1** 頂点 u を経由する最短 v-w 路

逆に，式 (8.7)，(8.8)，(8.9) をすべて満足する d はグラフ G の ℓ に基づく距離[*1]を表現する．本節で扱う最短路問題では始点 s と固定するので，$p(w) \equiv d(s, w)$ ($w \in V$) を求めればよい．なぜならば，(8.9) を満たす辺 (u, w) を辿ることで最短 s-w 路がわかる．ここで，最短路に用いられる (すなわち，(8.9) を満たす) 辺 (u, w) に接続する 2 つの頂点 u と w は，

$$p(u) \leq p(w)$$

を満たす．したがって，始点 s から順に以下の再帰式を満たすように p を決定することで最短路を求められる．この方法は **Dijkstra** (ダイクストラ) アルゴリズムとよばれる．

まず，初期状態 $i = 0$ として

$$w_0 = s, \quad U_0 = \{s\}, \quad p(s) = 0 \tag{8.10}$$

とおく．$i = 0, 1, \ldots$ に対して

$$\hat{p}_i(w) = \min\{p(u) + \ell(u, w) \mid u \in U_i, (u, w) \in E\} \quad (w \in V \setminus U_i) \tag{8.11}$$

を定義し，

$$w_{i+1} \in \arg\min_{w \in V \setminus U_i} \hat{p}_i(w) \tag{8.12}$$

$$p(w_{i+1}) = \hat{p}_i(w_{i+1}) \tag{8.13}$$

$$U_{i+1} = U_i \cup \{w_{i+1}\} \tag{8.14}$$

と更新する．$\hat{p}_i(w)$ は暫定的な s-w 間の距離を表している．なお，$(u, w) \in E$ である $u \in U_i$ が存在しないとき，$\hat{p}_i(w) = +\infty$ と定義する．

[*1] より正確には，関数 ℓ が $u \neq v$ であっても $\ell(u, v) = 0$ が許されるので，2.6 節で述べた距離の公理は満たさないが，本節では距離とよぶこととする．

この Dijkstra アルゴリズムにおいて得られた p は

$$p(w_0) \leq p(w_1) \leq \cdots$$

を満たす．また，$p(w) = d(s,w)$ は i に関する帰納法を用いることで式 (8.7), (8.8), (8.9) を満たすことがわかる．

図 8.2 のグラフ G に対して，Dijkstra アルゴリズムを適用した様子を図 8.3 に示す．ここで，式 (8.12) 中で最小値を与える辺 $(u,w) \in E$ を太矢印で示す．この例からもわかるように，これらの辺を利用することで 2.6 節で述べた頂点 s を根とする最短路木が得られる．

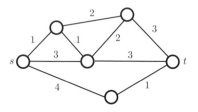

図 **8.2** 辺長 ℓ を付随したグラフ G．

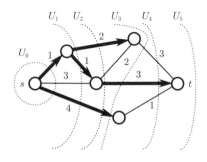

図 **8.3** 図 8.2 のグラフ G に Dijkstra アルゴリズムを適用した様子．

8.3 最小全域木とマトロイド

本節では，最小全域木問題を扱う．また，全域木の抽象化であるマトロイドとよばれる離散構造も紹介する．

8.3.1 最小全域木

連結な無向グラフ $G = (V, E)$ と辺重み $w : E \to \mathbb{R}$ が与えられたとき，重み和が最小となる G の全域木を求める問題を**最小全域木問題**という．

$$\text{minimize} \quad \sum_{e \in T} w(e) \tag{8.15}$$

$$\text{subject to} \quad T \in \mathcal{T}. \tag{8.16}$$

ここで，$T \subseteq E$ (より正確には，グラフ (V, T)) が森 (すなわち，閉路を含まず) であり，かつ，すべての頂点を連結にするとき，T を全域木とよぶ．また，全域木の集合を $\mathcal{T}$ と記す．例えば，図 8.4 (i) の辺重みをもつグラフ G に対する最小全域木を図 8.4 (ii) に記す．

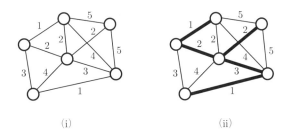

図 **8.4** (i) 辺重みをもつグラフ G と (ii) その最小全域木．

任意の非負整数 k に対して，辺数が丁度 k である森を k-**森**とよぶ．$\mathcal{F}_k \subseteq 2^E$ を G の k-森の集合とする．定義より，$(|V|-1)$-森は全域木である．この森に関する最適化問題

$$(\text{問題 P}_k) \quad \text{minimize} \quad \sum_{e \in F} w(e) \tag{8.17}$$

$$\text{subject to} \quad F \in \mathcal{F}_k. \tag{8.18}$$

を考える．この問題の最適解を**最小 k-森**とよぶ．

定理 8.1 無向グラフ $G = (V, E)$ と辺重み $w : E \to \mathbb{R}$ に対して $F_k \subseteq E$ を最小 k-森とする．辺 e^* は $F_k \cup \{e^*\}$ が $(k+1)$-森である辺の中で最小な重み

$$w(e^*) = \min_{e \in E : F_k \cup \{e\} \in \mathcal{F}_{k+1}} w(e)$$

212   8 離散最適化

をもつとする．このとき，$F_k \cup \{e^*\}$ は最小 $(k+1)$-森となる．

(証明) F_{k+1} を最小 $(k+1)$-森とする．$\displaystyle\sum_{e \in F_{k+1}} w(e) = \sum_{e \in F_k \cup \{e^*\}} w(e)$ ならば，定理は成立するので，

$$\sum_{e \in F_{k+1}} w(e) < \sum_{e \in F_k \cup \{e^*\}} w(e) \tag{8.19}$$

と仮定する．F_k は最小 k-森なので，任意の辺 $f \in F_{k+1}$ に対して

$$\sum_{e \in F_{k+1} \setminus \{f\}} w(e) \geq \sum_{e \in F_k} w(e) \tag{8.20}$$

が成立する．式 (8.19) と (8.20) より，e^* は

$$w(e^*) > w(f) \qquad (f \in F_{k+1}) \tag{8.21}$$

を満たす．この事実と e^* の定義より，

$$F_k \cup \{f\} \notin \mathcal{F}_{k+1} \qquad (f \in F_{k+1}) \tag{8.22}$$

となる．これは F_{k+1} が $(k+1)$-森であることに矛盾する． ■

　定理 8.1 より，最小 k-森は，最小 ℓ-森 $(\ell = 1, 2, \ldots, k-1)$ を部分集合として含む．特に，最小全域木はすべての k に対して最小 k-森を含む．したがって，最小全域木を求めたければ，以下に示すように，$k = 1, 2, \ldots, |V| - 1$ と順番に最小 k-森を構成すればよい．このような方法は**貪欲アルゴリズム**，あるいは**欲張りアルゴリズム**とよばれる．最小全域木に対する貪欲アルゴリズムは，Kruskal (クラスカル) が発見したことに因み，**Kruskal のアルゴリズム**とよばれる．

Kruskal のアルゴリズム

入力：連結な無向グラフ $G = (V, E)$ と辺重み $w : E \to \mathbb{R}$
出力：最小全域木 $T \subseteq E$
ステップ1. $T := \emptyset$.
ステップ2. T が G の全域木でない間以下の操作を行う：

　　　　　　$T \cup \{e\}$ が森となる辺 $e \in E \setminus T$ の中で最小重みの辺を任意に
　　　　　　1つ選ぶ (選んだ辺を e^* とする)．
　　　　　　$T := T \cup \{e^*\}$ と更新する．

定理 8.1 により，最小全域木問題においては貪欲アルゴリズムが最適解を構成する．最小全域木問題以外の一般の最適化問題においては，要素数が $(k+1)$ である問題の最適解が，要素数が k である問題の最適解から構成されるとは限らない．したがって，貪欲的，すなわち，要素数の小さな問題から順番に，近視眼的に最適化することはよくない．

次に，最小全域木の局所的最適性と大域的最適性に関して議論する．2.4 節で述べたように，連結な無向グラフ $G = (V, E)$ の全域木 $T \subseteq E$ にそれ以外の辺 $e \in E \setminus T$ を加えた $T \cup \{e\}$ は丁度 1 つのサーキットをもつ．この閉路を T に対する e の基本サーキットとよび，$C(T, e)$ と記す．定義より，

(EC) 任意の $f \in C(T, e)$ に対して，$(T \setminus \{f\}) \cup \{e\}$ は G の全域木となる．

すなわち，$f \in C(T, e)$ であれば，T 外の e と T 内の f を交換することで新たな全域木ができることを意味する．

下記の定理は，全域木 T の重み和が，(EC) の交換で得られる全域木の重み和以下であれば，T が最小全域木であることを保証する．

定理 8.2 $G = (V, E)$ を無向グラフ，$w : E \to \mathbb{R}$ を辺重みとする．このとき，G の全域木 $T \subseteq E$ に対して以下の (i) と (ii) は同値である．

(i) T は最小全域木である．

(ii) 任意の辺 $e \in E \setminus T$ に対して

$$w(e) \geq w(f) \quad (f \in C(T, e))$$

　が成立する．

(証明) (i) $\Rightarrow$ (ii): (EC) で得られる全域木は最小全域木 T の重み和以上であるので，(ii) は成立する．

(ii) $\Rightarrow$ (i): T を (ii) を満たす全域木，T^* を T に最も近い (すなわち，$|T^* \cap T|$ が最大である) 最小全域木とする．$T^* = T$ であれば (i) が成立するので，$T^* \neq T$ とする．このとき，T と T^* はともに全域木なので $|T^*| = |T|$ であり，辺 $e \in T^* \setminus T$ が存在する．この $e = (v, w)$ を T^* から取り除くと，2 つの連結成分に分割される．$C(T, e) \setminus \{e\}$ は v-w 路であるので，

$$T' = (T^* \setminus \{e\}) \cup \{f\}$$

が全域木となる辺 $f \in C(T, e) \setminus \{e\}$ が存在する．(ii) より，$w(e) \geq w(f)$ なので，全域木 T' の重み和は T^* の重み和以下となる．一方，T^* は最小であるので，T' も最小全域木となる．しかし，

$$|T' \cap T| > |T^* \cap T|$$

となり，T^* の定義に矛盾する． ■

定理 8.2 は，全域木の (i) **大域的最適性** と (ii) **局所的最適性** は同値であることを示す．

8.3.2 マトロイド

定理 8.1 あるいは定理 8.2 の構造的性質は，無向グラフの全域木の概念を抽象化したマトロイドにおいても成立する．ここでは，簡単にマトロイドの定義を紹介する．マトロイドは線形代数における 1 次独立性の概念を一般化したものである．

有限集合 E に対して $\mathcal{B} \subseteq 2^E$ が以下の (B0) と (B1) を満たすとき，$\mathcal{B}$ を**マトロイドの基族**，また，その要素 $B \in \mathcal{B}$ を**マトロイドの基**という．

(B0) $\mathcal{B} \neq \emptyset$.

(B1) 任意の $B_1, B_2 \in \mathcal{B}$ と任意の $e_1 \in B_1 \setminus B_2$ に対して，ある $e_2 \in B_2 \setminus B_1$ が存在して，$(B_1 \setminus \{e_1\}) \cup \{e_2\} \in \mathcal{B}$ が成立する．

(B1) は**交換公理**とよばれ，全域木に対する (EC) に対応する．したがって，全域木の集合は (B0) と (B1) を満たすので，マトロイドの基族となる．無向グラフの全域木として基族が記述できるマトロイドを**グラフ的マトロイド**という．

有限集合 E に対して $\mathcal{I} \subseteq 2^E$ が以下の (I0), (I1), (I2) を満たすとき，$\mathcal{I}$ をマトロイドの**独立集合族**，また，その要素 $I \in \mathcal{I}$ をマトロイドの**独立集合**という．

(I0) $\emptyset \in \mathcal{I}$.

(I1) $I_1 \subseteq I_2$，かつ，$I_2 \in \mathcal{I}$ ならば，$I_1 \in \mathcal{I}$ が成立する．

(I2) $I_1, I_2 \in \mathcal{I}$ が $|I_1| < |I_2|$ を満たすならば，ある $e \in I_2 \setminus I_1$ が存在して，$I_1 \cup \{e\} \in \mathcal{I}$ が成立する．

無向グラフの森の集合は (I0), (I1), (I2) は満たすので, マトロイドの独立集合族となる.

ここで, (B0) と (B1) を満たす $\mathcal{B}$ に対して,

$$\mathcal{I}(\mathcal{B}) = \{I \subseteq E \mid \exists B \in \mathcal{B} : B \supseteq I\}$$

と定義すると, $\mathcal{I}(\mathcal{B})$ は (I0), (I1), (I2) を満たす. 逆に, (I0), (I1), (I2) を満たす $\mathcal{I}$ が与えられたとき, $\mathcal{B}(\mathcal{I})$ を

$$\mathcal{B}(\mathcal{I}) = \{I \in \mathcal{I} \mid \nexists I' \in \mathcal{I} : I' \supsetneq I\} \tag{8.23}$$

と定義する. ただし, (8.23) の集合の条件部は, $I' \supsetneq I$ である集合 $I' \in \mathcal{I}$ が存在しないことを意味する. この $\mathcal{B}(\mathcal{I})$ は (B0) と (B1) を満たす. このように, (B0) と (B1) を満たす $\mathcal{B}$ と (I0), (I1), (I2) を満たす $\mathcal{I}$ は 1 対 1 に対応する.

最後に, マトロイドをサーキット族と階数関数に基づき定義する.

有限集合 E に対して $\mathcal{C} \subseteq 2^E$ が以下の (C0), (C1), (C2) を満たすとき, $\mathcal{C}$ をマトロイドの**サーキット族**, また, その要素 $C \in \mathcal{C}$ をマトロイドの**サーキット**という.

(C0) $\mathcal{C} \neq \{\emptyset\}$.

(C1) $C_1 \subseteq C_2$, かつ, $C_1, C_2 \in \mathcal{C}$ ならば, $C_1 = C_2$ が成立する.

(C2) $C_1, C_2 \in \mathcal{C}$, かつ, $C_1 \neq C_2$ ならば, 任意の $e \in C_1 \cap C_2$ に対して, $C \subseteq (C_1 \cup C_2) \setminus \{e\}$ である $C \in \mathcal{C}$ が存在する.

無向グラフのサーキットの集合は (C0), (C1), (C2) を満たし, マトロイドのサーキット族となる. なお, マトロイドのサーキット族と独立集合族は以下の関係をもつ.

マトロイドのサーキット族 $\mathcal{C}$ に対して, 式 (8.24) の $\mathcal{I}(\mathcal{C})$ はマトロイドの独立集合族になり, マトロイドの独立集合族 $\mathcal{I}$ に対して, 式 (8.25) の $\mathcal{C}(\mathcal{I})$ はマトロイドのサーキット族になる:

$$\mathcal{I}(\mathcal{C}) = \{I \subseteq E \mid \nexists C \in \mathcal{C} : C \subseteq I\} \tag{8.24}$$

$$\mathcal{C}(\mathcal{I}) = \{C \subseteq E \mid C \notin \mathcal{I}, \forall e \in C : C \setminus \{e\} \in \mathcal{I}\}. \tag{8.25}$$

216   8 離散最適化

ただし，(8.24) の集合の条件部は，$C \subseteq I$ である集合 $C \in \mathcal{C}$ が存在しないことを意味する．また，(8.25) の集合の条件部は，C が $\mathcal{I}$ に含まれず，どんな要素 $e \in C$ に対しても，$C \setminus \{e\} \in \mathcal{I}$ が成立することを意味する．集合関数 $\rho : 2^E \to \mathbb{Z}$ が以下の (ρ0)，(ρ1)，(ρ2) を満たすとき，ρ をマトロイドの**階数関数**という．

(ρ0) 任意の $X \in 2^E$ に対して $0 \leq \rho(X) \leq |X|$ を満たす．

(ρ1) ρ が単調非減少関数である (すなわち，任意の $X, Y \subseteq E$ が $X \subseteq Y$ ならば $\rho(X) \leq \rho(Y)$ を満たす)．

(ρ2) ρ が劣モジュラ関数である (すなわち，任意の $X, Y \subseteq E$ に対して，$\rho(X) + \rho(Y) \geq \rho(X \cup Y) + \rho(X \cap Y)$ を満たす)．

マトロイドの独立集合族 $\mathcal{I} \subseteq 2^E$ から

$$\rho_{\mathcal{I}}(X) = \max\{|I| \mid I \subseteq X, I \in \mathcal{I}\}$$

と定義した関数 $\rho_{\mathcal{I}} : 2^E \to \mathbb{Z}$ はマトロイドの階数関数となる．その逆に，マトロイドの階数関数 ρ から

$$\mathcal{I}(\rho) = \{I \subseteq E \mid \rho(I) = |I|\}$$

と定義すると，マトロイドの独立集合族を得る．

なお，マトロイドのそれ以外の話題は [24, 27] などを参照にされたい．例えば，2.8.3 項で扱った平面グラフの双対性は，マトロイドの双対性として議論できる．

8.4 最大マッチング

無向グラフ $G = (V, E)$ に対して，辺集合 $M \subseteq E$ が

$$e \cap e' = \emptyset \quad (e, e' \in M : e \neq e')$$

を満たすとき**マッチング**という．ただし，辺 e を要素数 2 である頂点集合とみなす．また，要素数 (辺数) が最大であるマッチングを**最大マッチング**という．図 8.5 と 8.6 に無向グラフ G に対する 2 つのマッチング M_1 と M_2 を示す．それぞれの要素数は $|M_1| = 6$，$|M_2| = 5$ である．実は要素数が 6 より大きなマッチングは G には存在せず，M_1 は最大マッチングとなる．一方，図 8.7 の辺集合 N は辺 e_5 と

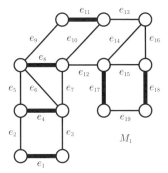

図 8.5　無向グラフ G のマッチング M_1.

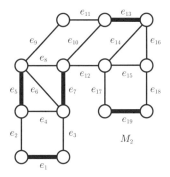

図 8.6　無向グラフ G のマッチング M_2.

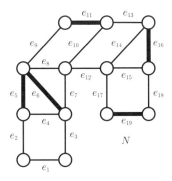

図 8.7　無向グラフ G のマッチングでない辺集合 N.

e_6 が端点を共有するのでマッチングでない.

マッチングの定義から以下の補題が成立する.

補題 8.1 無向グラフ $G = (V, E)$ の2つのマッチング M_1 と M_2 の対称差 $M_1 \triangle M_2$ は初等路 P_i $(i = 1, 2, \ldots, k)$ と偶数長の初等閉路 C_i $(i = 1, 2, \ldots, \ell)$ の和集合になる.

ここで, 対称差は (1.2) で定義したように, $M_1 \triangle M_2 = (M_1 \setminus M_2) \cup (M_2 \setminus M_1)$ である.

(証明) 対称差 $M_1 \triangle M_2$ に対する各頂点の次数を考えよう. M_1 と M_2 はマッチングであるので, 各頂点の次数は高々2である. したがって, $M_1 \triangle M_2$ は初等路と初等閉路に分割される. また閉路においては, 対称差であることから偶数長である. ∎

なお, この補題の初等路や初等閉路は, M_1 に含まれる辺と M_1 に含まれない辺が交互に現れる. したがって, 初等路や初等閉路をそれぞれ M_1 に対する**交互路**, **交互閉路**とよぶ.

定義より, これらの初等路や初等閉路はそれぞれ M_2 に対する交互路, 交互閉路でもある. この交互性から閉路長が偶数であることは容易にわかる. また, 交互路の両端の辺がともに M_1 に属さない辺であるとき, M_1 に対する**増加路**とよばれる. 例えば, 図 8.5 と 8.6 の 2 つのマッチング M_1 と M_2 の対称差を図 8.8 に示す. ただし, $M_1 \setminus M_2$ に含まれる辺を実線で, $M_2 \setminus M_1$ に含まれる辺を波線で記す. この例では, $M_1 \triangle M_2$ は 1 つの交互閉路と 2 つの交互路をもつ. 交互路 e_{17}, e_{19}, e_{18} はマッチング M_2 に対する増加路である.

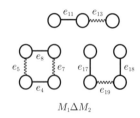

図 8.8 図 8.5 と図 8.6 の 2 つのマッチング M_1 と M_2 の対称差.

マッチング M が増加路 P をもてば，その増加路に従って，マッチング M から
$$M' = M\Delta P$$
を構成すると，新たにつくられた M' はマッチングであり，
$$|M'| = |M| + 1$$
が成立する．すなわち，マッチング M が増加路をもてば局所的な改善により要素数が 1 つ多いマッチング M' を構成できる．例えば，図 8.8 の増加路 e_{17}, e_{19}, e_{18} を用いて図 8.6 のマッチング M_2 を改善すると図 8.9 のマッチング M_3 を得る．なお，増加路という名前は，このようにマッチングの要素数を増加させることができる路ということに由来する．

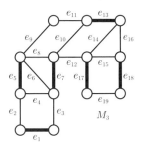

図 **8.9**　無向グラフ G のマッチング M_3.

マッチング M が増加路をもたなければ，M は局所的に最大なマッチングになる．当然，最大 (すなわち，大域的に最適な) マッチングは増加路をもたない．次の補題はその逆も成立することを示す．

補題 8.2 無向グラフ $G = (V, E)$ の 2 つのマッチング M_1 と M_2 が $|M_1| < |M_2|$ を満たす．このとき，対称差 $M_1 \Delta M_2$ は，M_1 に対する増加路を含む．

(**証明**) 補題 8.1 より対称差 $M_1 \Delta M_2$ は，交互路と交互閉路の和集合となる．各交互閉路は，その交互性より M_1 と M_2 の辺を同数含む．したがって，$|M_1| < |M_2|$ であることから $M_1 \Delta M_2$ は，M_1 に対する増加路を含む．∎

以上の議論により，最大マッチングに対する**大域的最適性**と**局所的最適性**は同値である．

定理 8.3 無向グラフ $G = (V, E)$ のマッチング $M \subseteq E$ において以下の (i) と (ii) は同値である．

(i) M は最大マッチングである．

(ii) M は増加路をもたない．

　ではどのようにこの増加路を見つければいいのであろうか？ 2 部グラフ $G = (V_1 \cup V_2, E)$ の場合は，増加路を有向路を用いて特徴付けることができる．ここで，辺集合 E は

$$E \subseteq \{(v, w) \mid v \in V_1, w \in V_2\}$$

を満たす．この 2 部グラフ G とマッチング $M \subseteq E$ が与えられたとき，M に属する辺を V_2 側から V_1 側に，M に属さない辺を V_1 側から V_2 側に無向辺を有向化する．図 8.10 (i) の 2 部グラフ G のマッチング M (太線) に対応して向き付けした有向グラフを図 8.10 (ii) に示す．この図からも容易にわかるように，G のマッチング M に対する交互路は有向グラフの有向路になる．また，増加路は，V_1 の M にカバーされない頂点から V_2 の M にカバーされない頂点への有向路となる．ここで，頂点 v は M のいずれか辺の端点であるとき，M は v を**カバーする**という．

　例えば，図 8.10 (i) のマッチング M に対する増加路 (に対応する有向路) を図 8.11 に示す．このように，2 部グラフにおいては，増加路は有向路として特徴付けできる．この有向路は 2.5 節で紹介した深さ優先探索あるいは幅優先探索を用いて発見できる．なお，一般のグラフにおいては，**Edmonds** (エドモンズ) により提案された**ブロッサムアルゴリズム**を用いて，効率的に増加路を発見できるが，2 部グラフの場合のように容易ではない．

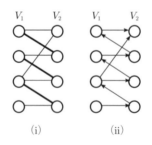

図 **8.10**　(i) 2 部グラフ G のマッチング M (太線) と (ii) M に基づく G の有向化．

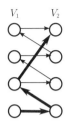

図 8.11　図 8.10 (i) のマッチング M に対する増加路 (に対応する有向路).

本節の最後にマッチングに関する最大最小定理を述べる．無向グラフ $G = (V, E)$ に対して，頂点集合 $W \subseteq V$ が

$$W \cap e \neq \emptyset \quad (e \in E)$$

を満たすとき W を**頂点被覆**とよぶ．ただし，辺 e を要素数が 2 である頂点集合とみなす．

定理 8.4 2 部無向グラフ $G = (V, E)$ のマッチング $M \subseteq E$ において

$$\max\{|M| \mid M : G \text{ のマッチング}\} = \min\{|W| \mid W : G \text{ の頂点被覆}\} \quad (8.26)$$

が成立する．

(証明) 任意のマッチング M と任意の頂点被覆 W に対して，W は $e \in M$ の端点の少なくとも一方を含む．また，M は端点を共有しない辺集合なので，

$$|M| \leq |W| \quad (8.27)$$

が成立する．したがって，以降は最大マッチング M を用いて，$|W| = |M|$ である頂点被覆 W を構成することで定理を証明する．

最大マッチング M に対して，M の V_1 側の端点集合を U_1，V_2 側の端点集合を U_2 とする．また，$V_1 \setminus U_1$ のいずれかの頂点から交互路で到達できる端点集合を R とする．このとき，$v \in V_1$, $w \in V_2$ である辺 $(v, w) \in M$ を考えよう．無向辺 (v, w) は w から v に向き付けされているので，$w \in R$ ならば $v \in R$ を満たす．また，R の定義より，その逆，すなわち，$v \in R$ ならば $w \in R$ も成立する．したがって，

$$W = (U_1 \setminus R) \cup (R \cap U_2)$$

を定義すると，$|W| = |M|$ が成立する．また，定理 8.3 より

$$R \cap V_2 \subseteq U_2$$

となり，W は頂点被覆となる． ∎

なお，(2 部グラフでない) 一般グラフにおいてはこの最大最小定理は成立しない．例えば，図 8.12 にある長さ 3 の閉路の最大マッチングの要素数は 1 である．一方，最小被覆の要素数は 2 である．

図 **8.12** 長さ 3 の閉路 C_3．

また，定理 8.4 の系として **Hall (ホール) の定理**を得る．頂点集合 W に対して近傍 $N(W)$ を

$$N(W) = \{v \in V \mid \exists w \in W : (v, w) \in E\}$$

と定義する．

定理 8.5 (Hall の定理) 2 部無向グラフ $G = (V_1 \cup V_2, E)$ において以下の (i) と (ii) は同値である．ただし，$E \subseteq \{(v, w) \mid v \in V_1, w \in V_2\}$ とする．

(i) G が V_1 をすべてカバーするマッチングをもつ．

(ii) 任意の $W \subseteq V_1$ に対して，$|W| \leq |N(W)|$ が成立する．

(証明) (i) ⇒ (ii): 対偶を示す．$|W| > |N(W)|$ である $W \subseteq V_1$ が存在すると仮定する．このとき，どんなマッチング M も W の頂点すべてをカバーできない．したがって，G は V_1 をすべてカバーするマッチングをもたない．

(ii) ⇒ (i): 対偶を示す．(i) でないと仮定すると，定理 8.4 より，$|W| < |V_1|$ である頂点被覆 W をもつ．このとき，頂点集合 $V_1 \setminus W$ は

$$N(V_1 \setminus W) \subseteq W \cap V_2$$

を満たす．さもないと W が頂点被覆であることに矛盾する．したがって，

$$|N(V_1 \setminus W)| \le |W \cap V_2|$$
$$= |W| - |W \cap V_1|$$
$$< |V_1| - |W \cap V_1| \; = \; |V_1 \setminus W|$$

が成立する． ∎

なお，本書では証明は省略するが，一般のグラフに対しては定理 8.4 の拡張として，**Tutte–Berge** (タット–ベルジュ) の定理を得る．なお，グラフ G に対して，$\mathrm{odd}(G)$ を奇数個の頂点をもつ G の連結成分の数とする．

定理 8.6 (Tutte–Berge の定理) 無向グラフ $G = (V, E)$ において

$$\max\{|M| \mid M : G \text{ のマッチング}\} = \min\{\frac{1}{2}(|V| - \mathrm{odd}(G[V \setminus U]) + |U|) \mid U \subseteq V\}$$

が成立する．

8.5 最 大 流

有向グラフ $G = (V, E)$，非負の辺容量 $u : E \to \mathbb{R}_+$ からなるネットワークと相異なる 2 つの頂点 $s, t \in V$ が与えられたとき，以下の**容量制約**と**流量保存則**を満たす $f : E \to \mathbb{R}$ を s-t **流**，あるいは s-t **フロー**という．ただし，頂点 $v \in V$ に対して $\delta^+(v)$ は v を始点とする辺集合，$\delta^-(v)$ は v を終点とする辺集合とする．

容量制約：
$$0 \le f(e) \le u(e) \quad (e \in E). \tag{8.28}$$

流量保存則：
$$\partial f(v) = 0 \quad (v \in V \setminus \{s, t\}). \tag{8.29}$$

ただし，f の**境界** ∂f は各頂点 v に対して，

$$\partial f(v) = \sum_{e \in \delta^+(v)} f(e) - \sum_{e \in \delta^-(v)} f(e) \tag{8.30}$$

と定義する．頂点 s は s-t 流の**始点**，あるいは**ソース**とよばれる．また，頂点 t は s-t 流の**終点**，あるいは**シンク**とよばれる．$f(e) = 0$ $(e \in E)$ は明らかに容量制約，

流量保存則を満たすので，f は s-t 流となる．このような f を**零流**という．また，$\partial f(s)$ を f の**流量**，あるいは**フロー量**といい，流量が最大である s-t 流を**最大 s-t 流**という．

s-t 流を理解するため，例えば，定常的な水の流れを想像してもらいたい．始点 s から水を流すことを考えよう．容量制約は，各辺 e において単位時間あたり容量 $u(e)$ まで水を流すことが可能であることを意味する．一方，流量保存則は，始点と終点以外の各点 v で水漏れ，または，水の流入がないことを意味する．したがって，s から流れ出た量 $\partial f(s)$ はすべて t に到達する．実際，定義に基づき，

$$\sum_{v \in V} \partial f(v) = \sum_{v \in V} \Big(\sum_{e \in \delta^+(v)} f(e) - \sum_{e \in \delta^-(v)} f(e) \Big) \tag{8.31}$$
$$= 0$$

となり，流量保存則より

$$\partial f(s) = -\partial f(t) \tag{8.32}$$

を得る．式 (8.31) の右辺において，各 $f(e)$ は辺 e の始点で加算，終点で減算される．したがって，式 (8.31) の値は 0 となる．このような定常的な水の流れ f において，実際に s から t へ流れる (単位時間あたりの) 水量 $\partial f(s)$ を f の流量という．

例えば，図 8.13 の辺容量 u をもつグラフ G に対する 3 つの s-t 流 f_i ($i = 1, 2, 3$) を図 8.14 に記す．なお，図 8.14 の各辺 e には左から $u(e), f(e)$ を付随させ表記する．s-t 流 f_1, f_2, f_3 の流量はそれぞれ 1，2，3 である．また，3 より大きな流量をもつ s-t 流は存在しないので，f_3 が最大流となる．なお，この非存在性は，後で述べるカットを用いて確認できる．

本節では，まず，この最大流の構造的性質について議論する．

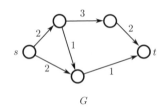

図 **8.13** 辺容量を付随した有向グラフ G．

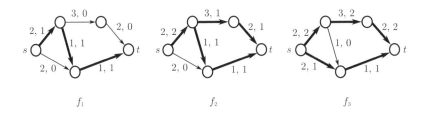

図 **8.14** 図 8.13 の容量付き有向グラフにおける 3 つの s-t 流 f_1, f_2, f_3.

それでは s-t 流の最大性について考えてみよう．図 8.14 の f_1 が最大でないことは容易にわかるだろう．なぜならば，現状で f_1 が流れているわけであるが，各辺 $e \in E$ は $u(e) - f_1(e)$ の余裕をもつ．この余裕に基づくグラフを図 8.15 (i) に示す．なお，図 8.15 (ii), (iii) はそれぞれ $u(e) - f_2(e)$ と $u(e) - f_3(e)$ に対応するグラフを示す．図 8.15 (i) より，この余裕を用いて，さらに s-t 流を増やすことができる．より正確には，グラフ G と容量 $u - f_1$ に対する s-t 流 $g (\not\equiv 0)$ が存在するので，もともと流れていた f_1 にこの g を加えることで流量の大きな s-t 流 $f_1 + g$ が構成できる．一方，図 8.14 の f_2 に対して，同様に，容量を $u - f_2$ とするグラフを考える (図 8.15 (ii) 参照) と，零流以外に s-t 流は存在せず，f_2 を改善することは不可能なように思われる．しかし，各辺 $e = (v, w) \in E$ に対して，余裕 $u(e) - f_2(e)$ ばかりでなく，流れの逆流 (すなわち，容量 $f_2(e)$ をもつ辺 (w, v)) を考えることで局所的な改善が可能となる．より正確には，相異なる 2 つの頂点 s と t をもつ有向グラフ $G = (V, E)$，容量 $u : E \to \mathbb{R}_+$，s-t 流 f に対して以下の**補助ネットワーク** $(G = (V, E_f = \overrightarrow{E}_f \cup \overleftarrow{E}_f), u_f : E_f \to \mathbb{R}_+)$ を考える．

$$\overrightarrow{E}_f = \{e \in E \mid f(e) < u(e)\} \tag{8.33}$$

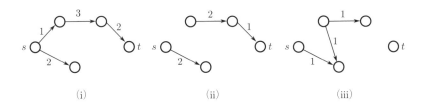

図 **8.15** 図 8.14 の s-t 流の容量余裕を示すグラフ．

$$\overleftarrow{E}_f = \{\overleftarrow{e} \mid e \in E, f(e) > 0\} \tag{8.34}$$

$$u_f(e) = \begin{cases} u(e) - f(e) & (e \in \overrightarrow{E}_f) \\ f(\overleftarrow{e}) & (e \in \overleftarrow{E}_f). \end{cases} \tag{8.35}$$

ただし, 辺 $e = (v, w)$ に対して $\overleftarrow{e}$ は e の逆向き辺 (w, v) を表す. 図 8.16 (i), (ii), (iii) はそれぞれ図 8.14 の s-t 流 f_1, f_2, f_3 に対する補助ネットワークを示す. 図 8.14 の f_2 に対する補助ネットワーク (図 8.16 (ii)) は s-t 流 $g (\not\equiv 0)$ をもつ. この g をもとの s-t 流 f_2 に加えることで流量がより大きな s-t 流を求められる. ここで, g を f_2 に加えるとは, 通常の加算ではなく, 対応する辺で順向きならば加え, 逆向きならば, 減らすことを意味する. 実際, g として流量が 1 である s-t 流をとることができ, それを f_2 に加えることで, s-t 流 f_3 を得る. なお, 図 8.15 (ii) のグラフにおいては, s-t 路が存在せず, 流量を増やす s-t 流 $g (\not\equiv 0)$ が構成できないことを再度思い出してほしい.

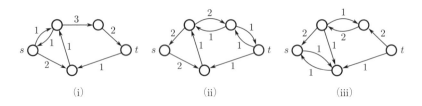

図 8.16 図 8.14 の s-t 流に対する補助ネットワーク.

補助ネットワークの性質上, s-t 流 f に対する補助ネットワーク中に s-t 有向路 (すなわち, 零流以外の s-t 流) が存在すれば, f が更新される. このように補助ネットワーク中に s-t 有向路をもたない s-t 流を**極大 s-t 流**という. 定義より, 最大流は極大流になる.

以下では最大流に関する最大最小定理を示すとともに, その逆 (すなわち, 極大流は最大流であること) が成立することも示す.

いま, $S \subseteq V$ が $s \in S$, $t \notin S$ であるとき, S を **s-t カット**をよぶ. なお, このカットは 2.7 節で述べた分離点集合とは異なることに注意してほしい. s-t カット S に対して

$$u(\delta^+(S)) = \sum_{e \in \delta^+(S)} u(e)$$

8.5 最 大 流　　227

を S の**カット容量**という．ただし，

$$\delta^+(S) = \{(v,w) \in E \mid v \in S, w \notin S\}$$

と定義する．

補題 8.3 有向グラフ $G = (V,E)$，容量 $u : E \to \mathbb{R}_+$ からなるネットワークと相異なる 2 つの頂点 s と t に対して，f を s-t 流，S を s-t カットとする．このとき，f の流量は S のカット容量以下，すなわち，

$$\partial f(s) \le u(\delta^+(S)) \tag{8.36}$$

となる．

(証明) 任意の s-t 流 f と任意の s-t カット S に対して，

$$\partial f(s) = \sum_{v \in S} \partial f(v)$$

$$= \sum_{e \in \delta^+(S)} f(e) - \sum_{e \in \delta^+(V \setminus S)} f(e) \tag{8.37}$$

$$\le \sum_{e \in \delta^+(S)} u(e) - \sum_{e \in \delta^+(V \setminus S)} 0 \tag{8.38}$$

$$= u(\delta^+(S))$$

が成立する．ここで，(8.37) における最初の等号は，流量保存則 $\partial f(v) = 0$ ($v \in V \setminus \{s,t\}$) より，また，(8.38) の不等号は容量制約 $0 \le f(e) \le u(e)$ ($e \in E$) より得られる．∎

定理 8.7 (最大流最小カット定理) 有向グラフ $G = (V,E)$，容量 $u : E \to \mathbb{R}_+$ からなるネットワークと相異なる 2 つの頂点 s と t に対して，

$$\max\{\partial f(s) \mid f :\ G\ \text{の}\ s\text{-}t\ \text{流}\} = \min\{u(\delta^+(S)) \mid S :\ G\ \text{の}\ s\text{-}t\ \text{カット}\} \tag{8.39}$$

が成立する．

(証明) 補題 8.3 より，$\partial f(s) = u(\delta^+(S))$ である s-t 流 f と s-t カット S が存在することを示せばよい．f を極大 s-t 流，S を f に対する補助ネットワークにおい

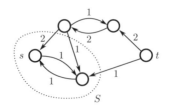

図 **8.17** 図 8.14 の s-t 流 f_3 に対する補助ネットワークにおいて s から到達可能な頂点集合 S.

て s から路を用いて到達可能な頂点の集合とする (図 8.17 に例を示す).

このとき, S と $V \setminus S$ を繋ぐもとのグラフ G の辺 $e = (v, w) \in E$ は, (I) $v \in S$ かつ $w \notin S$, (II) $v \notin S$ かつ $w \in S$ の 2 種類が存在する. S の定義より, (I) である辺 $e = (v, w)$ は $f(e) = u(e)$ を満たす. 一方, (II) である辺 e は $f(e) = 0$ を満たす. これらの事実から極大流 f と到達可能性から定義されたカット S に対して, (8.38) の不等号は等号で成立する. すなわち, $\partial f(s) = u(\delta^+(S))$ となり, 定理が証明される. ∎

定理 8.8 $G = (V, E)$ を有向グラフ, $u : E \to \mathbb{R}_+$ を容量, s と t を相異なる 2 つの頂点とする. このとき, s-t 流 f に対して以下の (i) と (ii) は同値である.

(i) f が最大 s-t 流である.

(ii) f が極大 s-t 流である (すなわち, f に対する補助ネットワークが s-t 路をもたない).

(**証明**) (i) ⇒ (ii) は明らかに成立するので, ここでは (ii) ⇒ (i) のみ証明を与える.

定理 8.7 の証明より, 極大 s-t 流 f は $\partial f(s) = u(\delta^+(S))$ を満たす s-t カット S をもつ. したがって, 補題 8.3 より, f は最大となる. ∎

定理 8.7 は最大流最小カット定理として知られる.

この最大流最小カット定理を用いて, 有向グラフに対する Menger の定理 (定理 2.18 の有向版) を証明しよう. 各辺の容量を 1 とすることで, 2.7 節で紹介した, 辺連結度に関する Menger の定理を示すことができる.

点連結度に関しては, 有向グラフ $G = (V, E)$ に対して,

$$\hat{V} = \{v^+, v^- \mid v \in V\} \tag{8.40}$$
$$\hat{E} = \{(v^-, v^+) \mid v \in V\} \cup \{(v^+, w^-) \mid (v, w) \in E\} \tag{8.41}$$

である有向グラフ $\hat{G} = (\hat{V}, \hat{E})$ を定義し，辺 (v^-, v^+) の容量を 1，辺 (v^+, w^-) の容量を十分大きな定数 M とする．このとき，G における内素な s-t 路の最大本数は $\hat{G}$ における s^+-t^- 最大流の流量と等しくなる．

図 8.18 の有向グラフ G に対する $\hat{G}$ を図 8.19 に示す．$\hat{G}$ の構成法より，カット容量が M 未満である $\hat{G}$ の s^+-t^- カットが G の s-t 分離頂点集合に 1 対 1 に対応することがわかる．

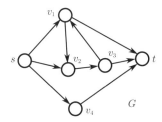

図 **8.18**　有向グラフ G.

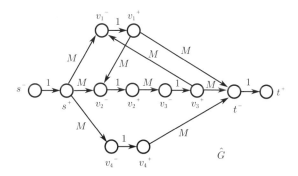

図 **8.19**　図 8.18 のグラフ G に対する $\hat{G}$.

無向グラフに対する Menger の定理 (定理 2.18) は，まず無向グラフの各辺 (v, w) を 2 つの有向辺 (v, w) と (w, v) に置き換えることによって得られる有向グラフに対して上記の議論を適用すれば証明できる．

なお，2 部グラフの最大マッチングと最小被覆の最大最小定理もこの最大流最

230   8 離散最適化

小カット定理の系として求められる.

定理 8.8 により, 最小全域木や最大マッチングのときと同様に, 極大性 (局所的最適性) と最大性 (大域的最適性) が同値であることがわかる.

さらに, 定理 8.8 は, 補助ネットワークの増加路を用いて改善する最大流に関するアルゴリズムを提案する.

増加路アルゴリズム

入力:有向グラフ $G = (V, E)$, 容量 $u : E \to \mathbb{R}_+$, 相異なる 2 つの頂点 s と t.

出力:最大 s-t 流 $f : E \to \mathbb{R}$.

ステップ 1. $f(e) := 0 \ (e \in E)$.

ステップ 2. f に対する補助ネットワークに s-t 有向路 P が存在する間以下の操作を行う:

補助ネットワークの s-t 流 g を

$$g(e) = \begin{cases} \min_{e \in P} u_f(e) & (e \in P) \\ 0 & (e \notin P) \end{cases}$$

とし, $f := f + g$ と更新する.

なお, アルゴリズム中の $f + g$ は, G の s-t 流 f に補助ネットワークの s-t 流 g を加えることを意味し, 上述したように通常の加算ではない. 図 8.13 に対してこの増加路アルゴリズムを適用すると, 図 8.14 の s-t 流が f_1, f_2, f_3 と順番に構成される.

定理 8.9 $G = (V, E)$ を有向グラフ, $u : E \to \mathbb{Z}_+$ を整数容量とする. このとき, 相異なる 2 つの頂点 s と t に対して, 増加路アルゴリズムは最大 s-t 流を求める.

(証明) 最小カット容量は $u(\delta^+(s))$ 以下である. 最大流最小カット定理より, 最大流量も $u(\delta^+(s))$ 以下である. 容量 $u : E \to \mathbb{Z}_+$ の整数性より, 増加路アルゴリズム中の $\min_{e \in P} u_f(e)$ は正整数である. したがって, 各反復において流量は少なくとも 1 増加するので, アルゴリズムは終了し, 最大 s-t 流を計算する. ∎

ここで, 容量を

$$u : E \to \mathbb{Z}_+ \cup \{+\infty\}$$

と拡張しても同様のアルゴリズムで最大流を計算できる. ただ, この拡張により,

最大流が存在しない (すなわち, 流量が $+\infty$ となる) 可能性がある. このことは $u(e) = +\infty$ である辺 e のみからなる s-t 有向路が存在することと同値である. したがって, あらかじめ, このような有向路があるか確認してから増加路アルゴリズムを用いればよい. さらに, 容量が有理数の場合も, 増加路アルゴリズムは最大流を求める. しかしながら, 容量として実数を許すと, 一般に増加路アルゴリズムは最大流を計算しない. より正確には, 増加路の選び方によっては, 流量が最大流量以外のより小さな値に (無限回で) 収束する例が構成可能である. なお, 増加路の選び方を工夫することで多項式回の反復で最大流が計算できることも知られている.

定理 8.9 の証明で述べたように, 整数容量 $u : E \to \mathbb{Z}_+$ のネットワークに対して, 増加路アルゴリズムを適用すると, 各反復で毎回整数値分の流量が大きくなる. したがって, 最終的に得られる s-t 流の流量も整数となる.

定理 8.10 有向グラフ $G = (V, E)$, 整数容量 $u : E \to \mathbb{Z}_+$ からなるネットワークと相異なる 2 つの頂点 s と t に対して, 整数最大 s-t 流が存在する.

なお, この最大流問題は, 以下のように線形計画問題として記述できる. すなわち, 連続最適化の問題として捉えることができるが, 不等式系の構造, この場合, 不等式を表す行列の**完全単模性**という性質により, 上記の整数性などが導き出せる. ただし, すべての正方部分行列の行列式が 0, $+1$, -1 のいずれかをとるとき, その行列を完全単模とよぶ.

$$\text{maximize} \quad \sum_{e \in \delta^+(s)} f(e) - \sum_{e \in \delta^-(s)} f(e) \tag{8.42}$$

$$\text{subject to} \quad 0 \le f(e) \le u(e) \qquad (e \in E) \tag{8.43}$$

$$\sum_{e \in \delta^+(v)} f(e) - \sum_{e \in \delta^-(v)} f(e) = 0 \qquad (v \in V \setminus \{s, t\}). \tag{8.44}$$

8.6 充足可能性問題と NP 困難性

これまで離散最適化の章では構造的性質により効率的に解ける問題を議論してきたが, 必ずしもすべての問題が効率的に解けるわけではない. 特に, 本節で扱う NP 完全あるいは NP 困難とよばれる問題は, 実社会で頻出するにもかかわら

232   8 離散最適化

ず，効率的なアルゴリズムが存在するかどうかいまだにわかっていない．本節ではその代表的な問題である充足可能性問題を紹介するとともに，NP に関連する計算量の概念を説明する．

8.6.1 充足可能性問題

充足可能性問題とは，論理式に関わる問題であり，入力として，論理積形 (CNF) φ が与えられたとき，論理方程式 $\varphi(x) = 1$ の解が存在するかどうかを判定する問題である．

入力：論理積形 φ
出力：$\varphi(x) = 1$ となるベクトル $x \in \{0, 1\}^n$ があれば，YES，そうでなければ，NO.

例えば，

$$\varphi = (x_1 \vee x_2)(\overline{x}_2 \vee x_3 \vee \overline{x}_4)(\overline{x}_1 \vee \overline{x}_2 \vee x_4) \tag{8.45}$$

に対して，$\varphi(1, 1, 1, 1) = 1$ なので，充足可能性問題の出力は YES である．一方，

$$\varphi' = (\overline{x}_1 \vee x_2)(\overline{x}_2 \vee x_3)\overline{x}_3 x_1 \tag{8.46}$$

は，$\varphi'(x) = 1$ である x は存在しない．したがって，充足可能性問題の出力は NO である．

充足可能性問題のように，YES あるいは NO を判定する問題を**決定問題**とよぶ．多くの場合，決定問題が解ければ，**探索問題**も容易に解ける．例えば，充足可能性問題が解ければ，論理方程式 $\varphi(x) = 1$ の解 $x \in \{0, 1\}^n$ を探す，探索問題も容易に解ける．まず，φ を入力として充足可能性問題を解く．もし NO ならば，方程式の解はない．もし YES ならば，φ の中に現れる変数 x_1 を $x_1 = 1$ と固定した論理積形 $\varphi_{x_1=1}$ を入力として充足可能性問題を解く．もし YES ならば，$x_1 = 1$ である方程式の解 x が存在するので，今後は $x_1 = 1$ と固定する．もし NO ならば，もとの方程式は解をもつので，$x_1 = 0$ である解 x が存在する．したがって今後は $x_1 = 0$ と固定する．このように変数を次々に固定することによって，方程式の解を求めることができる．したがって，充足可能性問題においては，解があるかないかを判定することと解を求めることはそれほど違いはない．

さて，この充足可能性問題は計算機科学分野，例えば，人工知能などの分野で

幅広い応用をもつことが知られているが，代表的な NP 完全問題であり，多項式時間で解けるかどうかいまだにわかっていない．もう少しいうならば，ベクトル x に対して $\varphi(x) = 1$ であるかどうかを 1 個ずつ単純に確認するアルゴリズムより本質的に優れたアルゴリズムが存在するかわかっていない．なお，この単純なアルゴリズムは，2^n 個ベクトルが存在するので，指数時間を必要とする．

この充足可能性問題は NP 完全な問題である．

定理 8.11 (Cook–Levin の定理) 充足可能性問題は NP 完全である．

この定理は **Cook–Levin (クック–レビン) の定理**とよばれる．次の節で NP 完全性の定義と直観的な説明を与える．

8.6.2 クラス NP と NP 困難性

本項では NP に関連する計算量の概念を紹介する．さて，計算機科学分野，アルゴリズム分野において「問題」とは何だろうか？ これらの分野では，入力と出力の対の 2 項関係を**問題**とよぶ．すなわち，各入力に対して出力が定義されるものを問題という．ここで，具体的に入力として与えらえるものを**問題例**とよぶ．通常，問題は無限個の問題例からなる．例えば，充足可能性問題においては，論理積形 φ が問題例となる．クラス **NP** とは YES-NO を判定する決定問題の (部分) 集合であり，YES であるどんな問題例 I に対しても，下記の条件を満たす**証拠** e_I をもつ問題から構成される．

(i) 証拠 e_I の長さは，問題例 I の長さ $|I|$ の多項式で抑えられる．

(ii) e_I を用いることで I が YES であることが，$|I|$ と $|e_I|$ に関する多項式時間で検証可能である．

ここで，NP とは**非決定性多項式時間** (Nondeterministic polynomial time) の略であり，Non-polynomial の略ではないことに注意されたい．なお，非決定性は，後述する非決定性 Turing (チューリング) 機械によって定義される．

例えば，充足可能性問題においては，与えられた φ が YES，すなわち，$\varphi(x) = 1$ であるベクトル x が存在するならば，このベクトル x 自体を証拠とすると，x の長さは変数の個数，すなわち，$|\varphi|$ の多項式長である．また，x が与えられれば，$|\varphi|$ と n に関する多項式時間 (すなわち，多項式回の演算回数) で YES であるこ

234   8 離 散 最 適 化

とが確認できる. 直観的には, NP とは, 与えられた問題例 I が YES であるとき
は, 短いヒント (証拠) を用いて, 効率的に検証できる問題の集合である.

一方, クラス P は, どんな問題例 I に対しても, ヒントなしに, $|I|$ に関する多
項式時間で YES あるいは NO を判定できる問題の集合である.

次に NP 困難性, NP 完全性を議論しよう. そのために, まず, 帰着 (還元) を
定義する.

いま問題 A を解くプログラム (アルゴリズム) をつくりたいという状況を考え
る. みなさんどのようにするだろうか? もちろんそのプログラムを書けばよいの
であるが, 多くの人は, たぶんインターネットにフリー (無料) のプログラムがな
いかを探すのではないか. もちろん, そのようなプログラムが信頼できるかどう
かという問題はあるのであるが, もしインターネットで見つけられれば, それで
終わりである. もし, 見つけられない場合, 問題 A を解くためにサブルーティン
として使えそうなプログラムを探すのではないか. すなわち, 皆さんは帰着を利
用したプログラムをつくろうとしている.

より正確には, 問題 B を解くアルゴリズムをサブルーティンとして利用する問
題 A のアルゴリズムが存在するとき, 問題 A を問題 B に**帰着可能**であるという.
この帰着を利用したアルゴリズムにおいて, 問題 B を解く部分を多項式時間と仮
定したとき, 全体が多項式時間になるとき, 帰着は**多項式時間帰着**とよばれる. こ
の帰着は **Turing 帰着**とよばれるものであり, 決定問題ばかりでなく, 探索問題
や最適化問題などにも定義可能である.

決定問題に限定した帰着としては, 次の多対一帰着が有名である. 問題 A の任
意の問題例 I を問題 B の問題例 J に写す関数 $f(I) = J$ が存在して, 以下の条件
を満たすとき, 問題 A は問題 B に**多対一帰着可能**であるという:

$$I : \text{Yes 問題例} \iff f(I) : \text{Yes 問題例}.$$

定義から, 問題 A を問題 B に多対一に帰着した場合, 対応するアルゴリズムは,
問題 B を解くサブルーティンは丁度 1 度呼び, そのサブルーティンの出力がその
まま全体のアルゴリズムの出力となる. したがって, **多対一帰着**は, Turing 帰着
の特殊な場合とみなすことができる. この多対一帰着においては, 関数 f が多項
式時間で計算可能であるとき, **多項式時間 (多対一) 帰着**とよばれる.

NP に属する任意の問題が問題 A に多項式時間帰着可能であるとき, 問題 A は **NP
困難**であるという. ここで, 帰着としては Turing 帰着, 多対一帰着のどちらであっ

てもよい. 問題 A が NP 困難であり, かつ, NP に属するとき, A は **NP 完全** という. 定義からすぐに NP 困難な問題や NP 完全問題が存在するかどうかは明らかではない. 定理 8.11 は, 本節で紹介した「証拠」ではなく, **非決定性 Turing 機械** により NP の概念を定義し, Turing 機械の動作そのものを充足可能性問題に帰着するという方法で初めて証明された. この証明法は本書の範囲を越えるので証明を与えない. ただ, 証明そのものは Turing 機械の定義を理解すれば, それほど困難ではない.

多項式時間帰着の定義から, 充足可能性問題を多項式時間で解くことができれば, クラス NP に属するどんな問題も多項式時間で計算可能となる. 直観的には, NP に含まれる最も (計算量的に) 難しい問題となる. ただ, 現状では充足可能性問題が多項式時間で解けるどうかわかっておらず, 多くの専門家は多項式時間で解けないと信じている.

次に, 充足可能性問題以外の NP 完全問題を与える.

5.9 節で定義したように, 各節が高々 k 個のリテラルをもつ論理積形を k-**論理積形** (あるいは, k-CNF) とよぶ. 例えば, (8.45) は 3-論理積形, また, (8.46) は 2-論理積形である. 以下では, 任意の論理積形を 3-論理積形に変換する.

命題変数 $x_1, x_2, \ldots, x_n$ の一部を用いる長さ $k (\geq 4)$ の節

$$c = \ell_1 \vee \ell_2 \vee \cdots \vee \ell_k \tag{8.47}$$

を考えよう. ここで, $\ell_j (j = 1, 2, \ldots, k)$ はリテラルである. 新しい (すなわち, $x_1, x_2, \ldots, x_n$ でない) $k - 3$ 個の命題変数 $y_{c,1}, y_{c,2}, \ldots, y_{c,k-3}$ を用意して, 3-論理積形 ρ_c を

$$\rho_c = (\ell_1 \vee \ell_2 \vee y_{c,1}) \wedge \bigwedge_{j=1}^{k-4} (\overline{y}_{c,j} \vee \ell_{j+2} \vee y_{c,j+1}) \wedge (\overline{y}_{c,k-3} \vee \ell_{k-1} \vee \ell_k) \tag{8.48}$$

と定義する.

例えば, $c = x_1 \vee \overline{x}_2 \vee x_3 \vee \overline{x}_5$, $c' = x_1 \vee x_2 \vee \overline{x}_4 \vee \overline{x}_5 \vee x_7 \vee x_8$ とするとき,

$$\rho_c = (x_1 \vee \overline{x}_2 \vee y_{c,1})(\overline{y}_{c,1} \vee x_3 \vee \overline{x}_5)$$

$$\rho_{c'} = (x_1 \vee x_2 \vee y_{c',1})(\overline{y}_{c',1} \vee \overline{x}_4 \vee y_{c',2})(\overline{y}_{c',2} \vee \overline{x}_5 \vee y_{c',3})(\overline{y}_{c',3} \vee x_7 \vee x_8)$$

である.

補題 8.4 ベクトル $x \in \{0,1\}^n$ が節 c を満たすとき, かつそのときに限り, ベクトル $y_c \in \{0,1\}^{|c|-3}$ が存在し, (x, y_c) が ρ_c を満たす.

236   8 離 散 最 適 化

(証明) 式 (8.48) で定義される ρ_c から変数 $x_1, x_2, \ldots, x_n$ を取り除いた論理積形

$$y_{c,1} \wedge \bigwedge_{j=1}^{k-4} (\overline{y}_{c,j} \vee y_{c,j+1}) \wedge \overline{y}_{c,k-3} \tag{8.49}$$

は恒偽になる. したがって, ベクトル $x \in \{0,1\}^n$ が節 c を満たさないとき, どんな $y_c \in \{0,1\}^{|c|-3}$ を用いても (x, y_c) は ρ_c を満たさない.

次に, 逆を示す. ベクトル $x \in \{0,1\}^n$ が節 c を満たす, すなわち, 節 c 中の第 j 番目 $(1 \le j \le k)$ のリテラル ℓ_j が満たされたとする.

$j \le 2$ のとき：すべての i に対して $y_{c,i} = 0$ とする. 式 (8.48) の第 1 番目の節 $(\ell_1 \vee \ell_2 \vee y_{c,1})$ は, ℓ_1 あるいは ℓ_2 により満たされる. 第 $i (\ge 2)$ 番目の節は負リテラル $\overline{y}_{c,i-1}$ をもつので満たされる. したがって, $\rho_c(x, y_c) = 1$ となる.

$j \ge k-1$ のとき：すべての i に対して $y_{c,i} = 1$ とする. 式 (8.48) の最後の節 $(\overline{y}_{c,k-3} \vee \ell_{k-1} \vee \ell_k)$ は, ℓ_{k-1} あるいは ℓ_k により満たされる. 第 $i (\le k-3)$ 番目の節は正リテラル $y_{c,i}$ をもつので満たされる. したがって, $\rho_c(x, y_c) = 1$ となる.

$2 < j < k-1$ のとき：

$$y_{c,i} = \begin{cases} 1 & (i \le j-2 \text{ のとき}) \\ 0 & (\text{それ以外}) \end{cases}$$

と定義する. 式 (8.48) 中の第 $j-1$ 番目の節 $(\overline{y}_{c,j-2} \vee \ell_j \vee y_{c,j-1})$ は ℓ_j により満たされる. 第 $i (\le j-2)$ 番目の節は正リテラル $y_{c,i}$ をもつので満たされる. また, 第 $i (\ge j)$ 番目の節は負リテラル $\overline{y}_{c,i-1}$ をもつので満たされる. したがって, $\rho_c(x, y_c) = 1$ となる. ∎

入力を k-論理積形と限定した充足可能性問題を k-**充足可能性問題**という. 上記の補題より以下の定理を得る.

定理 8.12 3-充足可能性問題は NP 完全である.

(証明) 3-充足可能性問題が YES であるとき, その入力の 3-CNFφ の充足可能解 x は証拠となる. x の長さは $|\varphi|$ の長さ以下であり, また, x を与えることで, $\varphi(x) = 1$ であることは $|\varphi|$ の線形時間で検証可能である. よって, 3-充足可能性問題は NP に属する.

また, 補題 8.4 より, 充足可能性問題を 3-充足可能性問題に多項式時間で帰着可能である. すなわち, 一般の論理積形 $\varphi = \bigwedge_{c \in \mathcal{C}} c$ から 3-論理積形 $\Phi = \bigwedge_{c \in \mathcal{C}} \rho_c$

を構成することで多項式時間多対一帰着が可能であることわかる．Cook–Levin の定理 (定理 8.11) により，NP に属するどんな問題 A も充足可能性問題に多項式時間で帰着可能であるので，推移的性質により，問題 A を充足可能性問題を経由して，3-充足可能性問題に多項式時間帰着可能である． ∎

なお，多項式時間帰着を問題例のサイズに関して指数回施して得られた帰着はもはや多項式時間帰着でないことに注意されたい．すなわち，帰着は推移的性質を満たすが，多項式時間性に関しては保存されない．

定理 8.12 より，3-充足可能性問題も充足可能性問題と同様に NP に属する問題の中で最も計算量的に難しい問題となる．なお，**2-充足可能性問題**や入力を Horn 論理積形に限定した **Horn 充足可能性問題**は多項式時間で解けることが知られている．上記に NP 完全問題として議論した，充足可能性問題や 3-充足可能性問題は，ともに論理式に関係する問題である．しかしながら，論理式に直接的に関係しない NP 完全問題，NP 困難問題も多数知られている．例えば，整数計画問題，グラフに関連する最適化問題など数多く存在する．これらの問題はいまだに効率的に解けるかどうかわかっていないが，現実の要請で解かなくてはならない．そのためには，計算時間を必要とするかもしれないが厳密に解を求めようとする，(I) 厳密アルゴリズムと，厳密に解くことを諦め，近似的に問題を解こうとする (II) 近似アルゴリズムが重要であり，盛んに研究されている．

8.7　巡回セールスマン問題と彩色問題

無向グラフ $G = (V, E)$ と各辺の長さを示す非負の関数 $\ell : E \to \mathbb{R}_+$ が与えられたとき，ℓ に関して最短な Hamilton 閉路 (各頂点を丁度 1 回通る閉路) を求める問題を**巡回セールスマン問題**という．

例えば，図 8.20 (i) のグラフと 辺長 ℓ に対する最短 Hamilton 閉路を図 8.20 (ii) に記す．名前の由来は，セールスマンが自分の事務所を出発し，すべての顧客をまわり，事務所まで戻る経路のなかで，最短なもの，あるいは，最小時間で辿ることができるものを求めようとする問題が，上記のように定式化できることに因る．実は Hamilton 閉路の存在性判定問題は NP 完全であり，それゆえ，巡回セールスマン問題は NP 困難となる．

なお，入力グラフ G を完全グラフとして巡回セールスマン問題を扱う場合も多

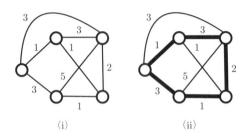

図 8.20　(i) 巡回セールスマン問題の例と (ii) その最短 Hamilton 閉路.

い．その理由として，仮にもとのグラフ中に辺 (v,w) がないとしても，セールスマンが v から w に移動しようとするときは，最短 v-w 路 P を用いると考えるのが自然である．したがって，もともとの無向グラフ $G = (V, E)$ と関数 $\ell : E \to \mathbb{R}_+$ をそのまま用いるのではなく，$G = (V, \binom{V}{2})$ と ℓ に関する距離関数 $d : V^2 \to \mathbb{R}_+$ を入力とし，巡回セールスマン問題を考える[*2]．図 8.20 (i) のグラフ G と辺長 ℓ に対する距離関数 d を図 8.21 (i) に記す．また，その d に対する最短 Hamilton 閉路を図 8.21 (ii) に記す．図 8.20，8.21 (ii) より，必ずしも最短 Hamilton 閉路が同じになるとは限らない．また，距離関数を用いた問題例においては，距離の公理の1つである**三角不等式**

$$d(u,w) \le d(u,v) + d(v,w) \quad (u,v,w \in V)$$

を満たす．それ以外にも，例えば，平面上の Euclid (ユークリッド) 距離に基づく

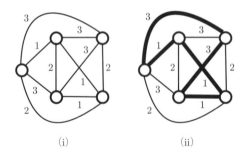

図 8.21　距離に基づく巡回セールスマン問題の例と (ii) その最短 Hamilton 閉路.

---

*2　$\ell(e) = 0$ が許されているので，距離の公理を満たさないが，本節では距離関数とよぶ．

Euclid 巡回セールスマン問題も三角不等式を満たす．ただ，このような制限を設けても，巡回セールスマン問題のNP困難性は保存される．なお，入力グラフが有向である場合もよく扱われる．無向，有向を区別するため，それぞれ**対称巡回セールスマン問題**，**非対称巡回セールスマン問題**とよばれる．

与えられた無向グラフ $G = (V, E)$ の各頂点に色を塗り，隣接する頂点間に同じ色がないとき，このような色の塗り方を G の**彩色**という．k 種類の色を用いた彩色を **k-彩色**という．すなわち，$c : V \to \{1, 2, \ldots, k\}$ が

$$c(v) \neq c(w) \quad ((v, w) \in E)$$

を満たすとき k-彩色という．ここで，割り当てられた非負整数は，例えば，1 は赤，2 は青のように色に対応すると考えると彩色というイメージが湧くかと思う．図 8.22 に彩色の例を示す．

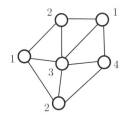

図 **8.22**　無向グラフ G とその彩色．

定義より，各頂点に異なる色を塗れば彩色になる．彩色に用いる最小の色数を G の**彩色数**といい，$\chi(G)$ と記す．図 8.22 のグラフ G に対する彩色数は $\chi(G) = 4$ となる．

定義より，グラフ G が k 彩色可能であることと G が k 部グラフであることは同値である．例えば，2 彩色可能であることは 2 部グラフであることと同値であり，定理 2.1 より，G が奇数長の閉路をもたないことを意味する．この性質は，深さ優先探索などを用い容易に確認できる．一方，グラフが $k (\geq 3)$ 彩色可能であるかどうかの判定は NP 完全であることが知られている．また，2.8 節で扱った平面グラフが 4 彩色可能であることは有名である．

本項の最後に 7.1.3 項で扱った弦グラフ G の彩色数 $\chi(G)$ が完全消去順により簡単に求められることを示す．なお，区間グラフは弦グラフであり，区間グラフにお

ける彩色問題は，開始時間 ℓ_j と終了時間 u_j をもつ仕事 j $(j = 1, 2, \ldots, n)$ が与えらえたとき，それらを処理すべき機械数を最小にするというスケジューリング問題に対応する．

例えば，図 7.4 (ii) に示す区間グラフの彩色を図 8.23 に示す．上述のように，この彩色は図 7.4 (i) の仕事の集合に対するスケジューリングを示す．

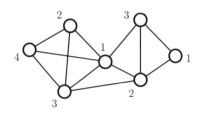

図 8.23 図 7.4 (ii) の区間グラフに対する彩色.

要素数が最大であるクリーク C を**最大クリーク**という．その要素数 $|C|$ を G の**クリーク数**といい，$\omega(G)$ と記す．クリークに属する頂点はすべて異なる色を塗らないといけないので，

$$\chi(G) \geq \omega(G) \tag{8.50}$$

が成立する．例えば，図 8.22 のグラフ G においては，$\chi(G) = 4$，$\omega(G) = 3$ となる．このように，一般に $\chi(G) = \omega(G)$ は成立するとは限らない．弦グラフ G においては $\chi(G) = \omega(G)$ が常に成立する．

7.1.3 項で定義したように，完全消去順とは G の頂点の列 $v_1, v_2, \ldots, v_n$ で

(PE) 任意の頂点 $v_j \in V$ に対して，$k > j$ である v_j の隣接頂点 v_k の集合はクリークをなす

を満たすものである．ただし，$n = |V|$ である．この消去順に対して，$V_{\geq j} = \{j, j+1, \ldots, n\}$ とする．

弦グラフに対する彩色アルゴリズム
入力：弦グラフ $G = (V, E)$.
出力：最小彩色 $c : V \to \{1, 2, \ldots, n\}$.
ステップ 1. G の完全消去順 $v_1, v_2, \ldots, v_n$ を求める．
ステップ 2. $c(v) := +\infty$ $(v \in V)$.

ステップ 3. $j = n, n-1, \ldots, 1$ の順で以下の操作を行う：

c が部分グラフ $G[V_{\geq j}]$ の彩色になるという条件下で
$c(v_j)$ に最小数を割当てる.

上記のアルゴリズムでは，各頂点 v で丁度 1 回だけ $c(v)$ の値が ($+\infty$ から n 以下の正整数に) 変更される. 図 7.4 (ii) に示す区間グラフに対して上記のアルゴリズムを適用した結果得られた彩色を図 8.23 に示す. なお，図 7.4 (ii) の頂点のラベル I_j の順序が完全消去順に対応している.

補題 8.5 任意の $j = 1, 2, \ldots, n$ に対して $\chi(G[V_{\geq j}]) = \omega(G[V_{\geq j}])$ が成立する.

(証明) 弦グラフに対する彩色アルゴリズムを利用して $j(= n, n-1, \ldots, 1)$ の帰納法で題意を示す. $G[V_{\geq n}]$ は頂点数 1 のグラフであるので，明らかに $\chi(G[V_{\geq n}]) = \omega(G[V_{\geq n}]) = 1$ は成立する. 実際，上記のアルゴリズムはそれを示す.

　上記のアルゴリズムが $\chi(G[V_{\geq \ell}]) = \omega(G[V_{\geq \ell}])$ を示す彩色を与えると仮定して，$G[V_{\geq \ell-1}]$ を考える. 上記のアルゴリズムが頂点 $v_{\ell-1}$ にこれまでに使用した整数を $c(v_{\ell-1})$ に割り当てたとすると，$G[V_{\geq \ell}]$ の最大クリークが $G[V_{\geq \ell-1}]$ の最大クリークになり，$\chi(G[V_{\geq \ell-1}]) = \omega(G[V_{\geq \ell-1}])$ が成立する. 一方，上記のアルゴリズムが頂点 $v_{\ell-1}$ にこれまでに使用していない整数を $c(v_{\ell-1})$ に割り当てたとすると，完全消去順の性質から，$k > \ell-1$ である $v_{\ell-1}$ の隣接頂点 v_k の集合を S とすると，$S \cup \{v_{\ell-1}\}$ はクリークを形成する. よって，$c(v_{\ell-1}) = |S| + 1$ であり，アルゴリズムが $G[V_{\geq \ell-1}]$ の彩色で用いた色数も $|S| + 1$ となる. 以上により，$\chi(G[V_{\geq \ell-1}]) = \omega(G[V_{\geq \ell-1}])$ が成立する. ■

定理 8.13 弦グラフに対する彩色アルゴリズムは，弦グラフに対する最小彩色を多項式時間で与える.

(証明) 補題 8.5 およびその証明より，アルゴリズムが与える彩色は，$\chi(G[V_{\geq j}]) = \omega(G[V_{\geq j}])$ $(j = 1, 2, \ldots, n)$，特に，$\chi(G) = \omega(G)$ を示す. また，(8.50) より，アルゴリズムは最小彩色を与える.

　多項式時間性に関しては，まず，ステップ 1. で完全消去順が多項式時間で求められること，また，ステップ 3. における $c(v_j)$ の割当ても多項式時間で可能であることからわかる. ■

242   8 離 散 最 適 化

なお，一般のグラフにおいて，クリーク数 $\omega(G)$ を求める問題は NP 困難である．補題 8.5 と定理 8.13 より，弦グラフに関しては，クリーク数 $\omega(G)$ に関しても効率的に求めることができる．

本項の最後に理想グラフを紹介する．

補題 8.5 より，弦グラフ G においては $\chi(G) = \omega(G)$ が成立する．弦グラフの誘導部分グラフも弦グラフなので，以下の定理が成立する．

定理 8.14 G を弦グラフとする．このとき，任意の頂点部分集合 W に対して，

$$\chi(G[W]) = \omega(G[W]) \tag{8.51}$$

が成立する．

定理 8.14 中の条件を満たすグラフは理想グラフとよばれる．すなわち，任意の頂点部分集合 W に対して，(8.51) を満たすグラフを**理想グラフ**とよぶ．定義より，弦グラフや区間グラフは理想グラフである．このように，理想性は，弦グラフや区間グラフなどグラフの重要な部分クラスにおいて成立する性質であり，それゆえ，理想グラフの研究は精力的に行われている．

参 考 文 献

[1] 浅野孝夫：離散数学：グラフ・束・デザイン・離散確率，サイエンス社，2010.

[2] S. Baase: *Computer Algorithms: Introduction to Design and Analysis*, Addison-Wesley, 1988.

[3] A. Biere, M. Heule, H. Van Maaren and T. Walsh: *Handbook of Satisfiability*, IOSPress, 2009.

[4] N. L. Biggs: *Discrete Mathematics*, Oxford University Press, 1989.

[5] T. H. Cormen, C. E. Leiserson, R. L. Rivest and C. Stein: *Introduction to Algorithms*, The MIT Press, 2001.

[6] Y. Crama and P. L. Hammer: *Boolean Functions: Theory, Algorithms, and Applications*, Cambridge University Press, 2011.

[7] R. Diestel: *Graph Theory*, Springer, 2000.

[8] R. ディーステル：グラフ理論，根上生也，太田克弘 (訳)，シュプリンガー・フェアラーク東京，2000.

[9] 藤重悟：グラフ・ネットワーク・組合せ論，共立出版，2002.

[10] M. R. Garey and D. S. Johnson: *Computers and Intractability: A Guide to the Theory of NP-Completeness*, W. H. Freeman & Co., 1990.

[11] 寒野善博，土谷隆：東京大学工学教程 最適化と変分法，丸善出版，2014.

[12] M. C. Golumbic: *Algorithmic Graph Theory and Perfect Graphs*, Academic Press, 1980.

[13] 茨木俊秀：アルゴリズムとデータ構造，昭晃堂，1989.

[14] 茨木俊秀：C によるアルゴリズムとデータ構造，昭晃堂，1999.

[15] 茨木俊秀，永持仁，石井利昌：グラフ理論：連結構造とその応用，朝倉書店，2010.

[16] 伊理正夫，藤重悟，大山達雄：グラフ・ネットワーク・マトロイド，産業図書，1986.

[17] J. Kleinberg and É. Tardos: *Algorithm Design*, Pearson, 2006.

[18] B. Korte and J. Vygen: *Combinatorial Optimization: Theory and Algorithms*, Springer, 2008.

[19] B. コルテ・J. フィーゲン：組合せ最適化：理論とアルゴリズム，浅野孝夫，浅野泰仁，小野孝男，平田富夫 (訳)，丸善出版，2012.

[20] J. マトウシェク，J. ネシェトリル：離散数学への招待 上，根上生也，中本敦浩 (訳)，シュプリンガー・フェアラーク東京，2002.

[21] J. マトウシェク，J. ネシェトリル：離散数学への招待 下，根上生也，中本敦浩 (訳)，シュプリンガー・フェアラーク東京，2002.

244 参 考 文 献

[22] 室田一雄, 杉原正顯：東京大学工学教程 線形代数 II, 丸善出版, 2014.

[23] 根上生也：離散構造, 共立出版, 1993.

[24] J. G. Oxley: *Matroid Theory*, Oxford University Press, 1993.

[25] A. Schrijver: *Combinatorial Optimization: Polyhedra and Efficiency*, Springer, 2003.

[26] 杉原厚吉：データ構造とアルゴリズム, 共立出版, 2001.

[27] D. J. A. Welsh: *Matroid Theory*, L. M. S. Monographs, 8, Academic Press, 1976.

[28] R.J. ウィルソン：グラフ理論入門, 斎藤伸自, 西関隆夫 (訳), 近代科学社, 1985.

お わ り に

　本書の執筆に際して，多くの方々に手伝って頂いた．細部に渡ってコメントを寄せて下さった室田一雄氏，岩田覚氏，田中健一郎氏，高澤兼二郎氏，河瀬康志氏，木村慧氏，伝住周平氏，相馬輔氏，澄田範奈氏に謝意を表する．また，原稿を通読して詳細なチェックをしてくれた京都大学数理解析研究所の学生諸君，特に，船越健吾君，横幕春樹君，大原和己君，また東京大学情報理工学系研究科数理情報学専攻の学生諸君，特に，池田基樹君，石川巧君，井上恭輔君，岩政勇仁君，大城泰平君，合田理貴君，清水伸高君，舘下正和君，藤井海斗君，松田康太郎君に感謝したい．

2019 年 11 月

牧 野 和 久

索　引

欧　文

Banzhaf (バンザフ) 指数 (Banzhaf power
　　index)　173

Bell (ベル) 数 (Bell number)　182

Birkhoff (バーコフ) の定理 (Birkhoff's
　　theorem)　105

Birkhoff (バーコフ) の表現定理
　　(Birkhoff's representation
　　theorem)　94

Boole (ブール) 関数 (Boolean function)
　　111

Boole (ブール) 束 (Boolean lattice)　99

Boole (ブール) 変数 (Boolean variable)
　　107

Cayley (ケイリー) の定理 (Cayley's the-
　　orem)　39

CNF (CNF)
　　k- (k-)　156, 235
　　k 次 (k-)　156

coNP 完全 (coNP-complete)　138

Cook–Levin (クック–レビン) の定理
　　(Cook–Levin theorem)　233, 237

Davio (ダビオ) 展開 (Davio expansion)
　　118
　　正 (positive)　118
　　負 (negative)　118

De Morgan (ド・モルガン) の法則 (De
　　Morgan's law)　5, 108

Dijkstra (ダイクストラ) のアルゴリズム
　　(Dijkstra's algorithm)　209

Dilworth (ディルワース) の定理
　　(Dilworth's theorem)　83

Dirac (ディラック) の定理 (Dirac's the-
　　orem)　26

Edmonds (エドモンズ)　220

Euclid (ユークリッド) 巡回セールスマン
　　問題 (Euclidean traveling salesman
　　problem)　239

Euler (オイラー) の公式 (Euler's
　　formula)　61

Euler (オイラー) 閉路 (Euler cycle)　22

Euler (オイラー) 路 (Euler path)　24

Hall (ホール) の定理 (Hall's theorem)
　　222

Hamilton (ハミルトン) 閉路 (Hamilton
　　cycle)　23, 237

Hamilton (ハミルトン) 路 (Hamilton
　　path)　24

Hasse (ハッセ) 図 (Hasse diagram)　80

Helly (ヘリー) 性 (Helly property)　204

Horn (ホーン) 関数 (Horn function)　153
　　2 重 (double)　167
　　真 (definite)　153

Horn (ホーン) 規則 (Horn rule)　153

Horn (ホーン) 充足可能性問題 (Horn
　　satisfiability problem)　237

Horn (ホーン) 節 (Horn clause)　153

Horn (ホーン) 変換可能な (renamable Horn,
　　disguised Horn)　156

Horn (ホーン) 変換可能な論理積形 (re-
　　namable Horn conjunctive normal
　　form, renamable Horn CNF, dis-
　　guised Horn conjunctive normal form,
　　disguised Horn CNF)　156

Horn (ホーン) 論理積形 (Horn conjunc-
　　tive normal form, Horn CNF)　153

Kruskal (クラスカル) のアルゴリズム
　　(Kruskal's algorithm)　212

Kuratowski (クラトフスキー) の定理

– 247 –

248   索　引

(Kuratowski's theorem)　56

Laplace (ラプラス) 行列 (Laplacian matrix)　41

Menger (メンガー) の定理 (Menger's theorem)　50

Mirsky (ミルスキー) の定理 (Mirsky's theorem)　83

Möbius (メビウス) の関数 (Möbius function)　189

Möbius (メビウス) の反転公式 (Möbius inversion formula)　189

NAND (否定論理積)　109

NOR (否定論理和)　109

NP　233

NP 完全 (NP-complete)　143, 235

NP 困難 (NP-hard)　234

Ore (オア) の定理 (Ore's theorem)　26

Petersen (ピーターセン) グラフ (Petersen graph)　57

$\mathbb{Q}$ (有理数の集合)　3

$\mathbb{R}$ (実数の集合)　3

Reed–Muller (リード–マラー) 標準形 (Reed–Muller expression)　118

Riemann (リーマン) のゼータ関数 (Riemann zeta function)　189

Russell (ラッセル) の背理 (Russell's paradox)　4

Shannon (シャノン) 展開 (Shannon expansion)　116

Shapley–Shubik (シャープレイ–シュービック) 指数 (Shapley–Shubik power index)　173

Sperner (シュペルナー) 族 (Sperner family)　203

Sperner (シュペルナー) 超グラフ (Sperner hypergraph)　203

Stirling (スターリング) 数 (Stirling number)　178

　第 1 種 (of the first kind)　178

　　符号なし (unsigned)　178

　第 2 種 (of the second kind)　178, 181

Stirling (スターリング) の反転公式 (Stirling inversion formula)　188

Stone (ストーン) の定理 (Stone's theorem)　106

Turing (チューリング) 機械　235

　非決定性 (nondeterministic)　233, 235

Turing (チューリング) 帰着 (Turing reduction)　234

Tutte–Berge (タット–ベルジュ) の定理 (Tutte–Berge theorem)　223

Wagner (ワグナー) の定理 (Wagner's theorem)　57

$\mathbb{Z}$ (整数の集合)　3

あ 行

r-正則グラフ (r-regular graph)　14

握手補題 (handshaking lemma)　12

安定 (stable)　16

1-決定リスト (1-decision list)　166

一様計算 (uniform computation)　122

イデアル (ideal)　81

入次数 (indegree)　12

埋め込み (embedding)

　三次元空間への (into three-dimensional Euclidean space)　52

　標準的 (standard)　67

　平面 (planar, into 2-dimensional Euclidean space)　51

s-t フロー (s-t flow)　223

s-t 流 (s-t flow)　223

s-t カット (s-t cut)　226

枝 (edge)　9

エドモンズ (Edmonds)　⇒ Edmonds

オアの定理 (Ore's theorem)　⇒ Ore の定理

オイラーの公式 (Euler's formula)　⇒ Euler の公式

オイラー閉路 (Euler cycle)　⇒ Euler 閉路

オイラー路 (Euler path)　⇒ Euler 路

横断 (transversal)　203

親 (parent)　35

か 行

解 (solution)
　許容 (feasible)　207
　最適 (optimal)　207
　実行可能 (feasible)　207
外向木 (out-tree)　35
階数関数 (rank function)　216
外節 (implicate)　135
外面 (outer face)　61
回路計算量 (circuit complexity)　121
下界 (lower bound)　86
確定 Horn (ホーン) 節 (definite Horn
　clause)　153
確定ホーン節 (definite Horn clause)　⇒
　確定 Horn 節
下限 (greatest lower bound)　86
可算集合 (countable set)　3
カット (cut)
　s-t　226
カットセット (cutset)　34
　基本 (fundamental)　34
カット容量 (cut capacity)　227
カバーする (cover)　220
加法的 (additive)　190
含意 (implication)　109
完全グラフ (complete graph)　13
完全 k 部グラフ (complete k-partite graph)
　14
完全主論理積形 (complete prime conjunc-
　tive normal form, complete prime
　CNF)　135
完全主論理和形 (complete prime disjunc-
　tive normal form, complete prime
　DNF)　131
完全消去順 (perfect elimination order-
　ing)　200, 239, 240
完全単模性 (totally unimodular)　231

環和標準形 (algebraic normal form, ring
　sum normal form)　118
　正 (positive)　119
　負 (negative)　119
緩和問題 (relaxation problem)　208
基 (base)　214
偽 (false)　107
木 (tree)　31
　外向 (out-)　35
　最短路 (shortest path)　48
　全域 (spanning)　33
　全張 (spanning)　33
　内向 (in-)　35
　有向 (directed)　35
幾何的双対 (geometric dual)　69
擬順序 (preorder, quasiorder)　78
擬順序集合 (preordered set, quasiordered
　set)　78
基族 (base family)　214
帰着 (reduction)
　Turing (チューリング)　234
　多項式時間 (polynomial time)　234
　多対一 (many-one)　234
　チューリング (Turing)　⇒ Turing 帰着
帰着可能 (reducible)　234
　多対一 (many-one)　234
偽ベクトル (false vector)　112
基本カットセット (fundamental cutset)
　34
基本サーキット (fundamental circuit)　33
既約元 (irreducible element)　101
逆の関係 (inverse relation)　73
吸収律 (absorption law)　85, 108
境界 (boundary)　223
共通グラフ (intersection of graphs)　17
共通集合 (intersection)　5
共通部分 (intersection)　5
行列 (matrix)
　Laplace (ラプラス) (Laplacian)　41
　次数 (degree)　42
　接続 (incidence)　43

250 索　引

ラプラス (Laplacian) ⇒ Laplace 行
　列
隣接 (adjacency)　42
強連結 (strongly connected)　20
強連結成分 (strongly connected compo-
　nent)　20
極小元 (minimal element)　89
極小真ベクトル (minimal true vector)
　147
極小要素 (minimal element)　89
局所的最適性 (local optimality)　214, 219
局所有限 (locally finite)　188
極大偽ベクトル (maximal false vector)
　147
極大クリーク (maximal clique)　196
極大元 (maximal element)　89
極大要素 (maximal element)　89
極大流 (maximal flow)　226
許容解 (feasible solution)　207
距離空間 (metric space)　48
距離の公理 (axioms of metric, axiom of
　distance function)　48
禁止細分 (forbidden subdivision)　56
禁止部分束 (forbidden sublattice)　97
禁止マイナー (forbidden minor)　56
空グラフ (empty graph)　13
空集合 (empty set)　3
区間 (interval)
　a-b　90
区間グラフ (interval graph)　195
クック–レビンの定理 (Cook–Levin theo-
　rem) ⇒ Cook–Levin の定理
組合せ (combination)　175
　重複 (with repetition)　176
クラスカルのアルゴリズム (Kruskal's al-
　gorithm) ⇒ Kruskal のアルゴリズ
　ム
クラッタ (clutter)　203
クラトフスキーの定理 (Kuratowski's the-
　orem) ⇒ Kuratowski の定理
グラフ (graph)

完全 (complete)　13
空 (empty)　13
区間 (interval)　195
k 部 (k-partite)　13
　完全 (complete)　14
弦 (chordal)　199, 239
交差 (intersection)　194
三角化 (triangulated)　199
正則 (regular)　14
　r-　14
線 (line)　193
双対 (dual)　66
多重 (multiple)　11, 12
単純 (simple)　9, 11
2 部 (bipartite)　13
比較可能 (comparability)　196
平面 (planar)　51
無限 (infinite)　10
無向 (undirected)　9
有限 (finite)　10
有向 (directed)　11, 12
理想 (perfect)　242
グラフ的マトロイド (graphic matroid)
　214
クリーク (clique)　16
　極大 (maximal)　196
　最大 (maximum)　240
クリーク数 (clique number)　240
クリーク路 (clique-path)　196
クロー (claw)　193
k-CNF (k-CNF)　156, 235
k-単調関数 (k-monotone function)　161
k-決定リスト (k-decision list)　126
k-彩色 (k-coloring)　239
k 次 CNF (k-CNF)　156
k 次関数 (function of degree k)　156
k-充足可能性問題 (k-satisfiability prob-
　lem)　236, 237
k 部グラフ (k-partite graph)　13
k-森 (k-forest)　211
ケイリーの定理 (Cayley's theorem)

⇒ Cayley の定理

k-論理積形 (k-conjunctive normal form, k-CNF) 156, 235

ゲート (gate) 121

結合律 (associative law) 85, 108, 111

決定木 (decision tree) 123

  2 分 (binary) 123

決定図 (decision diagram) 128

  2 分 (binary) 128

決定問題 (decision problem) 232, 233

決定リスト (decision list) 126

  1- 166

  k- 126

  2 分 (binary) 126

元 (element) 3

  既約 (irreducible) 101

  極小 (minimal) 89

  極大 (maximal) 89

  最小 (least, minimum, bottom) 89

  最大 (greatest, maximum, top) 89

  集合 (set) 3

  単位 (identity) 108

  零 (zero) 108

弦 (chord) 199

弦グラフ (chordal graph) 199, 239

原子元 (atom) 101

子 (child) 35

項 (term) 113

合意項 (consensus, consensus term) 139

合意手続き (consensus procedure) 138

交換公理 (exchange axiom) 34, 214

交換律 (commutative law) 85, 108, 111

恒偽 (inconsistency) 109

交互閉路 (alternating cycle) 218

交互路 (alternating path) 218

交差グラフ (intersection graph) 194

恒真 (tautology) 109

構成的証明法 (constructive proof) 22

孤立点 (isolated vertex) 10, 12

さ 行

鎖 (chain) 78, 82

  最大 (maximum) 82

サーキット (circuit) 19, 215

  基本 (fundamental) 33

サーキット族 (family of circuits) 215

最小項 (minterm) 114

最大鎖カバー (maximum chain cover) 82

最小全域木問題 (minimum spanning tree problem) 211

最大反鎖カバー (maximum antichain cover) 82

彩色 (coloring) 239

  k- 239

彩色数 (chromatic number) 239

サイズ (size) 121

最大項 (maxterm) 115

最大鎖 (maximum chain) 82

最大節 (maxterm) 115

最大反鎖 (maximum antichain) 82

最大流最小カット定理 (max-flow min-cut theorem) 227

最短 s-t 路 (shortest s-t path) 47

最短路木 (shortest path tree) 48

最適解 (optimal solution) 207

最適化問題 (optimization problem) 207

  離散 (discrete) 207

最適性 (optimality)

  局所的 (local) 214, 219

  大域的 (global) 214, 219

細分 (subdivision) 56

  禁止 (forbidden) 56

鎖カバー (chain cover) 82

  最大 (maximum) 82

差集合 (set difference) 5

鎖被覆 (chain cover) 82

三角化グラフ (triangulated graph) 199

三角不等式 (triangle inequality) 238

三次元空間への埋め込み (embedding into

three-dimensional Euclidean space)
52
三段論法 (syllogism) 111
閾関数 (threshold function) 125, 160
自己双対 (self-dual) 145
自己閉路 (self-loop, loop) 10
自己ループ (self-loop, loop) 10
辞書式順 (lexicographical order) 171
辞書式順序 (lexicographical order) 78
次数 (degree) 10
指数型母関数 (exponential generating
function) 184
次数行列 (degree matrix) 42
子孫 (descendant) 35
実行可能解 (feasible solution) 207
始点 (initial vertex) 19
始点 (source) 223
始点 (tail, initial vertex) 12
指標関数 (indication function) 183
シャープレイ–シュービック指数 (Shapley–
Shubik power index) ⇒ Shapley–
Shubik 指数
弱連結 (weakly connected) 20
写像 (mapping) 177
シャノン展開 (Shannon expansion) ⇒
Shannon 展開
集合 (set) 3
加算 (countable) 3
擬順序 (preordered, quasiordered) 78
空 (empty) 3
商 (quotient) 76
線形順序 (linearly ordered) 78
全順序 (totally ordered) 78
全体 (universal) 4
台 (underlying) 7
半順序 (partially ordered) 78
非可算 (uncountable) 3
普遍 (universal) 4
冪 (power) 6, 86
無限 (infinite) 3
有限 (finite) 3

集合束 (lattice of sets) 92
集合族 (family of sets) 7
充足可能性問題 (satisfiability problem)
143, 153, 156, 232, 233
Horn (ホーン) 237
k- 236
2- 237
ホーン (Horn) ⇒ Horn 充足可能性問
題
終点 (head, terminal vertex) 12
終点 (sink) 223
終点 (terminal vertex) 19
重複組合せ (combination with repetition)
176
重複順列 (permutation with repetition)
175
縮約する (contract) 16
主項 (prime implicant) 131
種数 (genus) 60
主節 (prime implicate) 135
シュペルナー族 (Sperner family)
⇒ Sperner 族
シュペルナー超グラフ (Sperner hyper-
graph) ⇒ Sperner 超グラフ
主論理積形 (prime conjunctive normal
form, prime CNF) 135
主論理和形 (prime disjunctive normal
form, prime DNF) 131
巡回セールスマン問題 (traveling sales-
man problem) 237
Euclid (ユークリッド) (Euclidean) 239
対称 (symmetric) 239
非対称 (asymmetric) 239
ユークリッド (Euclidean) ⇒ Euclid
巡回セールスマン問題
巡回列 (cyclic permutation) 179
順列 (permutation) 175
重複 (with repetition) 175
上界 (upper bound) 86
上限 (least upper bound) 86
証拠 (evidence) 233

索　引　253

商集合 (quotient set)　76
冗長な論理積形 (redundant conjunctive
　　normal form, redundant CNF)　135
冗長な論理和形 (redundant disjunctive
　　normal form, redundant DNF)　135
除去する (delete)　16
　頂点 (vertex)　16
　辺 (edge)　16
初等的な閉路 (elementary cycle)　19
初等的な路 (elementary path)　19
初等閉路 (elementary cycle)　19, 20
初等路 (elementary path)　19, 20
真 (true)　107
真 Horn (ホーン) 関数 (definite Horn func-
　　tion)　153
真 Horn (ホーン) 節 (definite Horn clause)
　　153
真 Horn (ホーン) 論理積形 (definite Horn
　　conjunctive normal form, definite
　　Horn CNF)　153
シンク (sink)　223
真部分集合 (proper subset)　4
真ベクトル (true vector)　112
真ホーン関数 (definite Horn function)
　　⇒ 真 Horn 関数
真ホーン節 (definite Horn clause)　⇒ 真
　　Horn 節
真ホーン論理積形 (definite Horn conjunc-
　　tive normal form, definite Horn CNF)
　　⇒ 真 Horn 論理積形
真理値表 (truth table)　112
推移律 (transitive law)　74
スターリング数 (Stirling number)　⇒
　　Stirling 数
スターリングの反転公式 (Stirling inver-
　　sion formula)　⇒ Stirling (スター
　　リング) の反転公式
ストーンの定理 (Stone's theorem)　⇒
　　Stone の定理
正関数 (positive function)　147
制限 (restriction)　73

正則関数 (regular function)　164
正則グラフ (regular graph)　14
制約条件 (constraint)　207
正リテラル (positive literal)　113
正論理式 (positive Boolean formula, pos-
　　itive formula)　148
積グラフ (product of graphs)　18
節 (clause)　113
　Horn (ホーン)　153
　　確定 (definite)　153
　　真 (definite)　153
　ホーン (Horn)　⇒ Horn 節
接続行列 (incidence matrix)　43
接続する (incident)　10, 12
節点 (vertex)　9
全域木 (spanning tree)　33
線グラフ (line graph)　193
線形計画問題 (linear programming prob-
　　lem)　208
線形順序 (linear order)　78
線形順序集合 (linearly ordered set)　78
全射 (surjection, surjective function)　177
全順序 (total order)　78
全順序集合 (totally ordered set)　78
全称記号 (universal quantifier)　25
整数計画問題 (integer programming prob-
　　lem)　207
先祖 (ancestor)　35
全体集合 (universal set)　4
全単射 (bijection, bijective function)　177
全張木 (spanning tree)　33
素 (disjoint)　60, 61
増加路 (augmenting path)　218
双対 (dual)　66
　幾何的 (geometric)　69
　代数的 (algebraic)　70
双対関数 (dual function)　144
双対グラフ (dual graph)　66
双対論理式 (dual Boolean formula, dual
　　formula)　144
双対性 (duality)　86

相補束 (complemented lattice)　99
相補律 (complement law)　98, 108
ソース (source)　223
束 (lattice)　86
　Boole (ブール) (Boolean)　99
　相補 (complemented)　99
　ブール (Boolean)　⇒ Boole 束
　分配 (distributive)　96
　モジュラ (modular)　96
　有界 (bounded)　90
　有限 (finite)　90
束準同型写像 (lattice homomorphism)
　100
束同型写像 (lattice isomorphism)　100
存在記号 (existential quantifier)　25

た　行

大域的最適性 (global optimality)　214,
　219
第 1 種 Stirling (スターリング) 数 (Stir-
　ling number of the first kind)　178
　符号なし (unsigned)　178
第 1 種スターリング数 (Stirling number
　of the first kind)　⇒ 第 1 種 Stirling
　数
ダイクストラのアルゴリズム (Dijkstra's
　algorithm)　⇒ Dijkstra のアルゴリ
　ズム
台集合 (underlying set)　7
対称差 (symmetric difference)　5
対称差集合 (symmetric difference)　5
対称巡回セールスマン問題 (symmetric
　traveling salesman problem)　239
対称律 (symmetric law)　74
代数的双対 (algebraic dual)　70
第 2 種 Stirling (スターリング) 数 (Stir-
　ling number of the second kind)　178,
　181
第 2 種スターリング数 (Stirling number
　of the second kind)　⇒ 第 2 種 Stir-

ling 数
代表元 (representative)　76
代表要素 (representative)　76
互いに素 (disjoint)　5
多項式時間帰着 (polynomial time reduc-
　tion)　234
多重グラフ (multiple graph)　11, 12
多重辺 (multiple edge)　10
多重有向グラフ (multiple directed graph)
　12
多数決関数 (majority function)　146
多数決ベクトル (majority vector)　158
多対一帰着 (many-one reduction)　234
多対一帰着可能 (many-one reducible)　234
タット–ベルジュの定理 (Tutte–Berge the-
　orem)　⇒ Tutte–Berge の定理
ダビオ展開 (Davio expansion)　⇒ Davio
　展開
単位元 (identity element)　108
単位ベクトル (unit vector)　164
探索 (search)
　幅優先 (breadth-first)　46
　深さ優先 (depth-first)　45
　問題 (search problem)　232
単射 (injection, injective function)　177
単純グラフ (simple graph)　9, 11
単純グラフ化 (simplification)　16
単純超グラフ (simple hypergraph)　203
単純閉路 (simple cycle)　19, 20
単純有向グラフ (simple directed graph)
　11
単純路 (simple path)　19, 20
単体的頂点 (simplicial vertex)　201
単調関数 (monotone function)　147
単調な論理式 (monotone Boolean for-
　mula, monotone formula)　148
単調論理積形 (monotone conjunctive nor-
　mal form, positive conjunctive nor-
　mal form, monotone CNF, positive
　CNF)　148
単調論理和形 (monotone disjunctive nor-

mal form, positive disjunctive normal form, monotone DNF, positive DNF) 148

端点 (end vertex, endpoint) 10, 11

単読論理式 (read-once formula) 167

中心 (center) 48

チューリング機械 (Turing machine) ⇒ Turing 機械

チューリング帰着 (Turing reduction) ⇒ Turing 帰着

超木 (hypertree) 200, 203
  T に由来する (based on T) 203

超グラフ (hypergraph) 152, 203
  Sperner (シュペルナー) 203
  シュペルナー (Sperner) ⇒ Sperner 超グラフ
  単純 (simple) 203

頂点 (vertex) 9
  単体的 (simplicial) 201

頂点被覆 (vertex cover) 221

超辺 (hyperedge) 203

直積 (direct product) 6

直積集合 (direct product) 6

直和 (disjoint union) 5

直和集合 (disjoint union) 5

直径 (diameter) 48

直交論理和形 (orthogonal disjunctive normal form, orthogonal DNF) 171

ディラックの定理 (Dirac's theorem) ⇒ Dirac の定理

ディルワースの定理 (Dilworth's theorem) ⇒ Dilworth の定理

出次数 (outdegree) 12

点 (vertex) 9

点連結度 (vertex-connectivity) 50
  u-v 50

ド・モルガンの法則 ⇒ De Morgan の法則

同型 (isomorphic)
  グラフ (graph) 40

束 (lattice) 100

導出節 (resolvent) 143

導出手続き (resolution procedure) 143

同値関係 (equivalence relation) 74

同値性 (equivalence) 109

同値な (equivalent) 61

同値類 (equivalence class) 76

同値類分割 (partition into equivalence classes) 76

トーナメント (tournament) 14

トーラス (torus) 58

独立 (independent) 16

独立集合 (independent set) 214

独立集合族 (family of independent sets) 214

凸部分束 (convex sublattice) 91

貪欲アルゴリズム (greedy algorithm) 212

な　行

内項 (implicant) 131

内向木 (in-tree) 35

内素 (internally vertex-disjoint) 50

内面 (inner face) 61

長さ (length) 130

2 項関係 (binary relation) 73

2 項定理 (binomial theorem) 184

2 項反転公式 (binomial inversion formula) 185

2 重 Horn (ホーン) 関数 (double Horn function) 167

2 重否定律 (involution law) 108

2 重ホーン関数 (double Horn function) ⇒ 2 重 Horn 関数

2 部グラフ (bipartite graph) 13

2 分決定木 (binary decision tree) 123

2 分決定図 (binary decision diagram) 128

2 分決定リスト (binary decision list) 126

根 (root) 35

は 行

葉 (leaf) 32, 35
バーコフの定理 (Birkhoff's theorem)
　⇒ Birkhoff の定理
バーコフの表現定理 (Birkhoff's representation theorem) ⇒ Birkhoff の表現定理
排他的論理和 (exclusive or, exclusive disjunction) 109
ハイパーグラフ (hypergraph) 203
ハイパー辺 (hyperedge) 203
橋 (bridge) 31
パス (path) 19
ハッセ図 (Hasse diagram) ⇒ Hasse 図
幅優先探索 (breadth-first search) 46
ハミルトン閉路 (Hamilton cycle)
　⇒ Hamilton 閉路
ハミルトン路 (Hamilton path)
　⇒ Hamilton 路
パリティ演算 (parity operation) 111
半径 (radius) 48
反鎖 (antichain) 82
　最大 (maximum) 82
反鎖カバー (antichain cover) 82
　最大 (maximum) 82
反鎖被覆 (antichain cover) 82
バンザフ指数 (Banzhaf power index) ⇒ Banzhaf 指数
反射律 (reflective law) 74
半順序 (partial order) 78
半順序集合 (partially ordered set) 78
半順序同型 (order isomorphic) 101
半順序同型写像 (partial order isomorphism) 101
半束 (semilattice)
　交わり (meet-) 86
　結び (join-) 86
反対称律 (antisymmetric law) 78
反転公式 (inversion formula)
　Möbius (メビウスの) 189

Stirling (スターリングの) 188
スターリングの (Stirling) ⇒ Stirling
2 項 (binomial) 185
メビウスの (Möbius) ⇒ Möbius
ピーターセングラフ (Petersen graph)
　⇒ Petersen グラフ
非一様計算 (non-uniform computation) 122
比較可能 (comparable) 73
比較可能グラフ (comparability graph) 196
比較可能律 (comparability) 78
比較不可能 (incomparable) 73
比較不能 (incomparable) 73
非可算集合 (uncountable set) 3
非決定性 Turing (チューリング) 機械 (nondeterministic Turing machine) 233, 235
非決定性多項式時間 (Nondeterministic polynomial time) 233
非決定性チューリング機械 (nondeterministic Turing machine) ⇒ 非決定性 Turing 機械
非冗長な論理積形 (irredundant conjunctive normal form, irredundant CNF) 135
非冗長な論理和形 (irredundant disjunctive normal form, irredundant DNF) 135
非対称巡回セールスマン問題 (asymmetric traveling salesman problem) 239
否定 (negation) 107
否定部分割当て (complement of partial assignment) 161
否定論理積 (NAND) 109
否定論理和 (NOR) 109
標準的埋め込み (standard embedding) 67
ファンアウト (fan-out) 121
ファンイン (fan-in) 121
v_0-v_k 路 (v_0-v_k path) 19

索　　引　　257

フィルター (filter)　81
ブール関数 (Boolean function)
　⇒ Boole 関数
ブール束 (Boolean lattice)　⇒ Boole 束
ブール変数 (Boolean variable)
　⇒ Boole 変数
深さ (depth)　121
深さ優先探索 (depth-first search)　45
負関数 (negative function)　150, 152
部分関係 (subrelation)　73
部分グラフ (subgraph)　15
　誘導 (induced)　15
部分集合 (subset)　4
　真 (proper)　4
部分束 (sublattice)　90
　禁止 (forbidden)　97
　凸 (convex)　91
部分割当て (partial assignment)　161
普遍集合 (universal set)　4
負リテラル (negative literal)　113
ふるいの公式 (sieve formula)　191
フロー (flow)
　s-t　223
フロー量 (flow value)　224
ブロッサムアルゴリズム (blossom algo-
　rithm)　220
分割 (partition)　5
分配束 (distributive lattice)　96
分配律 (distributive law)　95, 108, 111
分離点集合 (vertex separator)　50
　最小 (minimum)　50
　u-v　50
分離辺集合 (edge separator)　49
　最小 (minimum)　49
　u-v　49
平面埋め込み (planar embedding)　51
平面グラフ (planar graph)　51
平面描画 (plane drawing)　51
並列辺 (parallel edge)　10
閉路 (cycle)　19
　Euler (オイラー)　22

Hamilton (ハミルトン)　23, 237
オイラー (Euler)　⇒ Euler 閉路
交互 (alternating)　218
初等 (elementary)　19, 20
初等的な (elementary)　19
単純 (simple)　19, 20
ハミルトン (Hamilton)　⇒ Hamilton
　閉路
有向 (directed)　20
閉路長 (cycle length)　19
冪集合 (power set)　6, 86
冪等律 (idempotent law)　85, 108
ベクトル (vector)
　偽 (false)　112
　　極大 (maximal)　147
　真 (true)　112
　　極小 (minimal)　147
　多数決 (majority)　158
　単位 (unit)　164
ヘリー性 (Helly propery)　⇒ Helly 性
ベル数 (Bell number)　⇒ Bell 数
辺 (edge)　9
　多重 (multiple)　10
　並列 (parallel)　10
辺素 (edge-disjoint)　50
辺連結度 (edge-connectivity)　49
　u-v　49
包除原理 (inclusion-exclusion principle)
　169, 191
ホールの定理 (Hall's theorem)　⇒ Hall
　の定理
ホーン (Horn) 関数 (Horn function)　⇒
　Horn 関数
ホーン節 (Horn clause)　⇒ Horn 節
ホーン充足可能性問題 (Horn satisfiability
　problem)　⇒ Horn 充足可能性問題
ホーン変換可能な (renamable Horn, dis-
　guised Horn)　⇒ Horn 変換可能な
ホーン変換可能な論理積形 (renamable
　Horn conjunctive normal form, re-
　namable Horn CNF, disguised Horn

conjunctive normal form, disguised Horn CNF) ⇒ Horn 変換可能な論理積形

ホーン論理積形 (Horn conjunctive normal form, Horn CNF) ⇒ Horn 論理積形

母関数 (generating function) 183

　指数型 (exponential) 184

補木 (cotree) 69

補グラフ (complement of graph) 17

補元 (complement) 98

星 (star) 32

補集合 (complement) 5

補助ネットワーク (auxiliary network) 225

ま 行

マイナー (minor) 16, 57

　禁止 (forbidden) 56

交わり半束 (meet-semilattice) 86

マッチング (matching) 216

　最大 (maximum) 216

マトロイド (matroid) 214

　グラフ的 (graphic) 214

道 (path) 19

路 (path) 19

　Euler (オイラー) 24

　Hamilton (ハミルトン) 24

　オイラー (Euler) ⇒ Euler 路

　クリーク (clique-) 196

　交互 (alternating) 218

　最短 s-t (shortest s-t) 47

　初等 (elementary) 19, 20

　初等的な (elementary) 19

　増加 (augmenting) 218

　単純 (simple) 19, 20

　ハミルトン (Hamilton) ⇒ Hamilton 路

　v_0-v_k 19

　有向 (directed) 20

ミルスキーの定理 (Mirsky's theorem) ⇒ Mirsky の定理

無限グラフ (infinite graph) 10

無限集合 (infinite set) 3

無向グラフ (undirected graph) 9

無向辺 (undirected edge, edge) 9

矛盾変数 (conflicting variable) 139

結び半束 (join-semilattice) 86

結ぶ (join) 10, 11

命題変数 (propositional variable) 107

メビウス関数 (Möbius function) ⇒ Möbius の関数

メビウスの反転公式 (Möbius inversion formula) ⇒ Möbius の反転公式

面 (face) 61

　外 (outer) 61

　内 (inner) 61

メンガーの定理 (Menger's theorem) ⇒ Menger の定理

目的関数 (objective function) 207

モジュラ関数 (modular function) 191

モジュラ恒等式 (modular identity) 96

モジュラ束 (modular lattice) 96

モジュラ律 (modular law) 95

森 (forest) 31

　k- 211

　最小 (minimum) 211

問題 (problem) 233

　決定 (decision) 232, 233

　探索 (search) 232

問題例 (problem instance) 233

や 行

有界束 (bounded lattice) 90

ユークリッド巡回セールスマン問題 (Euclidean traveling salesman problem) ⇒ Euclid 巡回セールスマン問題

有限 (finite)

　局所 (locally) 188

有限グラフ (finite graph) 10

有限集合 (finite set)　3
有限束 (finite lattice)　90
有向木 (directed tree)　35
有向グラフ (directed graph)　11, 12
有向閉路 (directed cycle)　20
有向路 (directed path)　20
優双対 (dual-major)　145
誘導部分グラフ (induced subgraph)　15
優モジュラ関数 (supermodular function)　191
ユネイト関数 (unate function)　152
要素 (element)　3
　極小 (minimal)　89
　極大 (maximal)　89
　最小 (least, minimum, bottom)　89
　最大 (greatest, maximum, top)　89
　集合　3
容量制約 (capacity constraint)　223
欲張りアルゴリズム (greedy algorithm)　212

ら　行

ラッセルの背理　⇒ Russell の背理
ラプラス行列 (Laplacian matrix)　⇒ Laplace 行列
リード–マラー標準形 (Reed–Muller expression)　⇒ Reed–Muller 標準形
リーマンのゼータ関数 (Riemann zeta function)　⇒ Riemann のゼータ関数
離散最適化問題 (discrete optimization problem)　207
離心率 (eccentricity)　48
理想グラフ (perfect graph)　242
立体射影 (stereographic projection)　58
リテラル (literal)
　正 (positive)　113
　負 (negative)　113
流 (flow)
　s-t　223

極大 (maximal)　226
　最大 (maximum)　224
　零 (zero)　224
流量 (flow value)　224
流量保存則 (flow conservation)　223
リンク (link)　121
隣接行列 (adjacency matrix)　42
隣接する (adjacent)　10, 12
零元 (zero element)　108
零流 (zero flow)　224
劣双対 (dual-minor)　145
劣モジュラ関数 (submodular function)　191
連結 (connected)　20
　強 (strongly)　20
　k-　50
　k 点 (k-vertex)　50
　k 辺 (k-edge)　50
　弱 (weakly)　20
連結成分 (connected component)　20
　強 (strongly)　20
路長 (path length)　19
論理回路 (logic circuit)　120
論理関数 (logic function)　111
論理積 (conjunction, AND)　107
論理積形 (conjunctive normal form, CNF)　115
　Horn (ホーン)　153
　　真 (definite)　153
　Horn (ホーン) 変換可能な (renamable Horn, disguised Horn)　156
　k-　156, 235
　主 (prime)　135
　　完全 (complete)　135
　冗長な (redundant)　135
　単調な (monotone, positive)　148
　非冗長な (irredundant)　135
　ホーン (Horn)　⇒ Horn 論理積形
　ホーン変換可能な (renamable Horn, disguised Horn)　⇒ Horn 変換可能な論理積形

論理積標準形 (canonical conjunctive
　　normal form, canonical CNF)　115
論理変数 (logic variable)　107
論理和 (disjunction, OR)　107
論理和形 (disjunctive normal form,
　　DNF)　114
　主 (prime)　131
　　　完全 (complete)　131
　　冗長な (redundant)　135
　　単調な (monotone, positive)　148
　　直交 (orthogonal)　171
　　非冗長な (irredundant)　135
論理和標準形 (canonical disjunctive

normal form, canonical DNF)
114

わ　行

ワグナーの定理 (Wagner's theorem)
　　⇒ Wagner の定理
和グラフ (union of graphs)　17
和集合 (union)　5
割当て (assignment)　161
　部分 (partial)　161
　k-　161

東京大学工学教程

編纂委員会

大久保達也　（委員長）
相田　　仁
浅見　泰司
北森　武彦
小芦　雅斗
佐久間一郎
関村　直人
高田　毅士
永長　直人
野地　博行
原田　　昇
藤原　毅夫
水野　哲孝
光石　　衛
求　　幸年　（幹　事）
吉村　　忍　（幹　事）

数学編集委員会

永長　直人　（主　査）
岩田　　覚
駒木　文保
竹村　彰通
室田　一雄

物理編集委員会

小芦　雅斗　（主　査）
押山　　淳
小野　　靖
近藤　高志
高木　　周
高木　英典
田中　雅明
陳　　　昱
山下　晃一
渡邉　　聡

化学編集委員会

野地　博行　（主　査）
加藤　隆史
菊地　隆司
高井まどか
野崎　京子
水野　哲孝
宮山　　勝
山下　晃一

2019 年 12 月

著者の現職
牧野　和久（まきの・かずひさ）
京都大学数理解析研究所　教授

東京大学工学教程　基礎系　数学
離散数学

令和元年12月25日　発　行

編　者　東京大学工学教程編纂委員会

著　者　牧　野　和　久

発行者　池　田　和　博

発行所　丸善出版株式会社

〒101-0051　東京都千代田区神田神保町二丁目17番
編集：電話（03）3512-3266／FAX（03）3512-3272
営業：電話（03）3512-3256／FAX（03）3512-3270
https://www.maruzen-publishing.co.jp

ⓒ The University of Tokyo, 2019

印刷・製本／三美印刷株式会社

ISBN 978-4-621-30454-9　C 3341　　　　Printed in Japan

JCOPY 〈（一社）出版者著作権管理機構　委託出版物〉
本書の無断複写は著作権法上での例外を除き禁じられています．複写
される場合は，そのつど事前に，（一社）出版者著作権管理機構（電話
03-5244-5088, FAX 03-5244-5089, e-mail：info@jcopy.or.jp）の許諾
を得てください．